深度学习在推荐系统中的应用

邢 星 著

科学出版社

北 京

内 容 简 介

针对国内外推荐系统技术热点问题，作者在推荐系统、深度学习领域基础理论方面进行了深入探索研究，借鉴国内外已有资料和前人成果，经过分析论证，围绕基于内容和知识的推荐、混合推荐、深度学习、基于深度学习的推荐以及辅助学习的推荐等五个方面的基本概念、研究现状、主要研究问题、待解决的问题以及未来的发展趋势等，形成支持新一代推荐系统技术的一些新思路。其目的是增进社会各界对基于深度学习的推荐系统技术发展情况和应用前景的深入体验和更加全面的认识，进而推进推荐系统技术发展和完善。

本书可供推荐系统技术研究人员、工程研究人员、技术应用人员，以及计算机、软件工程相关专业的研究生、本科生等参考。

图书在版编目（CIP）数据

深度学习在推荐系统中的应用/邢星著. —北京：科学出版社，2024.11
ISBN 978-7-03-068619-0

Ⅰ. ①深… Ⅱ. ①邢… Ⅲ. ①机器学习 Ⅳ. ①TP181

中国版本图书馆 CIP 数据核字（2021）第 068391 号

责任编辑：杨慎欣 张培静 / 责任校对：何艳萍
责任印制：赵 博 / 封面设计：无极书装

科 学 出 版 社 出版
北京东黄城根北街 16 号
邮政编码：100717
http://www.sciencep.com
北京天宇星印刷厂印刷
科学出版社发行 各地新华书店经销
*
2024 年 11 月第 一 版 开本：720×1000 1/16
2025 年 1 月第二次印刷 印张：17
字数：343 000

定价：168.00 元
（如有印装质量问题，我社负责调换）

作者简介

邢星，博士，副教授，硕士生导师，1982 年生，辽宁省营口市人。多年来一直从事数据挖掘、社会计算、控制理论及其应用领域的研究工作，在多种学术刊物和国际学术会议上发表论文 40 多篇，主持和参与国家级和省部级项目 10 余项。

前　言

近年来，推荐、搜索在工业界发展得如火如荼，成为个性化时代互联网的核心应用技术。2015 年前后，深度学习掀起了信息技术的浪潮，迅速引领了整个领域的全面技术变革。深度学习在推荐系统领域的创新和发展是推动行业发展的重要引擎。目前，美国、日本、韩国等国家都非常重视深度学习在推荐系统领域的发展，投入巨大的财力、人力推进该技术的发展。我国也将推荐系统作为重点发展的对象，其中基于深度学习的推荐系统正在被重点推进。但是，这方面的著作，特别是适合高等院校的著作相对较少。作者在广泛调研和充分论证的基础上，结合当前最为前沿的推荐技术，以专题的形式展开研究，撰写了这本国内少有但社会广泛需求的、呼应高等教育改革和发展特点的推荐系统技术专题研究的专著。

本书的相关研究工作获得国家自然科学基金委员会面上项目（项目编号：61972053）和辽宁省教育厅科学研究项目（项目编号：LJ2019015）资助。

感谢郑行、李帅、杨云港、邢俊也、吴旭、蒋宏运、牛勇、辛民栋同学的积极参与，感谢你们对本书内容提出的宝贵意见，感谢你们在书稿整理时的认真负责、不辞辛苦。

限于作者的水平，书中不当之处在所难免，恳请广大读者提出宝贵意见。

作　者

2023 年 2 月 1 日

目　　录

第 1 章

概　述

■ 1.1　什么是推荐系统

由于互联网的蓬勃发展，人们可以在互联网上获取的信息日益丰富：不用订阅报纸就能在互联网上获取最新新闻；不用去音像店购买 CD、DVD 就能下载大量喜欢的音乐、影视；不用去图书馆，足不出户就能查阅无数专业书籍；甚至不用去商场，就能完成所有购物。然而，也正是由于网络发展太快、信息增长过急，互联网在进步的同时带来了另一个问题：人们现在面临的困难已不再是信息太少而找不到自己的所需，而是网络上信息太多、太庞大、复杂而无序，甚至真假难辨，因此难以找到自己的所需，这就是目前互联网所面临的"信息过载"（information overload）问题。据报道，截至 2019 年 5 月，新浪微博的日活跃用户达到 2.03 亿，月活跃用户 4.65 亿，年对年增长 13%；截至 2019 年年末，淘宝移动月活跃用户首度突破 8 亿，淘宝特价版自 2020 年 3 月 26 日正式上线，仅用了90 多天，就在 2020 年 6 月实现了近 4000 万的月活跃用户，相当于每 20 天翻一番。面对琳琅满目、五花八门、数不胜数、优劣难分的商品、新闻、微博、音乐……用户会越来越感到无所适从，无法找到自己真正感兴趣的内容，于是推荐系统应运而生[1]，它被认为是解决信息过载问题的一个有效的方式。与传统的信息过滤技术搜索引擎不同，推荐系统不需要用户提供用于搜索的关键词，它将通过分析用户的历史交易记录或行为，挖掘用户的潜在兴趣，进而对其进行推荐。因此，推荐系统更能满足用户个性化的需求。现如今，个性化推荐系统在电子商务网站上已经得到了广泛的应用，并带来了巨大的商业价值[2]。

推荐系统（recommendation system，RS）是一种软件工具、信息过滤（information filtering，IF）技术，它从海量项目（项目是推荐系统所推荐内容的统称，包括商品、新闻、微博、音乐等产品及服务）中找到用户感兴趣的部分并将其推荐给用户，这在用户没有明确需求或者项目数量过于巨大、凌乱时，能很好地为用户服务，解决信息过载问题。例如，用户并不是确定地要看某一部电影，而只是广泛地想看一部"好看"的电影，或者用户并不是确定地想关注某一条或者某一方面的新闻，而是泛泛看今天"有意思"的新闻，在这类情况下，推荐系统能主动地使用机器学习的技术去挖掘用户的兴趣、偏好，从而根据用户兴趣从海量项目中过滤得到符合用户兴趣的内容，将其推荐给用户。

推荐系统的定义有不少，但被广泛接受的推荐系统的概念和定义是 Resnick 等在 1997 年给出的："它是利用电子商务网站向客户提供商品信息和建议，帮助用户决定应该购买什么产品，模拟销售人员帮助客户完成购买的过程。"[3] 推荐系统有 3 个重要的模块：用户建模模块、推荐对象建模模块、推荐算法模块。

推荐系统的核心是推荐算法，它利用用户与项目之间的二元关系，基于用户历史行为记录或相似性关系帮助发现用户可能感兴趣的项目。文献[4]给出推荐算法的形式化定义为：用 U 表示所有用户的集合，用 I 表示所有项目的集合。在实际系统下，U 和 I 具有非常大的规模。定义一个效用函数 s，用来计算项目 i 对用户 u 的推荐度，即 $s:U\times I\to R$，其中 R 是一个全序集合（在一定范围内非负的整数或实数），推荐算法要研究的问题就是通过计算推荐度为每一个用户 u 找到其最感兴趣的项目 i，如下[5]：

$$\forall u \in U, i'_u = \arg\max s(u,i) \qquad (1.1)$$

式中，i' 为能使用户效用最大化的项目。

随着推荐系统不断展现出非凡的能力与价值，它吸引着日益增多的学术界与工业界的目光，也衍生出基于内容的推荐系统、基于协同过滤的推荐系统以及基于混合模型的推荐系统等分支。虽然它已经被成功运用于很多大型系统及网站，但是仍然存在许多难以解决的问题，并拥有极大改进的空间、加强推荐准确性，特别是在应用场景越来越多样、越来越复杂的今天及将来，推荐系统不仅面临数据稀疏、冷启动、新项目、兴趣偏见等传统难题，也要面临更多、更复杂信息过载的实际问题考验。本章将简要介绍推荐系统的基本思想和概念以及推荐系统的发展历史和未来将面临的各种挑战，让读者对推荐系统有大概的了解，以方便对后面章节的深入理解和掌握。

■ 1.2　推荐系统的发展历史

推荐系统的发展与互联网的高速进步是分不开的，正是因为网络上的信息数量多、增长快等特点，使得人们亟须一个能过滤获取有效信息的手段。互联网虽然早在 1969 年就已诞生，但真正向大众开放则是在 20 世纪 90 年代初（之前主要用于军事和科研），商业化后的互联网规模呈指数增长，到今天已经融入了每个人的生活。根据谷歌（Google）学术搜索关键字"recommender system"得到的统计结果如图 1.1 所示。可以直观地看出，从 1992 年至 2015 年，以发表论文数量来说，与推荐系统相关的研究成果显著增长。

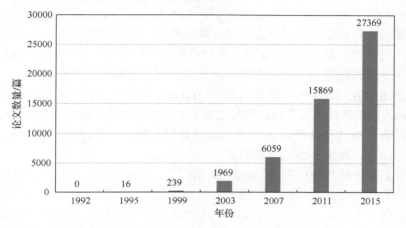

图 1.1　"recommender system"论文数量

纵观推荐系统的研究发展进程，将推荐系统分为如下 3 个阶段，每个阶段又有其标志性意义的事件。

第一阶段是推荐系统形成的初期阶段。这一时期属于面向系统的探索阶段，不仅有基于协同过滤的系统，还有基于知识的系统（比如 FindMe 系统），表明了推荐系统的可行性和有效性，极大地激发了人们推动该领域在科研及商业实践方面不断发展的积极性。这一时期标志性事件如下。

（1）协同过滤。1992 年，施乐（Xerox）公司的 Palo Alto 研究中心开发了实验系统 Tapestry[6]，该系统是基于当时相对新颖的利用其他用户显式反馈（评分和注释）的思想，帮助用户过滤邮件，解决邮件过载问题。文献[6]也是最早使用"协同过滤"（collaborative filtering，CF）一词的，自首次在文章中提出后被广泛引用。尽管 Tapestry 能够提供较好的推荐，但它有一个主要的缺陷，即需要用户书写复杂的查询语句。

（2）自动推荐。1994 年产生了第一个能够自动推荐的系统 GroupLens。该系统也是为文本文档（Usenet 新闻消息）过滤而开发的，和 Tapestry 不同之处在于，Tapestry 专指一个点（比如一个网站内、一个系统内的过滤机制），GroupLens 则是既能跨网计算又能自动完成。

（3）推荐系统。1997 年，Resnick 等首次提出"推荐系统"（recommender system，RS）一词，认为该词比"协同过滤"更合适来描述推荐技术[3]。原因有二：第一，推荐人可能不显式地和被推荐者合作，他们相互之间可能不知道对方；第二，推荐除了指出哪些应该被过滤掉，还可能建议特别感兴趣的项目。自此，"推荐系统"一词被广泛引用，并且推荐系统开始成为一个重要的研究领域。

第二阶段是推荐系统商业应用的出现。这一时期推荐系统快速商业化，效果显著。麻省理工学院的 Pattie Maes 研究组于 1995 年创立了 Agents 公司（后更名为 Firefly Networks）。明尼苏达州的 GroupLens 研究组于 1996 年创立了 NetPerceptions。这一时期工作主要解决在大大超越实验室规模的情况下运行带来的技术挑战，开发新算法以降低在线计算时间等。这一时期标志性事件如下。

（1）电子商务推荐系统。最著名的电子商务推荐系统是亚马逊（Amazon），顾客选择一个感兴趣的商品后，页面下方就会出现"通常一起购买的商品"和"购买此商品的顾客同时购买"的商品列表。Linden 等[7]公布了在 Amazon 中使用的基于物品内容的协同过滤算法，该算法能处理大规模的评分数据（当时有 2900 万客户和几百万的商品目录），并能产生质量良好的推荐，大大提高了 Amazon 的营业额，据统计，推荐系统的贡献率在 20%～30%。

（2）另一个成功的应用是 Facebook 的广告，系统根据个人资料、用户朋友感兴趣的广告等对个人提供广告推销。

第三阶段是研究大爆发，新型算法不断涌现阶段。2000 年至今，随着应用的深入和各个学科研究人员的参与，推荐系统得到迅猛发展。来自数据挖掘、人工智能、信息检索、安全与隐私以及商业与营销等各个领域的研究，都为推荐系统提供了新的分析和方法。又因为可以获得海量数据，算法研究方面取得了很大进步，更是在 2006 年被 Netflix 的 100 万美元大奖推上了高峰。这一时期标志性事件如下。

（1）推荐分类。2005 年，Adomavicius 等[4]的综述论文将推荐系统分为 3 个主要类别，即基于内容的、协同的和混合的推荐算法，并提出了未来可能的主要研究方向。到 2021 年 1 月，这篇文章引用率高达 1.3 万次，此论文对推荐系统领域的研究有承上启下的作用。

（2）Netflix 竞赛。2006 年 10 月，北美最大的在线视频服务提供商 Netflix 宣布了一项竞赛，任何人只要能够将它现有电影推荐算法 Cinematch 的推荐准确度提高 10%，就能获得 100 万美元的奖金。该竞赛在学术界和工业界引起了较大的关注，参赛者提出了若干推荐算法，提高推荐准确度，降低了推荐系统的预测误差，极大地推动了推荐系统的发展。

（3）推荐系统大会 RecSys。2007 年第一届美国计算机协会推荐系统大会在美国举行，到 2023 年已经是第 17 届。这是推荐系统领域的顶级会议，主要是提供一个重要的国际论坛来展示推荐系统在较广领域的新的研究成果、系统和方法。

迄今为止，推荐算法的准确度和有效性方面得到了诸多改进，极大完善了推荐效果，并可满足更多的应用需求。然而随着 Web 2.0 的发展，不同的用户需求以及越来越大的数据规模对推荐系统算法的研究提出了更高的要求，因此相关研究还有大量工作要做[8]。

1.3　推荐算法分类

推荐算法是推荐系统的核心。根据推荐算法的不同，常见的推荐系统可以分为基于内容的推荐（content-based recommendation）算法、基于协同过滤的推荐（collaborative filtering recommendation）算法和混合推荐（hybrid recommendation）算法，如图 1.2 所示。本节将逐一介绍这几种推荐算法的关键技术，并对它们的优缺点情况进行简要分析。

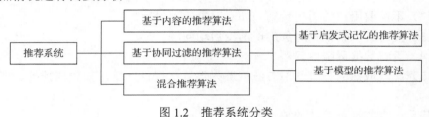

图 1.2　推荐系统分类

1.3.1　基于内容的推荐算法

基于内容的推荐算法是最早使用的推荐算法，它的思想是：根据用户过去喜欢的物品，为用户推荐和他过去喜欢的物品（统称 item）相似的物品。关键在于物品相似性的度量。

其原理大致分为 3 步。

（1）物品表示（item representation）：为每个 item 抽取出一些特征来表示此 item。

（2）特征学习（profile learning）：利用一个用户过去喜欢（及不喜欢）的 item 的特征数据，来学习此用户的喜好特征。

（3）生成推荐列表（recommendation generation list）：通过比较上一步得到的用户特征与候选 item 的特征，为此用户推荐一组相关度最大的 item。

计算推荐对象的内容特征和用户模型中兴趣特征二者之间的相似度是该推荐策略中的一个关键部分，式（1.2）就是计算该相似度的一个函数。

$$u(c,s) = \text{score}(\text{userprofile}, \text{content}) \quad (1.2)$$

其中 score 的计算方法有很多种，比如使用最简单的向量夹角余弦的距离计算方法[3]，如式（1.3）：

$$u(c,s) = \cos(W_c, W_s) = \frac{\sum_{i=1}^{K} W_{i,c} W_{i,s}}{\sqrt{\sum_{i=1}^{K} W_{i,c}^2} \sqrt{\sum_{i=1}^{K} W_{i,s}^2}} \quad (1.3)$$

计算所得的值按其大小排序，将最靠前的若干个对象作为推荐结果呈现给用户。

基于内容的推荐策略中的关键就是用户模型描述和推荐对象内容特征描述。其中对推荐对象内容进行特征提取，目前对文本内容进行特征提取的方法已经相对成熟，如浏览页面的推荐、新闻推荐等。但网上的多媒体信息大量涌现，而对这些多媒体数据进行特征提取还有待技术支持，所以多媒体信息还没有大量用于基于内容的推荐。

基于内容的推荐算法的优点如下。

（1）简单、有效，推荐结果直观，容易理解，不需要领域知识。

（2）不需要用户的历史数据，如对对象的评价等。

（3）没有关于新推荐对象出现的冷启动问题。

（4）没有数据稀疏性问题。

（5）比较成熟的分类学习方法能够为该算法提供支持，如数据挖掘、聚类分析等。

基于内容的推荐算法的缺点如下。

（1）该算法的广泛应用受到推荐对象特征提取能力的限制较为严重。因为多媒体资源没有有效的特征提取方法，如图像、视频、音乐等。即使是文本资源，其特征提取方法也只能反映资源的一部分内容，如难以提取网页内容的质量，这些特征可能影响到用户的满意度。

（2）很难出现新的推荐结果。推荐对象的内容特征和用户的兴趣偏好匹配才能获得推荐，用户将仅限于获得跟以前类似的推荐结果，很难为用户发现新的感兴趣的信息。

（3）存在新用户出现时的冷启动问题。当新用户出现时，系统较难获得该用户的兴趣偏好，不能和推荐对象的内容特征进行匹配，因此该用户较难获得满意的推荐结果。

（4）对推荐对象内容分类方法需要的数据量较大。目前，尽管分类方法很多，但构造分类器时需要的数据量巨大，给分类带来一定困难。

（5）不同语言描述的用户模型和推荐对象模型无法兼容也是基于内容推荐系统面临的又一个大的问题。

1.3.2　基于协同过滤的推荐算法

基于协同过滤的推荐算法是诞生最早且较为著名的推荐算法，主要的功能是预测和推荐。算法首先根据用户偏好计算用户之间的相似度，找出与目标用户相似度高的用户，然后预测出目标用户对相似用户感兴趣物品的评分，最后将评分最高的若干个物品推荐给用户。

基于协同过滤的推荐算法一般分为两类：基于启发式/记忆（heuristic-based or memory-based）的推荐算法和基于模型（model-based）的推荐算法。

1. 基于启发式/记忆的推荐算法

基于启发式/记忆的推荐算法的基本思想是使用与新用户 u 相似的用户 $\tilde{u}$ 对一个对象 i 的评价来预测 i 对新用户 u 的效用，进而判断是否推荐 i 给 u。显然，基于启发式/记忆的推荐算法的研究主要包括以下两点：

（1）计算用户之间的相似度。

（2）对所有与用户 u 相似的用户 $\tilde{u}$ 对对象 i 的评分进行聚合计算，以得到 i 对新用户 u 的效用的统计预测方法。

基于启发式/记忆的推荐算法根据系统中所有被打过分的产品信息进行预测。设需要预测的值为用户 u 对对象 i 的打分 $r_{u,i}$，设 $\tilde{U}$ 为与用户 u 相似度比较高的用户集，则预测 $r_{u,i}$ 的函数形式有

$$r_{u,i} = \frac{1}{N} \sum_{\tilde{u} \in \tilde{U}} r_{\tilde{u},i} \tag{1.4}$$

$$r_{u,i} = k \sum_{\tilde{u} \in \tilde{U}} \mathrm{sim}(u,\tilde{u}) \cdot r_{\tilde{u},i} \tag{1.5}$$

$$r_{u,i} = \overline{r}_u + k \sum_{\tilde{u} \in \tilde{U}} \mathrm{sim}(u,\tilde{u}) \cdot (r_{\tilde{u},i} - \overline{r}_u) \tag{1.6}$$

式中，k 为一个标准化因子，通常 $k = 1 / \sum_{\tilde{u} \in \tilde{U}} |\mathrm{sim}(u,\tilde{u})|$，$\mathrm{sim}(u,\tilde{u})$ 表示用户 u 和 $\tilde{u}$ 之间的相似度。用户 u 的平均打分定义为 $\overline{r}_u = (1 / |I_u|) \cdot \sum_{i \in I_u} r_{u,i}$，其中 $I_u = \{i \in I \mid r_{u,i} \neq 0\}$。

最简单的计算方法如式（1.4）所示，直接计算相似邻居的平均打分值。然而最常用的是加权平均，即式（1.5），其中权重为 $\mathrm{sim}(u,\tilde{u})$，两个用户越相似则权重越大，标准化因子 k 是为了计算不同推荐系统的用户相似度而准备的。式（1.6）通过只考虑不同用户平均喜好程度的偏差，克服了评判尺度不一致的缺点，一般而言，具有比式（1.5）更高的精确度[9]。

近年来，一些学者同时也发展了其他启发式算法，以提高启发式推荐的性能，如缺省投票（default voting）、用户倒排评分（inverse user ranking）、实例扩展（case amplification）和主流加权预测（weighted-majority prediction）等。

2. 基于模型的推荐算法

基于模型的推荐算法收集打分数据进行学习并推断用户行为模型，进而对某个项目进行预测打分。基于模型的推荐算法和基于启发式/记忆的推荐算法的不同在于，基于模型的推荐算法不是基于一些启发规则进行预测计算，而是基于对已

有数据应用统计和机器学习得到的模型进行预测。Breese 等[10]提出了一个基于概率的协同过滤算法，其打分公式如下：

$$r_{u,i} = E(r_{u,i}) = \sum_{k=0}^{n} k \times \Pr(r_{u,i} = k \mid r_{u,\tilde{i}}, \tilde{I} \in I_u) \tag{1.7}$$

上式假设打分值为 $0 \sim n$ 的整数值，概率 Pr 表示基于用户以前的打分，用户要给项目 i 打指定分数的概率。其他基于模型的协同过滤推荐系统有概率相关模型[11]、极大熵模型[12]、线性回归[13]、基于聚类的吉布斯抽样算法[14]、贝叶斯模型[15]等。

相对于基于内容的推荐算法，基于协同过滤的推荐算法的优点主要有以下几点。

（1）适用于复杂的非结构化数据，如电影、音乐等数据。不像基于内容的推荐需要利用信息提取手段进行内容的提取，协同过滤利用的数据易于提取和表示，如用户评分、购买记录、浏览记录等。

（2）不需要专业领域知识。计算机专业技术人员不需要去了解需要做推荐的领域的专业知识就可以构建出推荐算法，使得推荐算法的研究变得更为容易。协同过滤可以推荐和用户以往喜欢的项目完全不同的事物，即可以发现用户可能喜欢但自己尚未发现的事物。

（3）智能性。不需要用户自己寻找适合自己兴趣点的内容，如填写调查问卷等。系统自动根据用户历史评分信息等显式信息或浏览信息等隐式信息为用户做出相应推荐。

而基于协同过滤的推荐算法的缺点也是存在的，该算法的缺点如下。

（1）新用户问题。这个问题与基于内容的推荐算法遇到的相同。基于协同过滤的推荐算法为了推荐准确的物品，要根据用户的历史数据学习用户的兴趣模型。但是新用户不存在用户历史数据，无法让推荐算法进行很好的学习。后来一些学者提出了混合推荐的方法来解决新用户的问题，在下一节我们会具体介绍混合推荐模型。在整个推荐领域有很多学者用了很多的方法解决这个问题，譬如根据物品的流行度、物品的熵值，以及用户的个性化，或者结合上面的多种方法。

（2）新物品问题。在推荐系统中，会不断有新的物品加入推荐系统中来。传统的协同过滤算法往往只是根据用户的打分数据来进行推荐，所以那些新加入系统的物品没有足够多的打分数据，没有办法进行有效的推荐。这个问题也可以用混合推荐的方法进行解决，具体内容将在第 3 章进行介绍。

（3）数据稀疏性问题。在推荐系统的应用领域中，相比于需要预测的分数，已知评分的点只是一小部分。怎么样根据较少的数据进行准确的估计是一个很重要的问题，所以协同过滤的推荐算法的准确率在很大程度上取决于历史数据的多少。譬如在电影推荐系统中，如果有一些电影只有被一部分用户看过，虽然评分也很高，但是这些电影也基本上不会被推荐系统推荐。还存在一个问题就是如果一个用户的品味比较独特，那么也没有其他用户会与他的兴趣比较相似，那么协同过滤的推荐算法也没有帮这些用户推荐物品。为了解决这些问题，我们可以利用基于内容的思想，利用用户的个人信息来计算用户之间的相似度。如果两个用户对某些电影的打分相似，我们认为这两个用户是相似的，同样，如果两个用户的信息资料类似，我们同样也可以认为这两个用户的兴趣是相似的。譬如两个用户性别、年龄、居住地以及教育程度和职业都相似，我们就可以认为两个用户在对于餐厅的喜好方面就是相似的[16]。另外可以通过降维的方法解决数据过于稀疏的问题，常用的降维的方法是奇异值分解的方法[17]。

1.3.3　混合推荐算法

基于内容、协同过滤等推荐算法在投入实际运营的时候各自都有缺陷，因此实际的推荐系统大多把不同的推荐算法进行结合，提出了混合推荐算法。针对实际系统的研究显示，这些混合推荐系统具有比上述独立的推荐系统更高的准确率[9]，有效提高系统的性能和质量。我们将研究人员提出的组合思路大致分为如下 3 类。

（1）后融合。融合两种或两种以上的推荐算法各自产生的推荐结果。如使用基于内容的推荐算法和基于协同过滤的推荐算法分别得到推荐列表，融合列表的结果决定最后推荐的对象。

（2）中融合。以一种推荐算法为框架，融合另一种推荐算法。如以基于内容的算法为框架，融合协同过滤的算法，或者以协同过滤的算法为框架，融合基于内容的算法。

（3）前融合。直接融合各种推荐算法。如将基于内容和协同过滤的算法整合到一个统一的框架模型下。

后融合组合推荐：在后融合组合推荐中，最简单的做法就是分别用基于内容的推荐算法和基于协同过滤的推荐算法去产生一个推荐预测结果，然后用某种方法组合其结果。文献[18]使用了评分结果的线性组合，而文献[16]使用了投票机制来组合这些推荐结果。除此之外，也可以分别考察两个推荐列表，判断使用其中的哪个推荐结果。比如，日常学习系统（daily learning system）计算推荐结果的可信度，然后选择一个列表的结果。这种结果层次上的融合我们称为后融合组合推荐。

中融合组合推荐：中融合的组合推荐主要有两种，以基于内容的方法为框架，融合协同过滤的方法和以协同过滤的方法为框架，融合基于内容的方法。前者利用降维技术把基于内容的对象特征进行精简化。

前融合组合推荐：近年来，这类推荐算法最受学者的关注。在文献中，一种方法是研究者把用户的年龄和电影的类型放到一个统一的分类器中训练学习。另外一种方法使用了贝叶斯混合效果回归模型，并通过马尔可夫链蒙特卡罗方法得到这个模型的参数。文献[19]将用户和对象的特征都放到一个统计模型下来计算效用函数，研究者使用用户属性 z、对象属性 w 及其交互关系（如选择关系）x 来计算效用 r。对象 j 对于用户 i 的效用值 r_{ij} 计算表达式为

$$r_{ij} = x_{ij}\mu + z_i y_j + w_j \lambda_i + e_{ij}, \quad e_{ij} \sim N(0, \sigma^2), \lambda_i \sim N(0, \Lambda), y_j \sim N(0, \tau) \quad （1.8）$$

式中的三种正态分布的变量分别用于描述数据的噪声、用户属性的异质性和对象属性的异质性，式（1.8）表述效用值是由这几个因素共同决定的。这三种分布的三个参数由马尔可夫链蒙特卡罗方法估算得到[20]。

虽然混合推荐算法的研究已进入了成熟阶段，并得到了广泛的应用，但是仍然存在着很多问题。

（1）数据稀疏性问题。在电子商务网站等实际应用中，待处理的推荐算法规模越来越大，用户和商品数量越来越多，而两个用户选择的重叠部分很少，且用户评分项目一般不会超过总数的 1%。我们平时研究最多的 MovieLens 数据集的稀疏度是 4.5%，Netflix 是 1.2%，评分矩阵将会是一个稀疏矩阵。而在计算用户间相似度时，需要考虑两个用户共同评分的项目，则两个用户之间共同评分项目数会很少，这种情况下，相似度的计算准确度受到很大的影响，从而影响推荐结果的准确度，甚至找不到合适的项目推荐给目标用户。

目前，解决该问题的最常用的方法是矩阵填充技术。而在各种填充技术中，最简单和最直接的填充方法是对未评分的项目的评分值设为一个给定的缺省值，或者取其他用户对该项目评分的平均值填充到评分矩阵中的。

（2）冷启动问题。当推荐算法中有新注册用户，因为用户未对任何项目进行购买或者评分等信息，很难对该用户给出精确的推荐。反过来，新商品由于还未被用户购买或者对它评分，没有任何历史记录信息，也难以找到合适的办法推荐给用户。要解决冷启动问题，主要是基于用户属性或者项目属性计算相似度，寻找最近邻，从而产生推荐结果。

（3）可扩展问题。衡量推荐算法质量的一个重要指标是运算时间。传统的协同过滤推荐算法的运行时间主要是与用户和项目的数据量相关的。现阶段由于互联网数据的海量增加，用户和项目的数据量急剧增加，在产生推荐时，推荐算法的运算时间也随之剧增。面对这一现象，传统协同过滤推荐算法就面临极其严重的可扩展问题，需要提出相关方法来提高响应时间。目前，解决该问题的主要方法是利用聚类技术，如 k-means 聚类算法，该算法首先计算用户的相似度，然后根据计算得到的相似度对用户进行聚类，按照一定的规则生成聚类中心，然后计算用户与各聚类中心的相似度，并将用户规划到与聚类中心最相似的聚类中。之后，当为目标用户寻找最近邻时，我们可以计算目标用户与 k 个聚类中心中哪一个相似度最高，然后在这个聚类中寻找最近邻集。这样就减少了计算的数据量。

（4）精确度问题。推荐算法的最终目标是通过分析用户的兴趣偏好，精准地为用户推荐其可能感兴趣的项目，这就要求推荐算法的准确度。若推荐算法的精确度出现问题，那么其推荐结果很可能不符合用户的要求，推荐一些用户不喜欢的项目，这样会导致失去大量用户的信任。在协同过滤推荐算法中，最大限度影响推荐算法精确度的是相似度的计算。由于协同过滤推荐算法以及属性推荐算法各自都存在一些缺陷，为了提高推荐算法精确度问题，更多的研究者开始研究混合推荐算法。混合推荐算法继承了以上两种方法的优点，以及互补了两种方法的缺点，推荐的效果比任何一种单独的方法都要好，大大提高了推荐质量。在混合推荐算法中，其中重要的一步是如何计算用户之间的相似度，所以对于如何提高推荐算法精确度问题的方法，主要是改进用户或者项目之间的相似度的计算方法[21]。

1.4 推荐系统应用

个性化推荐系统发展迅速，涉及行业广，如电子商务、社交网络、个性化的音乐和视频网站等与用户产生交互的网络平台，相关企业都进行着相关尝试和研究。在熟悉的电子商务领域中，用户在商城购物时，后台根据用户的搜索喜好在首页或特定页面推荐商品，大大增加了用户购买率，提高了企业的盈利能力。近年来成为一大热词的"日推""私人 FM"也是在大数据时代下个性化推荐系统的产物。除此之外，推荐系统的应用还体现在很多领域，由于推荐系统在应用背景上存在很大差异，应用研究应结合具体行业、产品、用户和系统的特征而展开。研究内容包括以下几方面。

（1）个性化推荐系统与其他商务系统相集成的接口方法。研究电子商务推荐系统与企业营销系统以及客户关系管理系统等的集成框架、方法与接口，研究电子商务推荐系统在客户关系管理中的应用。

（2）探索推荐系统在银行、保险、电信等行业的应用。研究银行、保险、电信等不同行业推荐对象的特点，以及对个性化推荐的具体需求，包括但不限于用户行为、数据结构、业务规则等方面的需求，结合不同行业的特点和需求，建立起电子商务推荐系统的应用框架。

（3）扩展推荐系统的应用对象和应用范围，如面向群体的推荐等[22]。

下面我们主要介绍若干有代表性的活跃在不同领域的推荐系统，凸显推荐系统的价值以及巨大的潜力。

Tapestry 是最早的协同过滤推荐系统，它的产生对推荐系统的发展有深远意义。Tapestry 是 20 世纪 90 年代初美国 Xerox 公司的 Palo Alto 研究中心研发的邮件过滤推荐系统，它能帮助用户过滤电子邮件并推荐新闻。Tapestry 的用户可以对阅读过的文章发表评论，系统根据评论、用户的偏好对用户进行推荐。但是作为早期的推荐系统，Tapestry 并不能自动地推荐，需要对用户进行烦冗的查询，同时还需要用户之间有明确的关系，这在用户规模稍大时就难以实现，因此只能用于小规模用户的场景。

Cinematch 是 Netflix 公司的电影推荐系统，Netflix 公司是一家美国在线影片租赁商，在美国、加拿大提供互联网流媒体播放和定制 DVD、蓝光光碟在线出租业务。Netflix 公司的用户可以对看过的电影进行评分，而 Cinematch 则会根据用户过往的评分记录推测该用户对全部电影的评分，从而为用户推荐高分电影。

YouTube 是目前世界上最大的视频分享网站，用户能自由地上传、分享、下载、观看各类视频。YouTube 的个性化视频推荐算法获得了美国国家电视艺术与科学学会（National Academy of Television Arts and Sciences，NATAS）授予的 2013 年"技术与工程艾美奖"，因为它能从海量视频中发掘用户爱好，提供深度个性化体验以延长用户注意力。YouTube 的推荐算法形成并上线最早是在 2008 年，这是网站本身诞生后的第三年，也是被 Google 收购后的第二年。新上线的推荐系统会在 YouTube 主页和右侧的个人视频页上向用户推荐其他视频以供观看。算法设计师 Goudreau 说，在 2008 年年末 YouTube 的推荐系统会让网站每天增加"成千上万小时"的视频观看量，2013 年这个数字则变成了数百万。

Amazon 的推荐系统被很多学者认为是当今最成功的推荐系统。Amazon 成立于 1995 年，是美国最大的电子商务公司，据 VentureBeat 统计，Amazon 的推荐系统为其提供了 35% 的商品销售额。这个数字曝光后引来了无数学术界和工业界的目光，也大大推动了学者对推荐系统研究的热情。Amazon 表示在该网站上购物的人群中，仅有 16% 具有明确的购物意图，因此推荐系统能很好地引导剩下 84% 的人群消费。

Google News 是 Google 公司开发的一款 Web 新闻聚合器，由 Google 首席工程师克里希纳·巴拉特（Krishna Bharat）创造与领导开发，2006 年正式发布。Google News 是一个具有代表性的资讯推荐系统，能发现用户对不同类别新闻的偏好程度，如喜欢国内还是国际，喜欢军事、体育、经济、社会或者科技，根据用户偏好给用户推荐合适的新闻。过去 Google 使用纯协同过滤的方法进行推荐（主要使用的技术是 LSH/Minhash、PLSI 和 co-vision），这种方法比纯粹推荐流行新闻在结果上提高了 38%。然而，在 2010 年后，Google 根据新闻的特点——时效性要求高、更新快，发现协同过滤难以第一时间发现缺少用户标记的新闻，于是引入了基于内容的分析，建立了一个混合模型。从实际效果看，新的模型提高了 30.9% 的点击率，同时提高了 14.1% 的网站访问率。

MovieLens 是一个更偏向于科研目的的推荐系统和虚拟社区，它的主要目的是使用协同过滤技术，向用户推荐电影。在一个新的用户开始使用 MovieLens 系统前，他首先需要对系统中任意 15 部电影进行评分，然后系统将预测他对系统上所有电影的打分，然后根据分值推荐电影。该系统是 1997 年由 GroupLens 研究组创立，隶属于明尼苏达大学计算机系。在今天，MovieLens 提供的数据集是学术界最广泛使用的推荐算法评价数据集，在该数据集上通过交叉验证而得到的平均绝对误差（mean absolute error，MAE）和均方根误差（root mean square error，RMSE）是评价算法优劣的重要评估标准。

国内也有许多优秀的推荐系统应用公司，这里不再一一列举。表 1.1 列出了活跃在各大领域中的国内外主要推荐系统。

表 1.1　国内外主要推荐系统

所属类别	推荐系统	
	国外	国内
视频类	Netflix、Hulu、YouTube	优酷、爱奇艺
资讯类	Google News、Digg、Zite	网易新闻、今日头条
音乐类	Yahoo Music、Pandora	网易云音乐、QQ 音乐
社交类	Facebook、Twitter、LinkedIn	新浪微博、QQ、微信
电子商务类	Amazon、eBay	淘宝、1 号会员店

1.5　推荐系统面临的挑战

经过近 30 年的研究，推荐系统已经建立了比较完备的理论依据和框架，在各领域的实际应用中也取得了一定的成功，并已成为下一代互联网应用中不可或缺的重要组成部分。但是，推荐系统的发展远未达到成熟的阶段。作为一个方兴未艾的前沿探索领域，推荐系统的应用将给销售模式和客户关系管理带来重大改变，其发展前景充满了挑战与机遇。伴随着互联网应用的多样化发展，各种新的应用形式层出不穷，互联网的用户和信息规模也在急剧增加，给推荐系统的应用和发展带来了新的挑战，传统推荐系统中没有考虑和重视的问题正在影响推荐系统的进一步推广和应用，概括起来，推荐系统面临的问题主要如下。

1. 数据稀疏性问题

用户对于已访问项目的评分在一定程度上反映了用户的兴趣，用户的历史评分数据一般可以形式化为用户-项目评分矩阵，评分矩阵是协同过滤算法实现推荐的主要依据。推荐系统的宿主信息系统一般可提供大量的信息项目，造成用户-项目评分矩阵通常是高维矩阵，而用户在高维项目空间中往往只会访问并评分相对较少的项目，用户-项目评分矩阵中存在大量的未访问的项目评分（一般以数值 0 代表），这就造成了高维用户-项目评分矩阵的极度稀疏性，一般用户-项目评分矩阵的稀疏度可达到 99%。用户-项目评分矩阵的高稀疏性会在多个方面直接或间接影响协同过滤算法的推荐质量，形成相应的数据稀疏性问题。在相似性计算方面，用户或项目的相似性度量依赖于不同对象的公共评分数据，而稀疏评分矩阵将造成对象间公共评分数据数量严重不足，进而导致相似度计算过于片面且带有较大偏差。而在评分预测方面，基于用户的协同过滤算法需要使用目标用户的邻居评分对目标项进行评分的预测，而在评分矩阵过分稀疏的情况下，很难或无法确定目标用户的邻居，导致推荐算法的推荐覆盖率降低，甚至无法实现推荐；而基于项目的协同过滤算法则需要使用目标用户的已有评分实现评分预测，由于数据稀疏性问题的存在，用户的历史评分数据过少，无法确定目标项的已访问邻居项目，也会导致推荐的准确性下降甚至失败。数据稀疏性问题本质上是一种信息缺失的表现，在无法获得足够多用户评分数据的情况下，协同过滤算法的推荐质量难以保证，因此数据稀疏性问题是妨碍协同过滤算法发展的主要问题，是推荐系统研究的热点核心问题[23]。

2. 冷启动问题

用户和项目是推荐系统中的两类重要对象，二者之间需要通过评分实现关联。从用户角度来看，评分反映了其兴趣和偏好；从项目角度来看，评分反映了项目的受欢迎程度。冷启动问题是数据稀疏性问题的特例[24]，冷启动问题可以细分为新用户问题和新项目问题[25]。一方面，当系统中出现新用户时，该用户没有对项目进行评分，推荐系统没有任何关于新用户的兴趣信息和知识。对于基于内容的过滤算法，推荐系统无法建立关于新用户的兴趣模型；对于基于用户的过滤算法，推荐系统在用户空间中也无法确定该用户的相似邻居；对于基于项目的过滤算法，推荐系统虽然可以确定不同项目之间的相似程度，但因为没有关于新用户兴趣的任何评分，所以仍然无法对项目进行评分预测。另一方面，当系统中出现新项目时，基于内容的过滤算法虽然没有任何对该项目的评分数据，但通过内容分析技术仍然可以建立项目的内容描述模型，因此不会影响对新项目的推荐。然而对于协同过滤算法，关于新项目的评分数据缺失将造成相似度计算和评分预测无法完成。从宏观上来看，冷启动问题在推荐系统的整个生存周期都将存在，特别是在推荐系统建立初期，新用户和新项目会同时出现，冷启动问题的主要成因在于推荐系统对于评分数据的过分依赖，所以需要在推荐系统中引入其他参考信息和知识[26]，如项目的属性信息和用户的个人信息等，以克服评分数据缺失对推荐系统的影响[23]。

3. 大数据处理与增量计算问题

尽管数据很稀疏，大部分数据都拥有百千万计的用户和商品，因此，如何快速高效处理这些数据成为迫在眉睫的问题，而算法时间和空间的复杂性，尤其是前者，获得了空前重视。一个高效的算法，要么复杂性很低，要么能够很好并行化，或者两者兼具。局部扩散算法在这两个方面都具有明显优势。另外一条可能的解决之道，是设计增量算法，也就是说当产生新用户、新商品以及新的连接关系时，算法的结果不需要在整个数据集上重新进行计算，而只需要考虑所增加节点和连边局部的信息，对原有的结果进行微扰，快速得到新结果。一般而言，这种算法随着加入信息量的增多，其误差会积累变大，最终每过一段时间还是需要利用全局数据重新进行计算。

一个特别困难的挑战，是如何设计一种算法，能够保证其误差不会积累，也就是说其结果与利用全部数据重新计算的结果之间的差异不会单调上升。我们把这种算法叫作自适应算法，它是增量算法的一个加强版本，其设计要求和难度更高。增量算法已经在业界有了应用，譬如百分点推荐引擎中的若干算法都采用了增量技术，使得用户每次新浏览、收藏或者购买商品后其推荐列表立刻得到更新。当然，该引擎也只是部分算法实现了增量技术，更没有达到所有算法都能够自适应学习的程度，因此该引擎在实现自适应学习方面还有很长的路要走。

4. 多样性与精确性

如果要给用户推荐他喜欢的商品，最"保险"的方式就是给他推荐特别流行或者得分特别高的商品，因为这些商品有更大的可能性被喜欢，往坏了说，也很难特别被讨厌。但是，这样的推荐产生的用户体验并不一定好，因为用户很可能已经知道这些热销流行的产品，所以得到的信息量很少，并且用户不会认同这是一种"个性化"的推荐。事实上，Mcnee 等[27]已经警告大家，盲目崇拜精确性指标可能会伤害推荐系统，这样可能会导致用户得到一些信息量为 0 的"精准推荐"，并且视野变得越来越狭窄。让用户视野变得狭窄也是协同过滤算法存在的一个比较主要的缺陷。与此同时，应用个性化推荐技术的商家也希望推荐中有更多的品类出现，从而激发用户新的购物需求。遗憾的是，推荐多样的商品和新颖的商品与推荐的精确性之间存在矛盾，因为前者风险很大——一个没什么人看过或者打分较低的东西推荐出手，很可能被用户憎恶，从而效果更差。很多时候，这是一个两难的问题，只能通过牺牲多样性来提高精确性，或者牺牲精确性来提高多样性。一种可行之策是直接对推荐列表进行处理，从而提升其多样性。目前百分点推荐引擎所使用的方法也是类似的。这种方法固然在应用上是有效的，但是没有任何理论的基础和优美性可言，只能算一种野蛮而实用的招数。我们发现，通过精巧混合精确性高和多样性好的两种算法，可以同时提高算法的多样性和精确性，不需要牺牲任何一方。遗憾的是，我们还没有办法就这个结果提供清晰的解读和深刻的见解。多样性和精确性之间错综复杂的关系和隐匿其后的竞争，到目前为止还是一个很棘手的难题。

5. 推荐系统效果评估

推荐系统概念的提出已经有几十年了，但是怎么评价推荐系统，仍然是一个很大的问题。常见的评估指标可以分为四大类，分别是准确度、多样性、新颖性和覆盖率，每一类下辖很多不同的指标，譬如准确度指标又可以分为四大类，分别是预测评分准确度、预测评分关联、分类准确度、排序准确度。以分类准确度为例，又包括准确率、召回率、准确率提高率、召回率提高率、F1 指标和 AUC值（处于接收者操作特征曲线下方的面积之和）。朱郁筱等[2]总结了文献中曾经出现过的几乎所有的推荐系统指标，这些指标都是基于数据本身的指标，可以认为是第一个层次。实际上，在实际应用时，更为重要的是另外两个层次的评价，第二个层次是商业应用上的关键表现指标，譬如受推荐影响的转化率、购买率、客单价、购买品类数等，第三个层次是用户真实的体验。绝大部分研究只针对第一个层次的评价指标，而业界真正感兴趣的是第二个层次的评价（譬如到底是哪个指标或者哪些指标组合的结果能够提高用户购买的客单价），而第三个层次最难，没人能知道，只能通过第二个层次来估计。如何建立第一个层次和第二个层次指标之间的关系就成为关键，这一步打通了，理论和应用之间的屏障就通了一大半了。

6. 伸缩性问题

推荐系统是一种针对海量信息空间的信息过载问题提出的解决方案，在实际应用的信息系统中，用户和信息对象的数量一般都是海量的，这就要求推荐系统中涉及的推荐算法必须具有高效的处理能力。传统推荐算法虽然可以应对适当规模的数据空间处理，但是随着互联网信息服务的高速发展，用户和项目的数量进一步增加，推荐算法的伸缩性成为影响推荐系统发展的一个重要因素。推荐系统可采用基于模型的推荐算法来提高其伸缩性，将大计算量的计算任务以离线方式进行，如推荐系统中的特征抽取、用户建模、相似度计算等都可以事先或定期进行离线计算，但是基于模型的推荐算法往往会牺牲一定的推荐准确性，造成推荐质量的下降。

7. 概念漂移问题

用户在与推荐系统交互的过程中，其兴趣与偏好会受到外部各种因素的影响，如社会、家庭、重大事件都会导致用户模型发生变化，从而造成用户兴趣的概念漂移[28]。传统推荐系统对用户历史评分的重要性并不加以区分，导致用户在不同时间点形成的评分在相似度计算和评分预测等过程中起到了相同的作用，推荐算法没有建立感知用户兴趣变化的机制，所形成的用户兴趣模型是一种静态模型，随着概念漂移的发生，推荐系统的推荐质量将表现得不稳定，特别是用户兴趣发生突变时，推荐的准确性将急剧恶化，只有当用户兴趣的变化经过一段时间之后，这种变化才能迟缓地反馈给推荐系统，造成用户兴趣模型更新的滞后。推荐系统作为一种动态人机交互系统，用户兴趣的概念漂移是无法避免的，推荐系统应建立感知概念漂移的机制[29]，主动跟踪用户兴趣的变化，在实现推荐的各关键过程中，如用户兴趣模型更新、相似度计算和评分预测，引入关于评分的时间特性，对用户的历史评分进行区分，从而保证系统所实现的推荐能够符合用户当前的信息需求[23]。

除了以上提到的几点，随着应用场景的丰富，推荐系统还面临隐私保护（privacy protection）、兴趣变化（interest drift）、同义项目（synonymy item）、流行偏见（popularity bias）等大量问题，正是这些挑战的存在以及新挑战的出现，使推荐系统的研究一直活跃至今。

综上所述，推荐系统是一种联系用户和项目的信息服务系统：一方面，它能够帮助用户发现潜在的感兴趣的项目；另一方面，它能够帮助项目提供者将项目投放给对它感兴趣的用户。推荐系统是一个有力的系统，能够对公司或业务产生增值效应，未来必将得到持续研究与发展，给用户带来更好的体验。

第 2 章

基于内容和知识的推荐

■ 2.1　基于语义的推荐

本节在传统的内容推荐系统的基础上结合语义网的语义标注技术提出一种新的内容推荐算法，在现有商品信息基础上增加商品描述标签。通过这些标签从各个方面描述商品的信息，并通过语义网技术来组织标签结构，一方面使标签不再是单一的平面结构，另一方面简化标签的知识的共享。然后，使用推理机通过已知商品特性和标签结构推理商品的蕴含属性，最后结合 Google 距离量化商品和标签之间的语义距离，辅助推荐系统从语义层面准确定位商品特征，生成推荐结果。

2.1.1　语义网基本概念

语义网实际上是一个数据网[30]，这些数据通过多种方式进行描述，通过遵从规定的语法和语言结构相互连接，形成语义关系。和目前的万维网相比，万维网所蕴含的内容主要是面向人类用户，这些内容主要通过统一资源定位符（uniform resource locator，URL）来相互连接。URL 主要依靠文字叙述来表示链接所起的作用，通常需要由用户自己来判断这些描述的语义。目前万维网上的内容并没有多少形式化的逻辑构造。而相对地，语义网则主要由可供应用程序识别的陈述组成。通过构造而链接在一起的陈述能够产生语义，从而表达出链接的含义。因此，这种链接和需要通过用户理解的链接相比，提供了一种已经定义好的富有含义的路径。这些陈述的组合还包含了一定的逻辑，可以通过应用程序对这些陈述进行进一步的理解和推理。语义网陈述的灵活性和其类型的多样性使得信息的定义和组织能形成富语义的表达式，从而可以简化信息集成与共享，实现语义推理，并且在信息以分布、动态和多样的形式存储时也可以从中抽取出有意义的信息。

语义网的语义关系主要包括定义、聚合、关联和约束。这些关系组成的陈述集合很容易通过图来表示。图 2.1 给出了一个关系简单的关于陈述的图。通过陈述和其对应的关系确立了概念和实例，例如，图中的 Person 为一个概念，而 John 和 Bill 是这个概念的两个实例。定义概念和概念之间的关系的这些陈述就构成了一个本体，针对个体的陈述则形成了实例数据。可以对陈述进行声明和推理，其中声明是直接由应用程序创建，如图 2.1 实线所示；而推理需要借助推理机从逻辑上对其他陈述进行推理得到，如图 2.1 虚线所示。

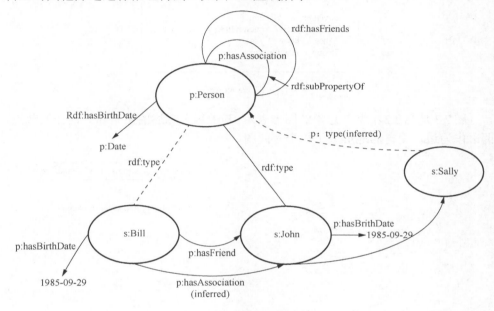

图 2.1　陈述的示意图

一个语义 web 程序主要包括语义 web 陈述、统一资源标识符（uniform resource identifier，URI）、本体和实例数据四个核心组件。

陈述构成了语义网的基础。每个陈述包含一个语义三元组，即主语（subject）、谓语（predicate）和宾语（object）。而每条陈述可以以分布式的方式存储在不同的地方，通过成千上万的这种形式化的陈述的联合来实现一个解决方案。陈述定义了信息结构、具体实例和对这种结构的条件限定，这些陈述的相互关联形成了语义网络。

2.1.2　资源描述框架

1. 资源描述框架的概念

在语义网中，信息建模主要借助于一个互补的语言集合，该集合包含三种语言：资源描述框架（resource description framework，RDF）、RDF Schema（RDFS）

以及 OWL Web 本体语言。其中 RDF 定义了底层的数据模型，并为语义网层次结构中的其他更高层次的复杂特性奠定基础。通常，一个 RDF 由资源和谓语两部分组成，而资源是陈述的主语和宾语，主语是陈述要描述的对象，谓语描述了主语和宾语之间的关系。可以通过图结构的节点和边来表示一个 RDF。例如，通过 RDF 图来表示图 2.2 信息。

Jovial knows Vincemo.
Jovial's Email is wjuewei1985@gmail.com.
Vincemo knows Ryan.
Ryan works with Harry.

图 2.2   信息集

图 2.3 是图 2.2 小型信息集的图形表示。其中每个陈述的主语和宾语作为节点，谓语作为边，很自然地形成了一个有向图。

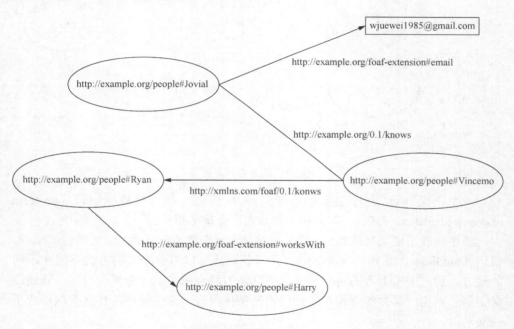

图 2.3   陈述的图形表示

RDF 图的节点是构成图的陈述中的主语和宾语。总共只有两种节点类型：资源和文字。文字主要表示具体的数据值，如数字或字符串，文字无法作为陈述的主语，只能作为宾语。而资源可以用来表示任何事物，既可以是主语也可以是宾语。资源实际上是一个能够表示对象、行为或者概念的名称，资源名称采用了国际化资源标识符（internationalized resource identifiers，IRI）的形式。

在 RDF 定义中，type 是一种特殊类型的谓语。rdf:type 用于将资源归为一类。在图 2.3 中画出了关于 Jovial 的一些信息，这些信息是基于我们人类所具有的知识做出的假设，但是在图中并没有表示出 Jovial 的类型。我们可以使用一条陈述来断言 Jovial 是一个人，这样就为 Jovial 赋予了一个类型。在图 2.4 中，资源 Jovial 通过谓语 rdf:type 和另一个表示概念 Person 的资源关联起来。

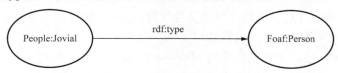

图 2.4　指定 Jovial 的类型

RDF 可以支持一种非常自由的类型概念。虽然类型是 RDF 中定义的一种特殊的谓语，但实际上 rdf:type 和其他谓语一样，即使有一条陈述已经断言 Jovial 的类型为 Person，但其他的陈述仍然可以将 Jovial 声明为其他类型。任何资源都可以有任意个关于它的断言，既可以由多条 rdf:type 断言，也可以没有 rdf:type 断言。

2. RDF 的序列化

RDF 作为一个抽象的信息表示工具，虽然有助于帮助人类进行分析，但并不适合于应用程序的信息交换。通过序列化，可以将抽象的 RDF 模型转换为具体格式，从而使 RDF 切实可以用于信息交换。其中最流行的三种格式分别为 RDF/XML、Turtle 和 N-Triple。

2.1.3　本体描述语言

RDF 是一种允许用户使用自己的词汇描述资源的通用语言。但 RDF 和特定领域无关，没有定义任何领域的语义，需要借助 RDFS 来完成。RDFS 为 RDF 提供了一个特定的词汇表，这里的词汇表是指一个用于交流和经过明确定义的术语集合。该词汇表可以对实体类和属性类进行定义，以及对属性定义域和值域进行简单的描述。但 RDF 和 RDFS 的表达能力还十分有限。

OWL Web[31]本体语言使用额外的资源扩展了 RDFS 词汇表，这些资源可以用于为 web 构建表达力更丰富的本体。OWL 根据 PDF 文档结构和内容引入了更多的约束，使处理过程和推理过程在计算上是可判定的。

为了使 OWL 同时满足既有高效的推理支持，又有由 RDFS 与完整逻辑的组合所形成的语言一样强大的表达能力，网络本体工作组为 OWL 提供了特征，也就是说 OWL 语言的子语言通过放弃某些表达能力换取了计算方面的效率。在原来的 OWL 规范中，定义了三种特征类型：OWL Lite、OWL DL 以及 OWL Full。其中，OWL Full 是完整的、不受限的 OWL 规范。OWL DL 在 OWL Full 的基础上引入了很多约束，包括将类和个体分离开。设计这些约束是为了使 OWL DL 可判定。OWL Lite 本质上是 OWL DL 的一个子集。

OWL Full 并不是 OWL 的子语言，而是完整的 OWL 语言。OWL Full 完全是对 RDF 的扩展，因此，每个 RDF 文档都是一个合法的 OWL Full 文档，而每个 OWL Full 文档也是一个合法的 RDF 文档。OWL Full 保留了描述任意事物所有特征的能力。但灵活性是以牺牲计算效果为代价，目前尚没有出现能够基于 OWL Full 知识库推理出所有语义蕴含的算法。

引入 OWL Lite 的目的是为应用程序和工具的开发人员提供开发目标，即提供一个能够支持 OWL1 特性的起点。但 OWL Lite 并没有被大多数人接受，因为它去除了 OWL1 中太多有用的特性，同时在计算效率上的提升又十分有限。而在这些方面，OWL DL 更为成功。

OWL DL 名字的由来是它提供了描述逻辑（description logic，DL）的很多功能，描述逻辑是一阶逻辑的一个重要子集。OWL DL 包含了 OWL Full 中所有词汇，但引入了一些约束，使 OWL DL 的语义无法应用于普通 RDF 文档，因为 RDF 文档既可以将一个 URI 看作个体也可以将其看作类或者属性。添加了这些约束之后就使得 OWL DL 变得可判定。

目前 OWL Full 和 OWL Lite 都很少被使用，而是主要使用通过对 OWL DL 进行限定而得到的三种新的 OWL 特征：OWL EL、OWL QL 和 OWL RL。通过 OWL DL 以及这三种 OWL 特征才真正使 OWL 的应用变成了现实。

（1）OWL EL。

OWL EL 是 OWL DL 上的一个子集，它通过引入语法约束来简化 OWL DL 的表达能力，主要用于为确定本体一致性和将个体映射到类等操作提供多项式时间的计算。使本体规模和执行操作所需要的时间之间的关系可以通过 $f(x)=x$ 来表示。这种特征的目的是除去一些不必要的特性的同时，提供很多已有的大规模本体所需的 OWL 表达特性。

OWL EL 使用丰富的分类系统对示例进行分类，并且愿意牺牲在属性方面的某些特性，其表达能力对用户来说是非常理想的选择。尽管在约束方面较为有限，但 OWL EL 支持对属性定义域和值域的描述，这在某种程度上可以起到一些类似于约束的作用。

（2）OWL QL。

OWL QL 的设计基于一些与数据库的虚拟集成相关的成果。OWL QL 的设计目的在于当复杂度取决于知识库中断言数量时，就可以使联合查询的复杂度在 logspace 以内。从而，可以通过函数 $f(x)=\log a$ 来表示知识库规模和执行操作所需的时间。在这种模式中，OWL QL 的建模能力和统一建模语言（unified modeling language，UML）或者实体-关系（entity-relationship，ER）模型非常类似。

（3）OWL RL。

OWL RL 的设计目的是在需要用到规则和规则处理系统的情况下提供尽可能强的表达能力。在仅仅需要使用规则处理系统来支持合取规则的情况下非常适合使用这种特征。这种特征所做的约束使得推理机不必再去推理系统中已知的个体是否存在，从而保持了推理的确定性。

2.1.4　本体语义推理

基于规则的推理主要有两种方式：正向链接推理和反向链接推理[32]。也有些系统将两种推理方式组合到一起，进行混合推理。

1．正向链接推理

在正向链接推理中，所有的隐含事实都直接在知识库中断言。在添加任何新的事实的时候都会发生正向链接推理，而作为同一操作的一部分，蕴含的陈述也会被立即添加到知识库中。结果是，知识库总是包含所有显式断言的事实和隐式断言的事实。正向链接之所以得名，是因为推理的执行过程是从知识库中的数据和规则向它们隐藏的事实进行的。图 2.5 展示了一个正向链接推理的过程。初始状态知识库中只有事实 1 和事实 2 这两个显式事实。事实 1 蕴含了事实 3、事实 4 和事实 5。当向该知识库添加了事实 6 之后，正向链接推理过程就会导出事实 7、事实 8 和事实 9，并最终导出事实 10。

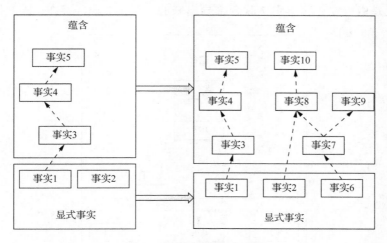

图 2.5　正向链接推理示例

如上面所给出的例子，每当添加一个新的显式事实之后，则新的蕴含就会被推导出来。当所有的添加操作都完成之后，无须花费额外的工作来确定知识库是否蕴含事实 10，因为事实 10 已经在正向链接推理过程中被添加到知识库中了。

但是，正如以上例子所表明的那样，大量的其他事实也被添加到了知识库中。因此，正向链接推理过程会增大知识库中陈述的数量，当只需要关注某个事实是否存在的时候，会在不需要的事实上花费额外的推理时间。

正向链接推理方法增加了存储规模，而且如果要提高知识库的检索性能，就需要在插入和删除操作上花费额外的开销。为了全面记录和管理，所有隐含的事实都必须被导出并存储，即使不会使用到的事实也必须如此。另外，当需要删除某些已经声明的陈述时，可能导致错误。这是因为系统会连续地将蕴含作为已经断言的事实添加到知识库中，从而删除之前声明的陈述可能导致出现尽管一条陈述不应该存在于知识库中，但实际上它依然存在的情况。为了解决这样的问题，就必须对知识库进行真值维护（truth maintenance）工作，使在删除事实之后知识库中所有蕴含的事实保持合法性。

2. 反向链接推理

反向链接是推理的另一种方式。在反向链接中，推理的执行动作借助反向应用系统逻辑来推导事实目标集合的条件，知道知识库中的显式事实能够满足未知条件。图 2.6 简单地描述了这一过程。我们的目标是确定知识库中是否有事实 10。反向链接推理要确定事实 10 是否能够由知识库中的显式事实推导得出，它是通过确定哪些事实会推导出事实 10 这一蕴含来达成这一目标的。在本例中，由于事实 8 蕴含了事实 10 的存在，所以推理过程必须确定事实 8 是否可以被推导出来。而事实 8 又是由事实 2 和事实 7 联合推导出来的。事实 2 已经存在，因此推理过程

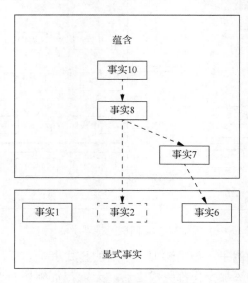

图 2.6　反向链接推理示例

必须转而确定事实 7 是否可推导出来。事实 7 由事实 3 蕴含，而事实 3 又在知识库中显式地存在。因此，可以确定知识库中包含事实 10。如果在推理过程中，这些事实中有任何一个缺失了，则意味着事实 10 不包含在知识库中。

反向链接推理在当只需要对某一事实是否存在进行验证时是非常具有优势的。通过这种方式的推导避免了知识库中不需要的事实扩展，同时也没有为陈述的添加和删除带来额外的开销。一旦事实通过反向链接推导出来，它们不会像正向链接那样把蕴含事实添加到知识库中。也就是说，在反向链接推理中推理只有当需要时才执行，而且没有用到的陈述也不会被存储到知识库中，因此从计算和存储的角度来看反向链接推理具有更高的效率。反向链接推理极大地简化了真值维护工作，只有显式的事实才会在知识库中持久化，而且对已声明的陈述进行删除操作并不会影响到知识库中的其他陈述。

2.1.5　隐语义推荐

1.　隐语义模型的基本思想

隐语义模型[32]是近年来推荐系统领域较为热门的话题，它主要是根据隐含特征将用户与物品联系起来。现从简单例子出发介绍隐语义模型的基本思想。假设用户 A 喜欢《数据挖掘导论》，用户 B 喜欢《三个火枪手》，现在我们要对用户 A 和用户 B 推荐其他书籍。基于 UserCF（基于用户的协同过滤），找到与他们偏好相似的用户，将相似用户偏好的书籍推荐给他们；基于 ItemCF（基于物品的协同过滤）[33]，找到与他们当前偏好书籍相似的其他书籍，推荐给他们。其实还有一种思路，就是根据用户的当前偏好信息，得到用户的兴趣偏好，将该类兴趣对应的物品推荐给当前用户。比如，用户 A 喜欢的《数据挖掘导论》属于计算机类的书籍，那我们可以将其他的计算机类书籍推荐给用户 A；用户 B 喜欢的是文学类数据，可将《巴黎圣母院》等这类文学作品推荐给用户 B。这就是隐语义模型，依据"兴趣"这一隐含特征将用户与物品进行连接，需要说明的是此处的"兴趣"其实是对物品类型的一个分类而已。

2.　隐语义模型的数学理解

我们从数学角度来理解隐语义模型。如图 2.7 所示，矩阵 R 是用户对物品的偏好信息（R_{ij} 表示用户 i 对项 j 的兴趣度），矩阵 P 是用户对各物品类别的一个偏好信息（P_{ij} 表示用户 i 对类别 j 的兴趣度），矩阵 Q 是各物品所归属的物品类别的信息（Q_{ij} 表示项 j 在类别 i 中的权重）。隐语义模型就是要将矩阵 R 分解为矩阵 P 和矩阵 Q 的乘积，即通过矩阵中的物品类别（class）将用户和物品联系起来。实际上我们需要根据用户当前的物品偏好信息 R 进行计算，从而得到对应的矩阵 P 和矩阵 Q。

	项 1	项 2	项 3	项 4
用户 1	R_{11}	R_{12}	R_{13}	R_{14}
用户 2	R_{21}	R_{22}	R_{23}	R_{24}
用户 3	R_{31}	R_{32}	R_{33}	R_{34}

R

	类别1	类别 2	类别 3
用户 1	P_{11}	Q_{12}	Q_{13}
用户 2	P_{21}	Q_{22}	Q_{23}
用户 3	P_{31}	Q_{32}	Q_{33}

P

	项 1	项 2	项 3	项 4
类别 1	Q_{11}	R_{12}	R_{13}	R_{14}
类别 2	Q_{21}	R_{22}	R_{23}	R_{24}
类别 3	Q_{31}	R_{32}	R_{33}	R_{34}

Q

图 2.7　矩阵 R 分解成矩阵 P 和矩阵 Q 的乘积

3. 隐语义模型所解决的问题

从上面的陈述我们可以知道,要想实现隐语义模型,我们需解决以下问题。

(1) 如何对物品进行分类,分成几类?

(2) 如何确定用户对哪些物品类别有兴趣,兴趣程度如何?

(3) 对于一个给定的类,选择这个类中的哪些物品进行推荐,如何确定物品在某个类别中的权重?

对于第一个问题,就是找对应的编辑人员进行人工分类,但是人工分类会存在以下问题。

(1) 当前的人工分类不能代表用户的意见。比如一本《数据挖掘导论》,从编辑人员的角度看会属于计算机类,但从用户来看,可能会归到数学类。

(2) 难以把握分类的粒度。仍以《数据挖掘导论》为例,可分得粗一点,属于计算机类,也可分得再细一点,属于计算机类别中的数据挖掘类。

(3) 难以给一个物品多个类别。一本小说可归为文学类或言情类等。

(4) 难以给出多维度的分类。对物品的分类可从多个角度进行,比如一本书可从书的内容进行分类,也可从书的作者角度进行分类。

(5) 难以确定一个物品在某一分类中的权重。一个物品可能属于多个类别,但是权重不同。

基于以上局限性,显然我们不能靠由个人的主观想法建立起来的分类标准对整个平台用户喜好进行标准化。隐语义模型是从用户的偏好数据出发进行个性推荐的,即基于用户的行为统计进行自动聚类,所以能解决以上提到的 5 个问题。

(1) 隐语义模型是基于用户的行为数据进行自动聚类的,能反映用户对物品的分类意见。

(2) 我们可以指定将物品聚类的类别数 k,k 越大,则粒度越细。

(3) 隐语义模型能计算出物品在各个类别中的权重,这是根据用户的行为数据统计的,不会只将其归到一类中。

(4) 隐语义模型得到的物品类别不是基于同一个维度的,维度是由用户的共同兴趣决定的。

4. 隐语义模型的样本问题

隐语义模型在显性反馈数据(也就是评分数据)上能解决评分预测问题并达

到了很好的精度。不过推荐系统主要讨论的是隐性反馈数据集[34]，这种数据集的特点是只有正样本（用户喜欢什么物品），而没有负样本（用户对什么物品不感兴趣）。那么，在隐性反馈数据集上应用隐语义模型解决推荐的第一个关键问题就是如何给每个用户生成负样本。我们发现对负样本采样时应该遵循以下原则。

（1）对每个用户，要保证正负样本的平衡（数目相似）。

（2）每个用户采样负样本时，要选取那些很热门，而用户却没有行为的物品。一般认为，很热门而用户却没有行为更加代表用户对这个物品不感兴趣。因为对于冷门的物品，用户可能是压根没在网站中发现这个物品，所以谈不上是否感兴趣。

5. 隐语义模型的推导思路

隐语义模型是根据式（2.1）[35]来计算用户集 U 对物品集 I 的兴趣度：

$$R_{UI} = P_U Q_I = \sum_{k=1}^{K} P_{U,k} Q_{k,I} \tag{2.1}$$

式中，R_{UI} 为用户对物品的评分；P_U 为用户与隐含因子的关系；Q_I 为隐含因子与物品的关系。

隐语义模型会把物品分成 K 个类型，这个是我们根据经验和业务知识进行反复尝试决定的，$p(u,k)$ 表示用户 u 对于第 $k(1<k\leqslant K)$ 个分类的喜爱程度，$q(k,i)$ 表示物品 i 属于第 $k(1<k\leqslant K)$ 个分类的权重。

现在我们讨论如何计算矩阵 P 和矩阵 Q 中的参数值。一般做法就是最优化损失函数来求参数。损失函数如下所示：

$$C = \sum_{(U,I) \in K'} (R_{UI} - \widehat{R}_{UI})^2 = \sum_{(U,I) \in K'} (R_{UI} - \sum_{k=1}^{K} P_{U,k} Q_{k,I})^2 + \lambda \| P_U \|^2 + \lambda \| Q_I \|^2 \tag{2.2}$$

式中，K' 是 K 个类型的集合；$\lambda \| P_U \|^2 + \lambda \| Q_I \|^2$ 是用来防止过拟合的正则项，λ 需要根据具体应用场景反复实验得到。损失函数的意义是用户 u 对物品 i 的真实喜爱程度与推算出来的喜爱程度的均方根误差，通俗来说就是真实的喜爱程度与推算的喜爱程度的误差，要使模型最合理当然就是使这个误差达到最小值。公式中最后两项是惩罚因子，用来防止分类数取得过大而使误差减小的不合理做法的发生，λ 参数是一个常数，需要根据经验和业务知识进行反复尝试决定的。

使用随机梯度下降法对损失函数进行优化。

（1）对两组未知数求偏导数：

$$\frac{\partial C}{\partial P_{UK}} = -2(R_{UI} - \sum_{k=1}^{K} P_{U,k} Q_{k,I}) Q_{KI} + 2\lambda P_{UK} \tag{2.3}$$

$$\frac{\partial C}{\partial Q_{KI}} = -2(R_{UI} - \sum_{k=1}^{K} P_{U,k} Q_{k,I}) P_{UK} + 2\lambda Q_{KI} \tag{2.4}$$

（2）根据随机梯度下降法得到递推公式：

$$P_{UK} = P_{UK} + \alpha((R_{UI} - \sum_{k=1}^{K} P_{U,k}Q_{k,I})Q_{KI} - \lambda P_{UK}) \tag{2.5}$$

$$Q_{KI} = Q_{KI} + \alpha((R_{UI} - \sum_{k=1}^{K} P_{U,k}Q_{k,I})P_{UK} - \lambda Q_{KI}) \tag{2.6}$$

式中，α 是在梯度下降过程中的步长（也可以称作学习率），这个值不宜过大也不宜过小，过大会产生振荡而导致很难求得最小值，过小会造成计算速度下降，需要经过实验得到最合适的值。最终会求得每个用户对于每个隐分类的喜爱程度矩阵 P 和每个物品与每个隐分类的匹配程度矩阵 Q。在用户对物品的偏好信息矩阵 R 中，通过迭代可以求得每个用户对每个物品的喜爱程度，选取喜爱程度最高而且用户没有反馈过的物品进行推荐。

在隐语义模型中，重要的参数有以下 4 项。

（1）隐分类的个数 F。

（2）梯度下降过程中的步长（学习率）α。

（3）损失函数中的惩罚因子 λ。

（4）正反馈样本数和负反馈样本数的比例 ratio。

这 4 项参数需要在实验过程中获得最合适的值，（1）、（3）、（4）这 3 项需要根据推荐系统的准确率、召回率、覆盖率及流行度作为参考，而步长 α 要参考模型的训练效率。

6. 优缺点分析

隐语义模型（latent factor model，LFM）在实际使用中有一个困难，那就是它很难实现实时推荐。经典的隐语义模型每次训练时都需要扫描所有的用户行为记录，这样才能计算出用户对于每个隐分类的喜爱程度矩阵 P 和每个物品与每个隐分类的匹配程度矩阵 Q。而且隐语义模型的训练需要在用户行为记录上反复迭代才能获得比较好的性能，因此隐语义模型的每次训练都很耗时，一般在实际应用中只能每天训练一次，并且计算出所有用户的推荐结果。从而隐语义模型不能因为用户行为的变化实时地调整推荐结果来满足用户最近的行为。

7. 个性化召回算法的潜在因子模型（LFM）[36]

（1）LFM 建模公式：

$$p(u,i) = p_u^{\mathrm{T}} q_i = \sum_{f=1}^{F} p_{uf} q_{if} \tag{2.7}$$

式中，$p(u,i)$ 表示用户与项对，如果用户点击了项，那么 $p(u,i)$ 就是 1，反之为 0。模型最终输出用户向量和项向量，也就是 p_u 和 q_i；f 表示向量的维度，也就是用户对项喜欢与否的影响因素的个数。补充：这个公式是计算用户 u 对物品 i 的兴趣度，是一个矩阵的某个值，f 为隐藏类别的个数。

（2）LFM 损失函数：

$$\text{loss} = \sum_{(u,i)\in D}(p(u,i)-p^{\text{LFM}}(u,i))^2 \tag{2.8}$$

$$\text{loss} = \sum_{(u,i)\in D}(p(u,i)-\sum_{f=1}^{F}p_{uf}q_{if})^2 + C\,|\,p_u\,|^2 +\partial\,|\,q_i\,|^2 \tag{2.9}$$

式（2.8）中，$p(u,i)$ 就是我们训练样本的标签（label），也就是说用户如果对项进行了点击，那么 label 就是 1，否则 label 就是 0，$p^{\text{LFM}}(u,i)$ 就是我们模型预估的用户对项的喜好程度，也就是模型产出的参数 p_u 与 Q_i 转置的乘积，这里的 D 是所有的训练样本的集合，我们可以看到如果模型预估的乘积与 label 越接近的话，损失函数数值越小，反之则越大。式（2.9）中，将模型预估的公式按照 LFM 建模公式展开，C 是正则化系数，是用来平衡平方损失与正则项的，正则化的目的是让模型更加简单化，防止 p_u 与 Q_i 过度拟合训练样本中的数据，使模型参数变得复杂，泛化能力减弱。

$$\frac{\partial \text{loss}}{\partial p_{uf}} = -2(p(u,i)-p^{\text{LFM}}(u,i))q_{if} + 2\partial q_{uf} \tag{2.10}$$

$$\frac{\partial \text{loss}}{\partial q_{if}} = -2(p(u,i)-p^{\text{LFM}}(u,i))p_{uf} + 2\partial q_{if} \tag{2.11}$$

损失函数对 p_{uf} 的偏导数，我们先考虑第一项，如果是单一样本的话，我们看到 p_{uf} 仅与第二项有关，因此第一项我们可以想象成 $(y-k(x))^2$ 的形式，对 x 求偏导数，根据复合函数求导的链式法则，得 $2(y-k(x))^{-k}=-2(y-k(x))^k$，$p(u,i)$ 就是 label，也就是这里的 y，最终也能得到 $-2(p(u,i)-p^{\text{LFM}}(u,i))q_{if}$，再看后面的正则项，正则项对 p_{uf} 求偏导的时候，与 $|\,q_i\,|$ 是没有关系的，它是常数，所以导数为 0，而 $|\,p_u\,|$ 实际上是 $\text{sqrt}(p_{u1}^2 + p_{u2}^2 + \cdots + p_{uf}^2)^2$，并且只与 $2\partial p_{uf}$ 有关。由于 p_{uf} 和 q_{if} 是对偶关系，因此可以同理得到损失函数对 q_{if} 的偏导数：

$$p_{uf} = p_{uf} - \beta\frac{\partial \text{loss}}{\partial p_{uf}} \tag{2.12}$$

$$q_{if} = q_{if} - \beta\frac{\partial \text{loss}}{\partial q_{if}} \tag{2.13}$$

式中，β 为学习率。当我们得到两个偏导数之后，就可以使用梯度下降法对 p_{uf} 和 q_{if} 进行参数更新。

■ 2.2 基于内容的推荐

基于内容的推荐算法[37]是基于标的物相关信息、用户相关信息及用户对标的物的操作行为来构建推荐算法模型，为用户提供推荐服务。这里的标的物相关信息可以是对标的物文字描述的元数据（metadata）信息、标签、用户评论、人工标注的信息等。用户相关信息是指人口统计学信息（如年龄、性别、偏好、地域、收入等）。用户对标的物的操作行为可以是评论、收藏、点赞、观看、浏览、点击、加购物车、购买等。基于内容的推荐算法一般只依赖于用户自身的行为为用户提供推荐，不涉及其他用户的行为。

根据用户过去喜欢的产品（本书统称为 item），为用户推荐和他过去喜欢的产品相似的产品。

基于内容的推荐过程一般包括以下三步。

（1）item representation：为每个 item 抽取出一些特征（也就是 item 的 content）来表示此 item。

（2）profile learning：利用一个用户过去喜欢（及不喜欢）的 item 的特征数据，来学习出此用户的喜好特征。

（3）recommendation generation：通过比较上一步得到的用户特征与候选 item 的特征，为此用户推荐一组相关性最大的 item。

上面的三个步骤给出一张很细致的流程图（第一步对应着 Content analyzer，第二步对应着 Profile learner，第三步对应着 Filtering component），如图 2.8 所示。

举个例子说明前面的三个步骤。对于个性化阅读来说，一个 item 就是一篇文章。根据上面的第一步，我们首先要从文章内容中抽取出代表它们的属性。常用的方法就是利用出现在一篇文章中的词来代表这篇文章，而每个词对应的权重往往使用信息检索中的 TF-IDF 来计算。比如对于该篇文章来说，词 "CB" "推荐" "喜好" 的权重会比较大，而 "烤肉" 这个词的权重会比较低。利用这种方法，一篇抽象的文章就可以使用具体的一个向量来表示了。第二步就是根据用户过去喜欢什么文章来产生刻画此用户喜好的特征了，较简单的方法可以把用户所有喜欢的文章对应的向量的平均值作为此用户的特征。比如某个用户经常关注与推荐系统有关的文章，那么他的特征中 "CB" "CF" "推荐" 对应的权重值就会较高。在获得了一个用户的特征后，CB 用户的特征与协同过滤相关的权重值就可以利用所有 item 与此用户特征的相关度对他进行文章推荐了。一个常用的相关度计算方法是余弦相似度计算方法。最终把候选 item 中与此用户最相关（余弦值最大）的 N 个 item 作为推荐返回给此用户。

接下来我们详细介绍上面的三个步骤。

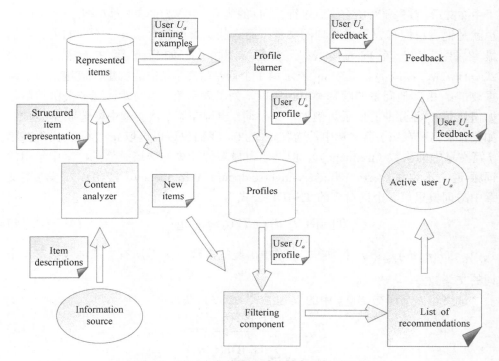

图 2.8　基于内容的推荐系统的高级体系结构

2.2.1　item representation

真实应用中的 item 往往都会有一些可以描述它的属性。这些属性通常可以分为两种：结构化的（structured）属性与非结构化的（unstructured）属性[38]。所谓结构化的属性就是这个属性的意义比较明确，其取值限定在某个范围；而非结构化的属性往往其意义不太明确，取值也没什么限制，不好直接使用。比如在交友网站上，item 就是人，一个 item 会有结构化的属性（如身高、学历、籍贯等），也会有非结构化的属性（如 item 自己写的交友宣言、博客内容等）。对于结构化数据，我们自然可以拿来就用；但对于非结构化数据（如文章），我们往往要先把它转化为结构化数据后才能在模型里加以使用。真实场景中碰到最多的非结构化数据可能就是文章了（如个性化阅读中）。下面我们就详细介绍下如何把非结构化的一篇文章结构化。

在信息检索领域，如何有效地表示一篇文章已进行了多年研究，下面介绍的表示技术其来源也是信息检索，其名称为向量空间模型（vector space model，VSM）。

记我们要表示的所有文章集合为 $D = \{d_1, d_2, \cdots, d_N\}$，而所有文章中出现的词（对于中文文章，首先要对所有文章进行分词）的集合（也称为词典）为 $T = \{t_1, t_2, \cdots, t_N\}$。也就是说，我们有 N 篇要处理的文章，而这些文章里包含了 n 个不同的词。我们最终要使用一个向量来表示一篇文章，比如第 j 篇文章被表示为 $d_j = (w_{1j}, w_{2j}, \cdots, w_{nj})$，其中 w_{1j} 表示第 1 个词 t_1 在文章 j 中的权重，值越大表示越重要；d_j 中其他向量的解释类似。所以，为了表示第 j 篇文章，现在关键的就是如何计算 d_j 各分量的值了。例如，如果词 t_1 出现在第 j 篇文章中，选取 w_{1j} 为 1；如果 t_1 未出现在第 j 篇文章中，选取 w_{1j} 为 0。我们也可以选取 w_{1j} 为词 t_1 出现在第 j 篇文章中的次数（frequency）。但是用得最多的计算方法还是信息检索中常用的词频-逆文本频率（term frequency-inverse document frequency，TF-IDF）。第 j 篇文章中与词典里第 k 个词对应的 TF-IDF 公式为

$$\text{TF-IDF}(t_k, d_j) = \text{TF}(t_k, d_j) \log \frac{N}{n_k} \tag{2.14}$$

式中，$\text{TF}(t_k, d_j)$ 是第 k 个词在文章 j 中出现的次数；n_k 是所有文章中包括第 k 个词的文章数量。

最终第 k 个词在文章 j 中的权重由式（2.15）获得：

$$W_{kj} = \frac{\text{TF-IDF}(t_k, d_j)}{\sqrt{\sum_{s=1}^{|T|} \text{TF-IDF}(t_s, d_j)^2}} \tag{2.15}$$

做归一化的好处是不同文章之间的表示向量被归一到一个量级上，便于下面步骤的操作。

2.2.2　profile learning

假设用户 u 已经对一些 item 给出了他的喜好判断，喜欢其中的一部分 item，不喜欢其中的另一部分。那么，这一步要做的就是通过用户 u 过去的这些喜好判断，为他产生一个模型。有了这个模型，我们就可以根据此模型来判断用户 u 是否会喜欢一个新的 item。所以，我们要解决的是一个典型的有监督分类问题，理论上机器学习里的分类算法都可以用到这里。

下面我们简单介绍下 CB 里常用的一些学习算法。

（1）k 最近邻（k-nearest neighbor，kNN）算法。

对于一个新的 item，最近邻算法首先找用户 u 已经评判过并与此新 item 最相似的 k 个 item[39]，然后依据用户 u 对这 k 个 item 的喜好程度来判断其对此新 item 的喜好程度。这种做法和 CF 中的 item-based kNN 很相似，差别在于这里的 item 相似度是根据 item 的属性向量计算得到，而 CF 中是根据所有用户对 item 的评分计算得到。

对于这个算法，比较关键的可能就是如何通过 item 的属性向量计算 item 之间

的两两相似度。建议对于结构化数据，相似度计算使用欧几里得距离；而如果使用向量空间模型（VSM）来表示 item 的话，则相似度计算可以使用余弦相似度计算方法。

（2）Rocchio 算法。

Rocchio 算法[39]是信息检索中处理相关反馈（relevance feedback）的一个著名算法。比如你在搜索引擎里搜"苹果"，当你最开始搜这个词时，搜索引擎不知道你到底是要能吃的水果，还是要苹果品牌的商品，所以它往往会尽量呈现给你各种结果。当你看到这些结果后，你会点一些你觉得相关的结果（这就是所谓的相关反馈了）。然后如果你翻页查看第二页的结果时，搜索引擎可以通过你刚才给的相关反馈，修改你的查询向量取值，重新计算网页得分，把跟你刚才点击的结果相似的结果排前面。比如你最开始搜索"苹果"时，对应的查询向量是 {"苹果":1}。而当你点击了一些与 Mac、iPhone 相关的结果后，搜索引擎会把你的查询向量修改为 {"苹果":1,"Mac":0.8,"iPhone":0.7}，通过这个新的查询向量，搜索引擎就能比较明确地知道你要找的是不能吃的苹果了。Rocchio 算法的作用就是用来修改你的查询向量的：{"苹果":1} → {"苹果":1,"Mac":0.8,"iPhone":0.7}。

在 CB 中，我们可以类似地使用 Rocchio 算法来获得用户 u 的特征 W_u：

$$W_u = \beta \cdot \frac{1}{|I_r|} \sum_{W_j \in I_r} W_j - \gamma \cdot \frac{1}{|I_{nr}|} \sum_{W_k \in I_{nr}} W_k \qquad (2.16)$$

式中，W_j 表示 item j 的属性；I_r 与 I_{nr} 分别表示已知的用户 u 喜欢与不喜欢的 item 集合；β 与 γ 为正负反馈的权重，它们的值由系统给定。

在获得 W_u 后，对于某个给定的 item j，我们可以使用 W_u 与 W_j 的相似度来代表用户 u 对 j 的喜好度。Rocchio 算法的一个好处是 W_u 可以根据用户的反馈实时更新，其更新代价很小。

（3）决策树（decision tree，DT）算法。

当 item 的属性较少而且是结构化属性时，决策树[40]一般会是个好的选择。这种情况下决策树可以产生简单直观、容易让人理解的结果。而且我们可以把决策树的决策过程展示给用户 u，告诉他为什么这些 item 会被推荐。但是如果 item 的属性较多，且都来源于非结构化数据（如 item 是文章），那么决策树的效果可能并不会很好。

（4）线性分类器（linear classifier，LC）。

对于我们这里的二分类问题，线性分类器[41]尝试在高维空间找一个平面，使得这个平面尽量分开两类点。也就是说，一类点尽可能在平面的某一边，而另一类点尽可能在平面的另一边。

仍以学习用户 u 的分类模型为例。W_j 表示 item j 的属性向量，那么线性分类器尝试在 W_j 空间中找平面 $C_u \cdot W_j$，使得此平面尽量分开用户 u 喜欢与不喜欢的

item。其中的 C_u 就是我们要学习的参数了。最常用的学习 C_u 的方法就是梯度下降法，其更新过程如式（2.17）：

$$C_u^{(t+1)} := C_u - \eta(C_u^{(t)} \cdot W_j - y_{uj})W_j \tag{2.17}$$

式中，上角标 t 表示第 t 次迭代；y_{uj} 表示用户 u 对 item j 的打分（例如喜欢则值为 1，不喜欢则值为-1）；η 为学习率，它控制每步迭代变化多大，由系统给定。

和 Rocchio 算法一样，上面更新公式的好处就是它可以以很小的代价进行实时更新，实时调整用户 u 对应的 C_u。说到这里，很多人可能会想起一些著名的线性分类器——逻辑回归（logistic regression）和线性支持向量机（linear support vector machine，linear SVM）等，它们当然也能胜任我们这里的分类任务。如果 item 属性 W_j 的每个分量都是 0/1 取值的话（如 item 为文章，W_j 的第 k 个分量为 1 表示词典中第 k 个词在 item j 中，为 0 表示第 k 个词不在 item j 中），那么还有一种很有意思的启发式更新 C_u 的算法：Winnow 算法。

（5）朴素贝叶斯（naive Bayes，NB）算法[42]。

NB 算法经常被用来做文本分类，它假设在给定一篇文章的类别后，其中各个词出现的概率相互独立。它的假设虽然很不靠谱，但是它的结果往往惊人的好。再加上 NB 算法的代码实现比较简单，所以它往往是很多分类问题里最先被尝试的算法。我们现在的 profile learning 问题中包括两个类别：用户 u 喜欢的 item，以及他不喜欢的 item。在给定一个 item 的类别后，其各个属性的取值概率互相独立。我们可以利用用户 u 的历史喜好数据训练 NB 算法，之后再用训练好的 NB 算法对给定的 item 做分类。

2.2.3　recommendation generation

如果上一步 profile learning 中使用的是分类模型（如 DT、LC 和 NB），那么我们只要把模型预测的用户最可能感兴趣的 n 个 item 作为推荐返回给用户即可。而如果 profile learning 中使用的直接学习用户属性的方法（如 Rocchio 算法），那么我们只要把与用户属性最相关的 n 个 item 作为推荐返回给用户即可。其中的用户属性与 item 属性的相关性可以使用如余弦相似度计算方法等相似性度量获得。

CB 的优点如下：

（1）用户之间的独立性（independence among user）：既然每个用户的特征都是依据他本身对 item 的喜好获得的，自然就与他人的行为无关。而 CF 刚好相反，CF 需要利用很多其他人的数据。CB 的这种用户独立性带来的一个显著好处是别人不管对 item 如何操作（比如用多个账号把某个产品的排名刷上去）都不会影响到自己。

（2）好的可解释性（interpretability）：如果需要向用户解释为什么推荐了这些产品给他，只要告诉他这些产品有某属性，这些属性跟他的品味很匹配等。

（3）新的 item 可以立刻得到推荐（new item recommendation）：只要一个新 item 加进 item 库，它就马上可以被推荐，被推荐的机会和旧 item 是一致的。而 CF 对于新 item 就很无奈，只有当此新 item 被某些用户喜欢过（或打过分），它才可能被推荐给其他用户。所以，如果一个纯 CF 的推荐系统，新加进来的 item 就永远不会被推荐。

CB 的缺点如下：

（1）item 的特征抽取一般很难（feature extraction difficulty）：如果系统中的 item 是文档（如个性化阅读中），那么我们现在可以比较容易地使用信息检索里的方法来"比较精确地"抽取出 item 的特征。但很多情况下我们很难从 item 中抽取出准确刻画 item 的特征，比如电影推荐中 item 是电影，社会化网络推荐中 item 是人，这些 item 属性都不好抽。其实，几乎在所有实际情况中我们抽取的 item 特征都仅能代表 item 的一些方面，不可能代表 item 的所有方面。这样带来的一个问题就是可能从两个 item 抽取出来的特征完全相同，这种情况下 CB 就完全无法区分这两个 item 了。比如，如果只能从电影里抽取出演员、导演，那么两部有相同演员和导演的电影对于 CB 来说就完全不可区分了。

（2）无法挖掘出用户的潜在兴趣（difficulty in discovering interests）：既然 CB 的推荐只依赖于用户过去对某些 item 的喜好，它产生的推荐也都会和用户过去喜欢的 item 相似。如果一个人以前只看与推荐有关的文章，那 CB 只会给他推荐更多与推荐相关的文章，它不会知道用户可能还喜欢数码产品。

（3）无法为新用户产生推荐（failure to generate recommendations for new user）：新用户没有喜好历史，自然无法获得他的特征，所以也就无法为他产生推荐了。当然，这个问题 CF 也有。

CB 应该算是第一代个性化应用中最流行的推荐算法了。但由于它本身具有某些很难解决的缺点［如上面介绍的（1）］，再加上在大多数情况下其精度都不是最好的，目前大部分的推荐系统都是以其他算法为主（如 CF），而辅以 CB 以解决主算法在某些情况下的不精确性（如解决新 item 问题）。但 CB 的作用是不可否认的，只要具体应用中有可用的属性，那么基本都能在系统里看到 CB 的影子。组合 CB 和其他推荐算法的方法很多，最常用的可能是用 CB 来过滤其他算法的候选集，把一些不太合适的候选（比如不要给小孩推荐偏成人的书籍）去掉。

■ 2.3　基于约束的推荐

2.3.1　基本概念

（1）基于约束的推荐技术[43]可以使用一组(V,D,C)来描述，其中，V 是一组变量集合，主要是 V_c 和 V_{PROD}；D 是一组这些变量的有限域；C 是一组约束条件，描述了这些变量能够同时满足的取值的组合条件，主要是 C_r、C_F、C_{PROD}。

实际上基于约束的推荐技术就是在约束情况下，给定一个需求，给出一个最终的推荐结果。用户属性（V_c）：描述了客户的潜在需求，即用户需求的特征属性实例化。比如 maxprice 表示用户能够接受的最高价格。产品属性（V_{PROD}）：描述了一个给定产品种类的特征属性，比如 Mpix 表示分辨率。一致性约束条件（C_r）：定义了允许范围内的用户实例对象，也就是对客户需求可能的实例化的系统约束，比如，如果要求相机能够拍摄大尺寸照片，就需要分辨率很高，则最大可接受价格必须高于 1500 元。过滤条件（C_F）：定义了在哪种条件下应该选择哪种产品，也就是定义了用户属性和产品属性之间的关系，比如，大尺寸照片打印功能要求相机的分辨率至少大于 5Mpix。产品特性（C_{PROD}）：定义了当前有效的产品分类。

（2）基于约束的推荐实现方法。

首先提前构建好一个推荐知识库，这个库包含了一些显式的关联规则，被关联的两部分则是用户需求的描述以及与这些需求相关的产品信息特征。其实直观技术上的理解，我们可以将其看作一个如图 2.9 所示的有限状态机[44]，最后的 q_4、q_6、q_7 三个部分呈现了待推荐的物品，而在此之前，就是用户对特定约束条件的选择。

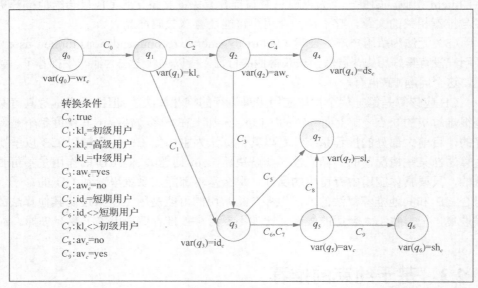

图 2.9　基于约束的推荐系统流程示意图

流程从状态 q_0 开始，然后根据用户的知识等级跳转到状态 q_2 和 q_3。待推荐的物品呈现最终状态（q_4、q_6、q_7 中的一个），每个状态 q_i 都有一个用户特性变量（q_i）来表示这个状态下需要提的问题。另外，其实也可以将具体的推荐过程看作一个决策树的流程，对用户的需求就是决策树的每个节点，最后的叶子节点则是一些具体要分配的物品。

（3）默认值设置。

默认值设置的主要目的是帮助用户说明需求的一种方式，当用户给定一个比较模糊、泛化需求的时候，系统可以对该属性指标进行解析转换，得到更加丰富的需求条件列表。比如，当一个用户需要的是一个可以打印大尺寸照片的时候，我们可以默认为他需要的相机的像素必须大于 3MB，给定默认的方式如下。

① 静态默认设置：每一个属性都具有一个默认值。

② 条件默认设置：根据用户给定的需求条件，生产一个默认值。

③ 派生默认设置：利用以前所有用户的交互日志和当前用户给定的参数，进行分析建模，得到每一个属性的默认值。最常用的方法为最近邻和加权多数投票。

（4）处理空结果集。

实际上，当用户给定的需求太多的时候，就有可能产生没有任何一个物品是符合给定需求的，也就会产生一个空推荐结果集，基本上所有的推荐系统都不能完全解决这种"无米之炊"的难题，常用的一种解决方案是：给定用户需求特征属性的优先级别，按照属性的优先级别删除原始需求中的需求，得到一个新的需求条件列表，重新获取推荐数据，直到有结果产生。

（5）推荐结果排序。

基于首位效应，用户会更多地关注并选择列表开头的物品，并且这种根据物品对用户的效用进行结果排序的方式会显著提高推荐应用的信任度和用户购买意愿。物品排序依据多属性效用理论，也就是依据每个物品对用户的效用来评价。每个物品会根据事先定义好的维度来进行评价，比如相机主要考虑的是质量和经济实惠；金融领域可能主要考虑的是有效性、风险和利润。结合用户对各个维度的偏好数值（百分比），来计算出最终的对于这个商品的偏好程度。

（6）基于约束的推荐系统。

基于约束的推荐系统是在信息不完全的情况下，导致基于内容和协同过滤的方法可能失效情况下的一种推荐系统设计方法。它建立在用户的需求和愿望能够明确表述的情况下。我们认为这个实际上可以看成一个多类型关键字搜索的过程（比如在某购物平台购买笔记本电脑时，通过勾选内存大小、显卡类型、屏幕大小、价格区间等就能够获得符合要求的笔记本电脑），这个系统是一个用户主动行为，不包含预测的部分。

（7）数学模型。

数学模型可以抽象为客户特性、产品特性、约束（对客户需求的实例化的系统约束）、过滤条件（定义了潜在用户需求和特定产品之间的关系）、产品（表示产品在可允许的范围内），这样在约束条件下筛选出产品库中的产品即可。

（8）推荐知识库的开发。

采用 CWAdvisor 进行开发，主要是能将专家的知识规则转化为一种可执行的表达方式。

（9）用户导向。

用户导向中，要注意处理无法实现或者太宽泛的用户需求，对于无法实现的要提供备选方案，对于太过宽泛的要进行查询紧缩，实际上，如果查询过于宽泛可以通过提示窗适当询问客户问题，通过客户反馈再进行筛选。

2.3.2   会话式推荐系统的交互过程

会话式推荐系统的交互过程如下：

（1）用户指定自己最初的偏好。

（2）当收集了足够有关用户的需求和偏好的信息，会提供给用户一组匹配的产品，用户可以选择要求系统解释为什么会推荐某个产品。

（3）用户可能会修改自己的需求。

尽管这种方法一开始比较简单，但是实际应用中需要有一些更加精密的交互模式来支持推荐过程中的终端用户。如果目录中没有一个物品能满足用户的所有需求，系统需要能智能地帮助客户解决问题。

默认设置：帮助用户设置需求的重要方法。

处理不满意的需求和空结果集：可以通过逐渐、自动地放宽推荐问题的限制，直到找到对应的解决方案。通过修改初始的需求，计算出解决方案。

提出为满足需求的修改建议：对已有的需求集做出适当的调整。

对基于物品/效用推荐结果的排序：因为首位效应，用户会更关注并选择列表开头的物品。这样的排序会显著提高推荐应用的信任度和用户的购买意愿。而多属性效应理论则需要从多个维度考虑。

2.3.3   实际应用经验

（1）用户需求难以满足。

这种最常见的就是用户的需求太详尽，导致查询后没有满足的物品。这个研究方向就是宽松查询，那么如何选择一个物品集合呢？常见的做法是去除掉一些特征约束，如果约束条件变少了，那么可选择的物品自然会多起来。

（2）查询紧缩。

相反情况下，如果用户的约束条件过于宽泛，未给出明确或特定偏好，最终得到的推荐物品很多，一般情况下会根据剩下的物品考虑每个特征的信息熵，通过选择信息熵的思路向用户推荐约束条件，让用户进一步压缩剩余物品。信息熵很像决策树的思路。

（3）算法比较。

这个基于约束的推荐系统真的好使吗？其实这方面的对比难进行的点在于，它和其他推荐算法的应用场景有些出入，不过还是有人进行了一些对比。结果显示，和协同过滤进行比较后，发现基于约束的算法在精细度上和协同过滤相当；同时在评分非常少的情况下，准确度优于协同过滤的算法。

系统比较适用于存在大型复杂的商品品种，且用户的交互量较低。另外，基于约束的推荐系统还是比较适合在用户冷启动的场景下。

2.3.4 未来的研究方向

（1）产品数据抽取自动化。

对基于约束的推荐系统来说，知识库的质量影响推荐系统的质量。但是知识库的变化在有的领域是比较频繁的，这时就要求对应的人类专家来进行评价。

在运用过程中，如果将房子数据列出来后，系统应该可以自动地提取一些结构化数据，比如单价、面积、朝向等。这样就满足了我们的要求，系统就可以让用户给出自己的条件来筛选了。但是这种方法很依赖于特定场景，而且要是想优化，也需要人类销售员。比如销售员通过网上的评价，知道这个小区的物业怎么样，周边的实际环境怎么样。

随着自然语言处理（natural language processing，NLP）的发展，未来我们可能就可以自动将这些非结构化的信息进行提取了。

（2）社会化知识的获取。

假如当知识是从不同的途径获取的，过程中需要怎么检测和修复重复是一个主要的问题。

（3）可解释性。

当我们在构建知识库的时候，一个用户叫小明，有属性 1、2、3、4、5，然后他选择了物品 A，另外一个用户叫小红，也有属性 1、2、3、4、5，然后她选择了物品 B，两个对象有相同的属性，这个时候就不好解释了，所以构建知识库对我们的解释也有很大区别。

另外，未来的终极目标是，给用户进行解释的时候，最好能知道用户对这个推荐的了解程度，然后针对他的了解程度对他进行不同详细程度的解释。

■ 2.4　基于效用的推荐

2.4.1　基本概念

"效用"[45]是一个高度抽象的概念，是指钱或物在人们心目中的"价值"，或者解释为人们由于拥有或使用某物而产生的心理上满意或满足的程度。效用理论认为人们的经济行为（比如投资、买彩票、购物等）的目的是从增加货币量中取得最大的满足程度，达到最大化价值观念，而不是仅仅为了得到最大的货币量，也不是因价格低则加大需求量，价格高则不买或少买，而是愿意出高价、买名牌，从中获得自信、炫耀性的满足。因此，利用效用理论进行行为分析，依据消费者的效用最大化来进行商品个性化推荐，可以直接反映和揭示消费者消费的目的与本性，效用理论比别的方法更能让消费者满意。基于效用理论的个性化推荐算法首先对用户购买商品的效用进行计算，为每种类型的用户创建量身定做的效用函数，然后将用户和商品的参数代入效用函数进行计算，进行效用值排序，进而为用户推荐排名靠前的商品。我们用内容分析方法将定性研究与定量分析相结合，对商品属性和网络消费者决策模式进行匹配分析，从宏观上满足网络消费者在自身和网络环境等各种影响因素作用下所表现出的商品不同属性的偏好。

2.4.2　个性化推荐的影响因素

基于效用理论[46]进行个性化推荐，首先必须分析影响个性化推荐的主观与客观因素。商品的效用由以下两种要素决定：一是商品满足人们某种需要的客观物质属性；二是消费者对商品的主观心理感受和评价。在网络背景下，要使电子商务的个性化推荐更加有效，商品属性类型和消费者决策类型这两个因素至关重要，它很大程度上决定了消费者是否购买或者购买怎样的商品。从这两方面入手，分析商品不同属性和消费者决策的不同类型，并讨论它们相互间的关系，给出针对不同情况的效用函数，从而有效提高推荐算法的灵活性和个性化水平。

1. 商品属性类型

商品属性的分类[47]方法有很多。马克·E.佩里博士总结了若干学者的观点，将产品属性分为内在、外在、表现和抽象等4类。依据电子商务网络购物的现状，网络交易安全问题已经逐渐被消费者所重视，将表现和抽象类型的产品属性具体化，并添加交易安全属性能更好地反映产品的特性。

内在属性是商品的物理组成，包括质量或者性能、原材料、制造等内容。外在属性是商品在不使用情况下就可以评估的属性，包括价格、颜色、款式、新颖度、个性化、包装、服务水平（售后服务和产品配送）。网络属性包括搜索商品付出的时间和精力，即搜索成本。品牌属性包括商品的熟悉度、知名度和信誉度。交易安全属性包括消费者的信息泄露和财产风险。

这些属性给消费者带来的效用价值是不同的，有些属性值的增加会使效用增加，而有些会使效用减少。根据属性的效用一般又将以上的属性分为效益型属性、成本型属性、固定型属性、区间型属性、偏离型属性。对商品属性的效用进行分类和分析的研究中，利用信息分析的典型定量模型，采用 k-means 聚类算法，在一开始按照一定的方法选取一批聚类中心，让样品向最近的聚心凝聚，形成初始分类，然后按最近距离原则不断修改不合理的分类，最终得到 3 种商品属性的效用类型，即效益型、成本型和区间型。效益型属性是指属性值越大越好的属性，商品内在属性就是典型的效益型属性，如质量、性能、原材料等。成本型属性是指属性值越小越好的属性，上面讨论的商品的网络属性和交易安全属性就是典型的成本型属性，如搜寻成本、信息泄露、财产风险等。区间型属性是指属性越接近某个固定区间越好的属性，商品的品牌属性是典型的区间型属性，当消费者对商品的某个品牌具有较大的偏好时，某一区间的品牌属性值给消费者带来的效益是一样的。还有一些属性如颜色、款式、付款方式、包装都因为消费者的偏好而在某一固定区间具有最大效用值。

外在属性由于其自身的特殊性，部分属性属于效益型属性，比如个性化、服务水平（售后服务和产品配送）属性效用将随着属性值的增加而给消费者带来更大的效益，而价格属性对于注重价格的消费者则属于成本型属性，消费者将因为价格的增加而降低购买商品的效用值。

2. 消费者决策类型

不同的消费者在购买商品时对价格和价值的关注程度是不一样的，消费者的决策类型[48]不同导致他们倾向的属性不同，对于他们的效用也就不同。Kendall 等[49]认为消费者决策是消费者在逛街购物时的心理情感和认知导向，是消费者在进行消费决策时心理特征的外在表现，能够影响和支配消费者的决策。而且这些特征是存在的，是可以测量的。具体采用利克特量表，以专业是家庭经济学的两个班级中 110 名大学本科生为研究对象，设计了 50 个问句的题项去测试消费者决策类型，通过主成分分析法和正交旋转，最后得出 6 种类型的消费者决策特征：完美者型、价值认知型、品牌认知型、新奇-流行认知型、避免购物时间节省型、资讯困扰型-支持指导型。Kendall 等[49]在 1986 年编制了消费者决策风格问卷，并用此问卷对美国 Tueson 的 5 所高中进行问卷调查，利用主成分分析法来研究消费者的决策风格，发现消费者决策风格有 7 个维度，即完美主义或高质量导向、新奇时尚导向、娱乐乐观导向、价格和金钱的价值购物导向、冲动导向、过多选择困惑导向、习惯消费或品牌忠诚消费导向等维度。

调查中需要多个决策指标值，利用通用的统计分析软件，采用内容分析法的指标分析模型进行分析，定量地反映消费者购买商品时的决策风格。可以得到5种电子商务环境下的消费者决策类型：质量认知型、价格认知型、品牌忠诚型、便利快捷型、潮流时尚型。

质量认知型指用户在购买商品时更看重质量和服务。此类型的消费者一般收入比较高，做决策十分谨慎，购物前通过已获得的信息分析比较得到心仪的商品，绝对不会冲动购买。

价格认知型指用户在购买商品时更关注商品的价格，选择更为廉价的商品。这类消费者认为价格是购买的决定因素，他们在购买之前就已经定下购买商品的价格区间，不愿为了更好的商品而支付更高的价格。

品牌忠诚型指用户对特定的品牌有着强烈的偏爱。这类消费者更倾向于购买某一种或多种品牌的商品。他们经常购买同种商品并且不易受到外界的信息干扰。

便利快捷型指用户希望用最少的时间购买商品。这类消费者不愿意花很多的时间和精力进行商品的价格或者品质的比较，时间对于他们而言才是最宝贵的东西。

潮流时尚型指用户拥有很丰富的技能经验。这类消费者大多以追求时尚为购物导向，热衷于把握时尚，追赶潮流，所以对商品的款式、个性化、新颖度有着较高的要求。

2.4.3   基于效用的个性化推荐的实现

依据对商品属性类型和消费者决策类型的划分，建立对应的效用函数，体现了函数的相对性与偏好性。下面重点介绍效用函数的含义，并对个性化推荐的流程进行阐述。

1. 商品属性类型的效用函数

根据效用最大化原理采用以下效用函数[46]：

$$U_n = W_1 F_1(i) + W_2 F_2(i) + W_3 F_3(i) + \cdots + W_n F_n(i) \tag{2.18}$$

$$\sum_{i=1}^{n} W_i = 1 \tag{2.19}$$

式中，$F_n(i)$ 代表不同属性的效用函数；W_i 代表属性的权重。以上列举属性中交易安全是所有消费者都需要考虑的，其他类型属性因消费者的类型不同而有所差别。由于一般消费者决策行为并非呈现关于属性线性变化的，往往是逐步平滑的，所以拟定的属性效用曲线为 S 形曲线，根据商品的效用类型分别列举效用函数。

效益型效用函数：

$$F(i) = \frac{1}{1 + e^{-i}} \tag{2.20}$$

成本型效用函数：

$$F(i) = \frac{1}{1 + e^{i}} \tag{2.21}$$

区间型效用函数：

$$F(i) = \begin{cases} \dfrac{1}{1 + e^{-i-1}}, & i < 0 \\ 1, & i = 0 \\ \dfrac{1}{1 + e^{i-1}}, & i > 0 \end{cases} \tag{2.22}$$

2. 消费者购买行为的效用函数

消费者购买行为的效用函数如下：

$$U(Q) = W_1 \frac{1}{1 + e^{-q}} + W_2 \frac{1}{1 + e^{p}} + W_3 \frac{1}{1 + e^{l}} + W_4 \frac{1}{1 + e^{p}} \begin{cases} \dfrac{1}{1 + e^{-b-1}}, & b < 0 \\ 1, & b = 0 \\ \dfrac{1}{1 + e^{b-1}}, & b > 0 \end{cases}$$

$$+ W_5 \frac{1}{1 + e^{p}} \begin{cases} \dfrac{1}{1 + e^{-c-1}}, & c < 0 \\ 1, & c = 0 \\ \dfrac{1}{1 + e^{c-1}}, & c > 0 \end{cases} \tag{2.23}$$

不同的商品属性和消费者偏好将给消费者带来不同的效用值，从而决定了效用函数的差异，进而对不同类型的消费者进行个性化推荐。第一，质量认知型消费者的效用函数注重内在属性，主要考虑的是质量向量权重 W_1 的值，而价格向量权重 W_2、商品搜索成本向量权重 W_3、品牌向量权重 W_4、外观向量权重 W_5 等其他权重的值比较小，从而突出质量认知型消费者的决策风格。第二，价格认知型消费者比较关心外在属性中的价格因素，主要考虑的是成本型属性中的价格向量权重 W_2，而质量向量权重 W_1、商品搜索成本向量权重 W_3、品牌向量权重 W_4、外观向量权重 W_5 等其他权重的值比较小，从而突出价格认知型消费者的决策风格。

第三，品牌忠诚型消费者的效用函数比较关注品牌属性，主要考虑的是区间型属性中的品牌向量权重 W_4，而质量向量权重 W_1、价格向量权重 W_2、商品搜索成本向量权重 W_3 和外观向量权重 W_5 等其他权重的值比较小，从而突出品牌忠诚型消费者的决策风格。第四，便利快捷型消费者的效用函数比较关注网络属性，主要考虑的是成本型属性中的商品搜索成本向量权重 W_3，而质量向量权重 W_1、价格向量权重 W_2、品牌向量权重 W_4 和外观向量权重 W_5 等其他权重的值比较小，从而突出便利快捷型消费者的决策风格。第五，潮流时尚型消费者的效用函数比较关注外在属性，主要考虑的是区间型属性中的时尚外观向量权重 W_5，而质量向量权重 W_1、价格向量权重 W_2、商品搜索成本向量权重 W_3 和品牌向量权重 W_4 等其他权重的值比较小，从而突出潮流时尚型消费者的决策风格。

在以上效用函数的基础上，我们在进行个性化推荐的时候只需分析消费者决策类型，再列出商品对应属性的效用值，代入相应的效用函数进行计算，便可得到消费者满意的商品。这些商品是综合了消费者偏好、商品属性、网络属性等因素而产生的，所以个性化和差异化程度比较高，运用效用理论找出消费者效用最大化的商品的推荐，更加符合消费者的购买心理。

3. 基于效用理论的个性化推荐的流程

个性化推荐流程分 3 步：

（1）划分商品的属性类型。在商品库里选择出所有商品的内在属性、外在属性、网络属性、品牌属性、交易安全属性中各自最具代表性的因素，并把这些因素划分为效益型属性、成本型属性和区间型属性。

（2）商品属性类型的定量化处理。根据属性中的各个因素对该类型商品市场中的影响力和重要性进行打分，如果某一属性是由多个因素决定的，则对所有的决定因素进行打分，再把这些分值做加权平均运算，得到该属性的综合分值。在得到构成该商品的属性类型得分后，作为自变量进行计算。

（3）消费者决策类型与偏好的确定。若消费者没有任何消费历史，则通过网络注册信息来辨别消费者属于哪一种决策类型的用户，并按照该商品市场上同种类型的消费者对于各种属性类型的偏好情况进行统计，对数据进行加权平均得到一般性的偏好值，作为向量权重进行计算。若消费者有消费历史，可以直接通过消费数据进行聚类分析得到决策类型，然后依据消费者的实际偏好情况确定一个向量权重用于计算。

2.4.4　其他研究方法

优劣解距离（technique for order preference by similarity to an ideal solution,

TOPSIS）方法[50]是基于偏好的多属性决策效用评价方法，它的优点包括：可以量化地评价对象的效用，对评价对象有较好的排序能力，算法简单高效等。因此，将 TOPSIS 作为评价推荐对象效用的基本方法。采用 TOPSIS 方法评价效用的准确性在于其权重的设置。对此，我们可以采用粗糙集方法识别用户对属性的偏好。粗糙集方法优点包括：它是数据驱动的挖掘方法，不需要先验知识；适合在数据库实现数据挖掘。考虑噪声数据的影响，使用可变精度粗糙集模型，引入精度系数提高算法的识别能力。同时，为提高算法效率，可以采用基于关系演算实现算法。

TOPSIS 方法主要步骤如下：

（1）粗糙集属性重要度计算；

（2）基于可变精度粗糙集的用户偏好识别；

（3）基于用户偏好的效用推荐。

第 3 章

协 同 过 滤

■ 3.1　协同过滤简介

对于推荐系统的任务[51]给出如下形式的描述。

给定输入：

对于网站 w，令其用户集 $U=\{u_1,u_2,\cdots,u_m\}$，项集 $I=\{i_1,i_2,\cdots,i_n\}$，存在一个兴趣度函数 $\delta(u,i)$ 用以计算用户 u 对项目 i 的兴趣度，$\delta:U\times I\rightarrow R^w$，$R^w$ 是一定范围内的非负实数，任取一用户 $u_a\in I$。

期望的输出：

（1）对任意一项目 $i_j\in I$，计算 $\delta(u_a,i_j)$；

（2）求得项集：

$$I(u_a)=\arg\max_{i_j\in I}\delta(u_a,i_j) \tag{3.1}$$

目前 Web 站点用以满足用户个性化需求的推荐技术主要包括关联规则，基于内容推荐、协同过滤和混合推荐。协同过滤是利用集体智慧的一种典型方法。举例来说，假如你现在想看电影，但不知道具体看哪部，你会怎么做？大部分人会寻找周围的朋友，看看最近有什么好看的电影，我们一般倾向于从爱好类似的朋友那里得到推荐。

最早应用协同过滤系统的设计，主要是解决 Xerox 公司在 Palo Alto 的研究中心资讯过载的问题。这个研究中心的员工每天会收到非常多的电子邮件却无从筛选分类，于是研究中心便发展这项实验性的邮件系统来帮助员工解决这项问题。其运作机制大致如下：个人决定自己感兴趣的邮件类型；个人随即随机发出一项资讯需求，可预测的结果是会收到非常多相关的文件；从这些文件中个人选出至少三笔资料是其认为有用、想要看的；系统便将之记录起来成为个人邮件系统内的过滤器，从此以后经过过滤的文件会最先送达信箱。这是协同过滤最早的应用。

推荐系统作为一种重要的信息过滤手段，它提供给用户个性化的信息推荐。推荐系统在当今社会已经有广泛的应用，它为人们信息获取提供许多便利，特别是协同过滤算法，对推荐算法的若干问题做了分析。

本章首先简单介绍了协同过滤的基本思想算法分类和一般流程，其次对协同过滤算法进行分类——基于邻域的协同过滤和基于模型的协同过滤，最后重点介绍了基于用户的协同过滤中基于核方法的基于用户协同过滤推荐算法。基于项目的协同过滤中针对冷启动问题，提出项目评分预测方法和对评分矩阵行、列进行加权处理。同时提到一种基于用户-项目的混合推荐算法；在基于关联规则的协同过滤中，我们对 Apriori 算法进行改进，提出基于项目属性关联规则推荐算法和结合关联规则的协同过滤；在基于矩阵分解的协同过滤算法中介绍了基本的矩阵分解方法和矩阵的奇异值分解方法，并在此基础上分别介绍了一些基于矩阵分解方法的改进算法，如加入规则化项的 FunkSVD、加入偏置的 BiasSVD、加入领域影响的 SVD++、加入时间因子的 TimeSVD++ 和非负矩阵分解（non-negative matrix factorization，NMF）等方法。

3.1.1　基本思想

协同过滤简单来说是利用某兴趣相投、拥有共同经验之群体的喜好来推荐用户感兴趣的信息，个人通过合作的机制给予信息相当程度的回应（如评分）并记录下来以达到过滤的目的进而帮助别人筛选信息，回应不一定局限于特别感兴趣的，特别不感兴趣信息的记录也相当重要。

推荐系统的输入有多种类型。最高效的是用户高质量的显式反馈，即用户表示感兴趣产品的集合。隐式反馈是用户不明确喜好的行为，如转发微博、浏览网站或购买商品等。显式反馈不是经常可用，一些推荐系统比较喜欢用隐式反馈来推断用户的爱好，通过整理用户的行为间接得到用户的喜好，当用户没有提供显式反馈，那么隐式反馈就显得非常重要了。所以我们会把模型中的隐式反馈当作辅助信息处理[52]。

协同过滤是商品销售（尤其是网店）常用的推荐算法，分为基于用户（user-based）和基于商品（item-based）两种情况，整体思想是在已经有销售记录的数据库中，从用户购买的历史商品数据中找到用户或产品的相似度，然后对用户做推荐。如果选择基于用户的系统过滤，则找到用户的相似度，对一个特定的用户，可以选择将他最相似的 K 个用户所购买的且该用户未购买的 N 种商品推荐给他；若是基于商品的推荐，则找到商品之间的相似度，然后对购买了该商品的用户，推荐其未购买的相似商品中的其他商品，协同过滤的主要思想是聚类（无论是基于用户还是基于商品）。

3.1.2   算法分类

协同过滤主要分为两类：一是基于内存的协同过滤（memory-based collaborative filtering），先用相似统计的方法得到具有相似爱好的邻居用户，所以该方法也称基于邻居的协同过滤（neighbor-based collaborative filtering）；二是基于模型的协同过滤（model-based collaborative filtering），先用历史数据得到一个模型再用此模型进行预测[53]。

基于邻居的协同过滤可以分为基于用户的协同过滤和基于项目的协同过滤。基于用户的协同过滤推荐算法[54]推荐步骤就是根据用户-项目评分矩阵计算出该用户与其他用户的相似度，继而从与该用户最相似的用户中选取若干个作为最近邻，再利用最近邻用户集来预测该用户的未评分项目分数，最终选取最高的 top-N 预测项目作为该用户的推荐集推荐给用户。基于项目的协同过滤推荐算法是常见的另一种算法。与基于用户的协同过滤推荐算法不一样的是，基于项目的协同过滤推荐算法计算 item 之间的相似度，从而预测用户评分。也就是说该算法可以预先计算 item 之间的相似度，这样就可提高性能。基于项目的协同过滤推荐算法是通过用户评分数据和计算的 item 相似性矩阵，从而对目标 item 进行预测的。

我们可以简单比较下基于用户的协同过滤和基于项目的协同过滤：基于用户的协同过滤需要在线找用户和用户之间的相似度关系，计算复杂度肯定会比基于项目的协同过滤高，但是可以帮助用户找到新类别的有惊喜的物品。而基于项目的协同过滤，由于考虑到物品的相似性一段时间不会改变，因此可以很容易地离线计算，准确度一般也可以接受，但从推荐的多样性来说，就很难带给用户惊喜了。一般对于小型的推荐系统来说，基于项目的协同过滤肯定是主流。如果从大型的推荐系统来说，则可以考虑基于用户的协同过滤，当然可以考虑我们的第三种类型：基于模型的协同过滤。

基于模型的协同过滤[51]根据训练集数据学习得出一个复杂的模型，然后基于该模型和目标用户已评分数据，推导出目标用户对未评分项目的评分值，典型的基于模型的协同过滤有基于聚类技术的协同过滤、基于概率方法的协同过滤、基于矩阵分解的协同过滤等。

3.1.3   一般流程

首先用数据表示用户兴趣模型。在协同过滤推荐系统中，我们通过用户对系统中项目评分的历史数据来预测用户对未评分项目的喜好程度，假设分别有 m 个用户和 n 个项目，定义用户集 $U = \{\text{user}_1, \text{user}_2, \cdots, \text{user}_m\}$，以及项集

$I = \{\text{item}_1, \text{item}_2, \cdots, \text{item}_m\}$，假设用户 u 对项目 i 的评分为 $r_{u,i}$，则我们可以用一个用户-项目评分矩阵来表示相应的推荐系统中所处理的数据，如下所示：

$$
\begin{array}{c}
\\
\text{user}_1 \\
\text{user}_2 \\
\vdots \\
\text{user}_m
\end{array}
\begin{array}{cccc}
\text{item}_1 & \text{item}_2 & \cdots & \text{item}_n \\
\left(\begin{array}{cccc}
r_{1,1} & r_{1,2} & \cdots & r_{1,n} \\
r_{2,1} & r_{2,2} & \cdots & r_{2,n} \\
\vdots & \vdots & & \vdots \\
r_{m,1} & r_{m,2} & \cdots & r_{m,n}
\end{array}\right)
\end{array}
$$

需要注意的是，这里并非所有的评分数据 $r_{u,i}$ 都存在，我们的任务正是利用可获取的评分数据来预测用户-项目评分矩阵的缺失数据。有了用户-项目评分矩阵，我们将很容易地得到常用的用户兴趣模型，即用该用户-项目评分矩阵的行向量来表示对用户的兴趣，该兴趣模型简单、便于计算，但向量中存在缺失数据，所以并不能精确地表示用户兴趣在整个项目空间的分布。然后进行相似性度量，相似性度量是基于物品的方法核心。常用的并且具有代表性的相似性度量方法有三种[55]：余弦相似度、皮尔逊（Pearson）相关系数和修正的余弦相似度。不同数据集有不同的表现，但总体来说采用 Pearson 相关系数和修正的余弦相似度的推荐系统具有较好的推荐性能。

（1）余弦相似度。

余弦相似度[56]主要通过计算两个向量的夹角来判断其相似性，又称夹角余弦，取值在-1～1，夹角余弦越大，表示两个向量的夹角越小，则其相似程度越高，具体公式如下：

$$
\text{sim}(u,v) = \cos(u,v) = \frac{u \cdot v}{\|u\| \times \|v\|} \tag{3.2}
$$

（2）Pearson 相关系数。

设 $I_u = \{i : i \in I, r_{u,i} \notin \varnothing\}$ 为用户 u 评分过的项集，$\overline{r}_{u,*}$ 为用户 u 产生的评分的均值，则由 Pearson 相关系数计算用户相似度的方法如下：

$$
\text{corr}_{u,v} = \frac{\sum\limits_{i \in I_u \cap I_v} (r_{u,i} - \overline{r}_{u,*})(r_{v,i} - \overline{r}_{v,*})}{\sqrt{\sum\limits_{i \in I_u \cap I_v} (r_{u,i} - \overline{r}_{u,*})^2} \sqrt{\sum\limits_{i \in I_u \cap I_v} (r_{v,i} - \overline{r}_{v,*})^2}} \tag{3.3}
$$

（3）修正的余弦相似度。

余弦相似度将用户的评分看作 n 维空间上的向量，用两个用户评分向量夹角的余弦值来衡量两个用户的相似度。该方法忽略用户评分尺度的差异，修正的余弦相似度通过将所有评分减去用户对项目的平均评分来改善，计算方法如下：

$$\text{corr}_{u,v} = \frac{\sum\limits_{i \in I_u \bigcap I_v} (r_{u,i} - \overline{r}_{u,*})(r_{v,i} - \overline{r}_{v,*})}{\sqrt{\sum\limits_{i \in I_u} (r_{u,i} - \overline{r}_{u,*})^2} \sqrt{\sum\limits_{i \in I_v} (r_{v,i} - \overline{r}_{v,*})^2}} \tag{3.4}$$

如前所述，传统相似性度量都只考虑共同评分的项目，而那些缺失评分的项目可能隐含了用户的其他兴趣，导致相似性度量存在偏差，而且这种情况在数据稀疏的情况下更为明显。

最后进行评分预测。评分预测的规则是根据用户间的相似度可以划分目标用户的最近邻集，然后用相似性作为权重可以得到目标用户邻居集中用户对目标项评分的预测，平均评分法是根据近邻用户对目标项所有评分的均值直接作为目标用户对目标项的评分，设近邻用户集为 $U = \{u_1, u_2, \cdots, u_m\}$，项目集为 $I = \{i_1, i_2, \cdots, i_n\}$，具体公式如下：

$$r(u,i) = \frac{1}{n} \sum_{k \in U} r(k,i) \tag{3.5}$$

但是求平均的方法效果不够理想[57]，于是学者提出加权平均的方法，主要有两种加权方法：一是直接对近邻的评分进行加权平均；二是对用户评分的增量进行计算，然后再进行加权平均。

平均评分法将所有近邻集中的用户评分数据取均值作为目标评分，但是忽略了相似度权重的影响，与目标用户相似度越高，评分预测的结果越精确，所以加权平均评分法引入相似度的权重，$s(u,k)$ 为目标用户 u 与近邻 k 的相似度，具体公式如下：

$$r(u,i) = \frac{\sum\limits_{k \in U} s(u,k) r(k,i)}{\sum\limits_{k \in U} |s(u,k)|} \tag{3.6}$$

还有一种方式是偏移的加权评分方法，由于用户评分有高有低，加权平均评分方法没有考虑到用户评分尺度的影响，所以引入偏移的加权评分方法[58]。$\overline{r}_u$ 为用户 u 对所有项目的平均评分，$\overline{r}_k$ 为近邻用户对所有项目的平均评分，$r_{k,i}$ 为第 k 个用户对第 i 个项目的评分，近邻用户与活动用户的相似度越大，则该近邻用户对活动用户的预测评分影响也越大[59]。具体公式如下：

$$r(u,i) = \overline{r}_u + \frac{\sum\limits_{k \in U} s(u,k)(r_{k,i} - \overline{r}_k)}{\sum\limits_{k \in U} |s(u,k)|} \tag{3.7}$$

对于返回推荐列表的推荐算法，考虑到推荐的实时性以及推荐列表长度的问题，要产生候选项集，然后预测活动用户对候选项目的评分，最后根据预测评分产生 top-N 推荐列表。

为提高预测准确度，在预测活动用户对待预测项目的评分时，要选择已经对待预测项目评分过的相似近邻用户，此时近邻一般从另外用户集中选择，而不是直接使用以上近邻。所以，算法需要区分两种近邻：一是生成候选项集时使用的近邻；二是预测评分时的近邻。前者是选择与活动用户最相似的近邻，后者是给出待预测项目后，近邻的选取还与特定的预测值相关。因此，在对不同的待预测项目预测评分时，近邻可能不同。

3.2　基于邻域的协同过滤

协同过滤最常见的方法就是基于邻域的模型。最原始的形式是基于用户的，这种形式是早期 CF 系统最常用的方法。基于用户的方法其实是基于一群有相同偏好的用户的记录来估计评分。随着科技发展，一种基于物品的方法流行起来，在方法中我们使用同一个用户在相似物品上的评分来估计未知的评分。因为基于物品的方法扩展性强，因此该方法适用于多种场景。用户对他们使用的产品比较熟悉，但他们却不认识这些志趣相投的人，基于物品的方法能很好地解释这背后的原因。基于物品方法的技术可以在基于用户的方法中直接使用。

基于模型的协同过滤在描述数据方面表达能力很强，因此预测结果比基于邻域的模型要强很多。但基于邻域的模型比较普遍，其主要原因是它们比较简单，生活中采取这种方式是有原因的：基于邻域的模型能根据新进入系统的用户反馈立刻提供推荐，还有一点是基于邻域的模型对推荐背后的原因可以做出解释，这种解释准确并且提高了用户的体验。

3.2.1　基于用户的协同过滤

基于用户的协同过滤的原理是利用用户访问行为的相似度来互相推荐用户可能感兴趣的资源，对当前用户 u 系统通过其历史记录及特定相似度函数，计算出与其访问行为（购买的产品集合、访问的网页集等）最相近的 k 个用户作为用户 u 的最近邻集，统计 u 的近邻用户访问过而 u 未访问的资源生成候选推荐集，然后计算候选推荐集中每个资源对应用户 u 的推荐度，取其中 N 个排在最前面的资源作为用户 u 的 top-N 推荐集[60]。

基于用户的协同过滤推荐算法有三个关键步骤，首先是用户兴趣建模，即用一定的数学模型来表示用户在整个项目空间的兴趣分布；然后利用该兴趣模型计算用户之间的兴趣相似度，产生基于该相似性度量的邻居集；最后将目标用户的邻居所感兴趣的项目通过一定的推荐策略返回给用户[55]。基于用户的协同过滤推荐算法如算法 3.1 所示。

算法 3.1　基于用户的协同过滤推荐算法

输入：目标用户 a，用户-项目评分矩阵 R。

输出：目标用户 a 的推荐列表。

步骤 1：选好相似性度量公式，利用用户-项目评分矩阵一次求出目标用户与其他所有用户的相似度。

步骤 2：利用步骤 1 中所得到的目标用户与其他用户的相似度选择 k 个相似度最大的用户作为目标用户的相邻用户，并构造相邻用户群。

步骤 3：根据目标用户的相邻用户群，列出相邻用户群的所有物品集合，除去目标用户的物品集合，剩余物品作待推荐集。

步骤 4：对于待推荐集中的所有项目，使用预测评分公式求出目标用户的预测评分。

步骤 5：对待推荐集中所有项目的目标用户的评分排序，选择出前 n 个作为推荐项目生成推荐列表。

基于用户的协同过滤主要优点如下。

（1）在评分系统完善、用户-项目评分矩阵相对较稠密的情况下，推荐质量较高。

（2）对于项目资源的一些性质，可以容易地进行人为分辨，但计算机却难以做到，例如相似内容的项目推荐，却有不同的质量。协同过滤可以共享其他人的经验，有效解决了内容分析中可能出现的不完全、不精确问题。

（3）能避免对项目内容的分析，对结构复杂、难以分析的内容项目资源进行推荐，如电影、音乐等。

（4）能够反映用户潜在的兴趣。算法可能会向用户推荐与用户已评价项目内容完全不同的项目，而这些项目是用户感兴趣的。因此，协同过滤算法能够发现用户可能感兴趣，但他没有意识到的偏好。

（5）简单，自动化程度高。

但它本身也有缺陷，主要如下。

（1）新用户问题。刚加入系统的新用户没有评分或评分过少，系统难以感知用户的兴趣，也就是很难给出高质量的推荐，因此系统面临比较严重的冷启动问题。

（2）数据稀疏性问题。如果用户-项目评分矩阵稀疏，则难以准确计算用户之间的相似度，进而很难给出高质量评价。

（3）扩展性问题。随着系统规模扩大及用户数量增多，系统所需的计算量增加，推荐实时性越来越差。而对于诸多应用来说，响应速度是影响用户体验的重要元素之一。这一点极大限制了基于用户的协同过滤在实际系统中的应用。

在接下来的部分将介绍一种基于核方法与用户协同过滤（kernel and user-based collaborative filtering，KUCF）推荐算法[55]，能解决在数据稀疏情况下对推荐系统造成加大误差的问题，KUCF 推荐算法能够通过挖掘用户在已知数据上的兴趣度来预测用户在缺失数据上的兴趣分布。

首先我们要把相似度进行分类，推荐系统往往有相应的类别信息，比如电影网站将电影分为喜剧片、冒险片、动作片等。定义项集 $C = \{c_1, c_2, \cdots, c_k\}$，其中 c_k 为某一类别，定义 $C_i \subseteq C$ 为项目 i 所属类别集合，为后续用户兴趣估计，我们定义项目间分类相似度公式如下：

$$\text{sim}_c(i, j) = \frac{\left| C_i \bigcap C_j \right|^2}{|C| \times \left| C_i \bigcup C_j \right|} \tag{3.8}$$

该相似度定义一方面考虑两个项目所占类别的比例，另一方面也考虑重合的类别在整个类别集合中所占比例。后面我们会用到两个项目的距离度量，相似度越大，两个项目在项目空间上的距离越小，因此我们定义两个项目 i、j 之间的距离度量为

$$d_{i,j} = 1 - \text{sim}_c(i, j) \tag{3.9}$$

在相似性算法中，KUCF 推荐算法摒弃了传统方法仅仅考虑共同评分项目的特点，它估计用户在整个项目空间上的兴趣密度分布，然后再计算两个用户兴趣密度分布的相似度，这更加符合实际情况。本章后面部分将核密度估计方法的思想应用到用户兴趣估计上，核密度估计是统计学中非参数估计方法之一[61]，用户兴趣密度的多样性使其更适用于采用非参数的方式估计。

设 $X_1, X_2, \cdots, X_n$ 为总体分布 X 的独立同分布样本，X 的密度函数 $f(X)$ 的核密度估计定义如下：

$$\hat{f}(X) = \frac{1}{nh} \sum_{i=1}^{n} K\left(\frac{\|X - X_i\|}{h} \right) \tag{3.10}$$

式中，$K\left(\frac{\|X - X_i\|}{h} \right)$ 为核函数；h 通常称为核函数的窗宽，为固定值，常用的核函数有均匀核函数、三角核函数、高斯核函数等。文献[61]指出核的形状对结果的影响比窗宽要小得多，根据中心极限定理（是指概率论中讨论随机变量序列部分和分布渐近于正态分布的一类定理），高斯核函数是复杂综合的有限分布，而用户兴趣恰恰可以看作包含多种不确定因素的一个有限分布。因此，我们首先考量高斯核：

$$K_g(z) = \frac{1}{\sqrt{2\pi}} \exp\left(-\frac{z^2}{2h^2} \right) \tag{3.11}$$

用高斯核估计用户 u 兴趣分布 P_u 的公式如下：

$$\hat{f}_{p_u}(j) = \frac{1}{|I_u| \times \sqrt{2\pi}h} \sum_{i \in I_u} r_{u,i} \times \exp\left(-\frac{z^2}{2h^2} \right) \tag{3.12}$$

除了高斯核外，本章还考量了三角核，需要注意的是，为了与高斯核的窗宽

定义对应，这里定义三角核的窗宽 h 也为半功率窗宽：

$$K_t(z) = \begin{cases} 0, & |z| > \sqrt{2}h \\ \dfrac{\sqrt{2}h - |z|}{2h}, & \text{其他} \end{cases} \tag{3.13}$$

相应的兴趣分布如式（3.14）所示：

$$\hat{f}_{p_u} = \sum_{i \in I_u} \frac{r_{u,i} \times (\sqrt{2}h - d_{i,j}) \times u(\sqrt{2}h - d_{i,j})}{|I_u| \times 2h^2} \tag{3.14}$$

式中，$u(\cdot)$ 为跳跃函数：

$$u(z) = \begin{cases} 0, & z < 0 \\ 1, & z \geq 0 \end{cases} \tag{3.15}$$

我们通过核密度估计得到了用户的兴趣分布，本节说明在已知兴趣分布的情况下如何计算两个用户的相似度，在信息论中，相对熵［也称 KL 散度（Kullback-Leibler divergence）］是两个概率分布之间差别的非对称性度量。类似于文献[62]中计算分布相似度的策略。在本章算法中，我们也采用 KL 散度计算用户的相似度。假设 P_u 为利用核密度估计方法得到的用户 u 的兴趣密度函数，则 P_u 和 P_v 的 KL 散度定义为

$$D_{\text{KL}}(P_u \parallel P_v) = \sum_{i=1}^{K} P_u(i) \log \frac{P_u(i)}{P_v(i)} \tag{3.16}$$

由于 KL 散度不具有对称性，所以不能成为一个真正意义上的度量标准，本章采用下式来计算用户间的相似度：

$$\text{corr}_{u,v} = \frac{1}{2}(D_{\text{KL}}(P_u \parallel P_v) + D_{\text{KL}}(P_v \parallel P_u)) \tag{3.17}$$

基于 KL 散度的用户协同过滤推荐算法如算法 3.2 所示。

算法 3.2　基于 KL 散度的用户协同过滤推荐算法

输入：用户-项目评分矩阵。

输出：用户 u 对项目 i 预测评分。

步骤 1：利用式（3.8）计算对项目 i 的预测评分。

步骤 2：由式（3.11）或者式（3.13）计算用户的兴趣在项目空间上的分布。

步骤 3：重复步骤 1、步骤 2 计算所有用户的兴趣分布。

步骤 4：由式（3.17）计算两个用户的相似度。

步骤 5：利用

$$r(u,i) = \overline{r}_u + \frac{\sum\limits_{k \in U} s(u,k)(r_{k,i} - \overline{r}_k)}{\sum\limits_{k \in U} |s(u,k)|} \tag{3.18}$$

预测用户对项目的评分。

采用 MovieLens 数据集 ML-100K 对算法进行评估，该数据集中用户数小于项目数，因此是比较稀疏的，为了进一步衡量改进算法在数据稀疏情况下的性能，在此训练集的基础上，随机筛选更稀疏的子训练集。

评价实验结果采用 MAE 和精确度（precision）两个度量来评估实验结果，MAE 是通过计算预测值和实际值的平均误差大小来度量推荐质量，MAE 越小推荐质量越高，MAE 的计算公式如下：

$$
\mathrm{MAE} = \frac{\sum\limits_{r_{u,i} \in T} \left| P_{u,i} - r_{u,i} \right|}{r_{u,i}} \tag{3.19}
$$

式中，T 为测试集；$r_{u,i}$ 为 T 中用户 u 对项目 i 的评分。

精确度是计算预测评分与实际评分相等的项在整个测试集中所占的比例，计算公式如下：

$$
\mathrm{Precision} = \frac{|R|}{|T|} \tag{3.20}
$$

式中，$|R| = \left| \{ r_{u,i} \in T, p_{u,i} = r_{u,i} \} \right|$ 为测试集中预测评分与实际评分相等的数目；$|T|$ 为测试集中评分总数。精确度越高推荐质量越高。

首先考察窗宽对实验结果的影响，窗宽充分大（$h=1$）或者窗宽充分小（$h=0.1$）时，核函数的选取对结果影响不大，其三角核的推荐算法显现了对于高斯核推荐算法的优势。在估计用户的兴趣分布时，项目空间上的距离度是一个关键的参数。我们考察的是基于分类相似性的距离度量、基于 Pearson 相关系数的距离度量以及两者结合对推荐结果的影响。在实验过程中，基于两者乘积的距离度量会比单独采用基于分类相似性的距离度量产生更好的推荐结果，这是因为前者在考虑项目类别属性的同时，也考虑了项目个体属性对距离度量的影响。采用两者之和的距离度量效果较差是因为分类相似性和 Pearson 相关系数并不具有一致的量纲，因而产生的推荐结果不可预料。

对 KUCF 推荐算法的总结：KUCF 推荐算法采用项目间的分类相似性作为项目空间上的距离度量，这实际上引入了额外的分类信息，并且居于类别信息张成的项目空间也仅仅是对实际的项目空间的一个估计。在实验中我们发现，基于传统相似性的兴趣模型与基于分类相似性的兴趣模型对推荐结果的影响差别较小，两者都优于传统的推荐算法，但项目空间上是否存在更好的距离度量仍然值得研究。因此对已有的数据进一步挖掘，去发现项目空间的本质特征是进一步所需要关注的特点。此外，本算法引入大量的计算，虽然兴趣估计以及相似度计算可离线进行，但如何在有新的数据加入时及时对离线数据进行更新以提高系统的可扩展性也是 KUCF 推荐算法的研究下一步的工作方向。

3.2.2　基于项目的协同过滤

基于项目的协同过滤和基于用户的协同过滤类似,我们需要找到物品和物品之间的相似度,找到某些物品的评分,我们对相似度高的类似物品进行预测,将评分最高的推荐给用户。

基于项目的协同过滤推荐算法的思想是根据用户对项目的评分计算出项目间的相似度,然后为每个用户未评分的项目构造最近邻,通过用户对最近邻的评分预测出对未评分项目的评分,最后将得分最高的 N 个项目推荐给用户。N 值可根据需要自由设定,基于项目的协同过滤推荐流程如图 3.1 所示[63]。

图 3.1　基于项目的协同过滤推荐流程图

根据推荐流程,推荐主要分为三个步骤(和上一小节基于用户的协同过滤相似)。

步骤 1:数据描述。基于项目的协同过滤推荐算法的数据通常描述为一个用户-项目评分矩阵 R。

$$R = \begin{pmatrix} r_{1,1} & r_{1,2} & \cdots & r_{1,j} & \cdots & r_{1,n} \\ r_{2,1} & r_{2,2} & \cdots & r_{2,j} & \cdots & r_{2,n} \\ \vdots & \vdots & & \vdots & & \vdots \\ r_{i,1} & r_{i,2} & \cdots & r_{i,j} & \cdots & r_{i,n} \\ \vdots & \vdots & & \vdots & & \vdots \\ r_{m,1} & r_{m,2} & \cdots & r_{m,j} & \cdots & r_{m,n} \end{pmatrix} \tag{3.21}$$

式中，$r_{i,j}$ 表示用户 i 对项目 j 的评分，评价值及单位与具体场景有关，也可根据实际情况设定。

步骤 2：获得近邻。基于项目的协同过滤推荐算法关键的步骤在于计算项目的相似度，找出最相似项集。传统相似度计算方法有三种：余弦相似度、修正的余弦相似度、相关相似度（也称为 Pearson 相关系数）。

（1）余弦相似度：在用户-项目评分矩阵 R 中，将项目评分看成 m 维空间上的向量，然后用向量的夹角度量两项目的相似度，角度越小，弦值越大，说明相似度越高。项目 i 和项目 j 的相似度计算如式（3.22）：

$$\text{sim}(i,j) = \frac{\sum_{u=1}^{m} r_{u,i} \times r_{u,j}}{\sqrt{\sum_{u=1}^{m} r_{u,i}^2} \times \sqrt{\sum_{u=1}^{m} r_{u,j}^2}} \tag{3.22}$$

式中，$r_{u,i}$ 表示用户 u 对项目 i 的评分，未得到评分的项目评分值设置为 0。

（2）修正的余弦相似度：在余弦相似度的基础上考虑各种项目被评价的标准问题，通过减去各项目被评分的平均值弥补余弦相似度的缺陷，具体做法如式（3.23）：

$$\text{sim}(i,j) = \frac{\sum_{u \in U_{i,j}} (r_{u,i} - \overline{r_i})(r_{u,j} - \overline{r_j})}{\sqrt{\sum_{u \in U_i} (r_{u,i} - \overline{r_i})^2} \sqrt{\sum_{u \in U_j} (r_{u,j} - \overline{r_j})^2}} \tag{3.23}$$

式中，$U_{i,j}$ 为项目 i 与项目 j 共同评分的用户集；U_i、U_j 分别为项目 i、项目 j 被评分的用户集；$\overline{r_j}$ 表示项目 j 的平均分。未得到评分的项目评分值设置为 0。

（3）相关相似度：项目 i 和项目 j 的相关相似度计算如式（3.24）：

$$\text{sim}(i,j) = \frac{\sum_{u \in U_{i,j}} (r_{u,i} - \overline{r_i})(r_{u,j} - \overline{r_j})}{\sqrt{\sum_{u \in U_{i,j}} (r_{u,i} - \overline{r_i})^2} \sqrt{\sum_{u \in U_{i,j}} (r_{u,j} - \overline{r_j})^2}} \tag{3.24}$$

式中，$U_{i,j}$ 为项目 i 与项目 j 共同评分的用户集。

当数据稀少的时候，不同项目被同一个用户共同评分的情况较少，这时修正的余弦相似度和相关相似度将难以发挥作用，相关相似度计算公式甚至会出现分母为 0 的情况，导致计算无意义。所以，在计算相似度时，需要根据实际数据情况选取合适的公式。

步骤 3：实现推荐。常用的方法是运用平均加权策略计算目标用户对不同项目的预测评分，然后选取评分值最高的前 N 项（top-N 推荐策略）推荐给用户。用户 u 对项目 i 的预测计算如式（3.25）：

$$P_{u,i} = \overline{r_i} + \frac{\sum_{j \in I} \mathrm{sim}(i, j) \times (r_{u,j} - \overline{r_j})}{\sum_{j \in I} \left| \mathrm{sim}(i, j) \right|} \tag{3.25}$$

式中，I 表示项目 i 的最近邻项集。

基于项目的协同过滤推荐算法如算法 3.3 所示。

算法 3.3   基于项目的协同过滤推荐算法

输入：目标用户 u，用户-项目评分矩阵 R。

输出：目标用户 u 的推荐列表。

步骤 1：使用用户-项目评分矩阵 R 以及预先选定的相似度计算方法，计算项目间的相似性矩阵 S。

步骤 2：用户 u 的已评分项集 I_u，对所有已评分项目 $i \in I_u$，读取 S 得到该项目的 k 最近邻项集 $N_i = \{i_1, i_2, \cdots, i_k\}$，合并所有 N_i 并从中删除 I_u 中已经存在的项目，得到候选项集 C。

步骤 3：对所有项目 $j \in C$，在 I_u 中为该项目选择相似近邻，然后预测用户 u 对该项目的评分。

步骤 4：将候选项集中的项目按预测评分从大到小进行排序，选择前 N 个项目为用户 u 产生推荐列表。

除了 3.1 节提到的基于用户的协同过滤的优点以外，基于项目的协同过滤还有以下优点。

（1）项目间的相似性比用户间的相似性稳定得多[57]，因此可以离线完成计算量巨大的相似性计算步骤，从而降低在线计算量，大大提高了推荐实时性。尤其在用户数远远多于项目数的情况下效果显著。

（2）在用户-项目评分矩阵较为稀疏的情况下，基于项目的协同过滤推荐算法的预测准确度一般要高于基于用户的协同过滤。

但它也同时带来不足和挑战。

（1）基于项目的协同过滤推荐算法不考虑使用者之间的差别，所以推荐精度比较差。

（2）新项目问题，当一个项目加入系统，还没有被评过分或仅被极少数用户评过分，则项目很难推荐给用户。

在基于用户的协同过滤和基于项目的协同过滤选择上，当项目数远远小于用户数时，项目间的相似性比基于用户的协同过滤稳定得多，项目之间的相似度可以离线进行计算。此时，基于项目的协同过滤实时性更好。但当项目数远大于用户数或者变化更快时，如新闻推荐系统中，新闻数大于用户数是很常见的，并且更新迅速，此时选用基于用户的协同过滤。所以，推荐算法的选择和具体的应用场景有很大的关系，两种算法在一定程度上有相似之处，所以讨论一下两种算法各自的优缺点和适用场景。

（1）计算复杂度。一般情况下，学者认为基于项目的协同过滤推荐算法在实际过程中比基于用户的协同过滤效果更好。主要原因是在一般情况下，项目间的相似性要比用户之间的稳定得多，不需要频繁更新，可以离线进行计算。但以上情况更多地适用于电子商务网站这一类的应用，对于新闻、微博等内容的应用情况相反，对于此类应用，项目的数量是海量的，而且项目也在不断更新，这种情况下，基于项目的协同过滤推荐算法在复杂度上的优势有待商榷。

（2）适用场景。在非社交网络的网站中，项目间内在的关系是很重要的推荐依据，甚至有的时候，它比相似用户的推荐更加有效和易于接受。如在 Amazon 网站上，当用户购买一本书，系统将推荐其他书给该用户，给出的推荐原因是和其他兴趣相似的用户也买过这本书，用户或许认为这本书是瞎猜的；但如果系统推荐另一本书给他，解释说，这本书和他以前买的相似，用户可能就会觉得系统推荐得合理。相反，如果在社交网络网站中，基于用户的协同过滤推荐算法更有利于增加用户对推荐解释的信服程度。

（3）推荐的多样性和精度。关于推荐的多样性，有两种测量方法：第一种测量方法是从单个用户的角度来度量，就是测量系统为每个用户推荐的项目是否具有多样性，也就是对比推荐列表中的项目间的两两相似度，基于项目的协同过滤的多样性显然不如基于用户的协同过滤。第二种测量方法是从系统的角度来衡量，测量系统的总体多样性，也是推荐系统向所有用户推荐结果的覆盖情况，高的总体多样性不仅能为用户带来新的感兴趣的项目，而且对运营商来说，可以带来更合适的运营模式。在这种情况下，基于项目的协同过滤推荐算法的多样性要优于基于用户的协同过滤推荐算法，因为后者倾向于被多数人长期给予好评的物品，而前者可以推荐"长尾"的项目，因此推荐结果有很好的新颖性。

（4）用户对推荐算法的适应度。推荐结果的最终使用者是用户，因此需要了解用户对推荐结果的适应情况。基于用户的协同过滤推荐算法认为兴趣相似的用户会喜欢同样的东西，因此用户对该算法的适应度取决于用户有多少兴趣相似的近邻用户以及相似程度。基于项目的协同过滤推荐算法的基本假设是用户会喜欢和他以前喜欢的相似的东西，为计算用户对该算法的适应度，可以计算用户喜欢的项目的自相似度。自相似度大，就说明他喜欢的项目是比较相似的。也就是说他符合该算法的假设，适应度高；反之，说明该用户喜欢的项目并不类似，也就是说它的偏好不满足于基于项目的协同过滤算法的基本假设，适应度就比较低。

针对矩阵稀疏性的问题，邓爱林等[64]提出了基于项目评分预测的协同过滤推荐算法，算法主要分为两步：寻找最近邻和产生推荐。

（1）寻找最近邻。

在计算用户 i 和用户 j 之间的相似度时，首先计算用户 i 和用户 j 的评分项并集 U_{ij}，设用户 A 评分的项集用 I_A 表示，则 U_{ij} 为

$$U_{ij} = I_i \bigcup I_j \tag{3.26}$$

用户 i 和用户 j 在项集 U_{ij} 中未评分的项目通过用户对相似项目的评分预测出来，然后在项集 U_{ij} 上计算用户 i 和用户 j 之间的相似度，这种方法不仅能有效地解决相似性度量方法中用户共同评分数据比较少的情况，而且可以有效地解决余弦相似性度量方法和修正余弦相似性度量方法中对所有未评分商品的评分均相同的问题（均为 0），使得计算出来的目标用户的最近邻比较准确，从而有效地提高推荐算法的推荐质量。

预测用户 i 对项集 U_{ij} 中未评分项目的评分是相似性的协同过滤推荐算法的关键，设用户 i 在项集 U_{ij} 中未评分的项集用 N_i 表示，即

$$N_i = U_{ij} - I_i \tag{3.27}$$

对任意项目 $p \in N_i$，使用如下方法预测用户 i 对项目 p 的评分 $p_{i,p}$。

计算项目 p 与其他项目之间的相似度，与计算用户间相似度类似，首先需要得到对项目 i 和项目 j 评分的所有用户评分，然后通过上面提到计算相似度的方法计算项目 i 和项目 j 之间的相似度。

将相似度最高的若干项目 I_1 与项目 p 的邻居项集，即在整个项目空间中查找项集 $M_p = \{I_1, I_2, \cdots, I_v\}$，使得 $p \notin M_p$，并且项目 I_1 与项目 p 的相似度 $\text{sim}(p, I_1)$ 最高，项目 I_2 与项目 p 的相似度 $\text{sim}(p, I_2)$ 次之，以此类推。

得到 M_p 后，采用文献[13]方法预测用户 i 和用户 j 对项目 p 的评分 $p_{i,p}$：

$$p_{i,p} = \frac{\sum\limits_{n \in M_p} \text{sim}_{p,n} \times R_{i,n}}{\sum\limits_{n \in M_p} (|\text{sim}_{p,n}|)} \tag{3.28}$$

通过上述方法处理后，用户 i 对项集 U_{ij} 中的所有项目均有评分，即对任意的项目 $p \in U_{ij}$，用户 i 对项目 p 的评分为

$$R_{i,p} = \begin{cases} r_{i,p}, & \text{如果} i \text{对} p \text{评分} \\ p_{i,p}, & \text{如果} i \text{不对} p \text{评分} \end{cases} \tag{3.29}$$

然后基于项集 U_{ij} 通过修正余弦相似性度量方法计算，用式（3.3）寻找最近邻的目标就是对每一个用户 u，在整个用户空间中查找用户集 $C = \{C_1, C_2, \cdots, C_k\}$ 使得 $u \notin C$，并且 C_1 与 u 的相似度 $\text{sim}(u, C_1)$ 最高，C_2 与 u 的相似度 $\text{sim}(u, C_2)$ 次之，以此类推。

（2）产生推荐。

通过算法中提出的相似性度量方法得到目标用户的最近邻，下一步要产生相

应的推荐，设用户 u 的最近邻集用 NBS_u 表示，则用户 u 对项目 i 的评分预测 $p_{u,i}$ 可以通过用户 u 对最近邻集 NBS_u 中项目的评分得到，其计算方法如下：

$$P_{u,i} = \overline{r}_i + \frac{\sum\limits_{j \in I} \mathrm{sim}(i,j) \times (r_{u,j} - \overline{r}_j)}{\sum\limits_{j \in I} \left| \mathrm{sim}(i,j) \right|} \tag{3.30}$$

总结：在分析用户评分数据极端稀疏的情况下，研究人员提出了一种基于项目评分预测的协同过滤推荐算法，它有效地解决了用户评分数据的极端稀疏性和用户评分数据极端稀疏条件下，传统相似性度量方法存在的弊端，显著地提高推荐系统的推荐质量。

下面提到一种改进的整合加权填充方法的基于项目的协同过滤推荐算法[65]对评分矩阵的行、列的平均评分进行加权处理，其合理性如下。

（1）用户在评分尺度上存在的差异会导致偏好相同的用户对同一项目给出不同的评分，因此对于给定的一个评分矩阵为评分项目，其填充值不能简单地取相应用户的平均值，对此这里给出的修正方法是对用户平均评分进行加权修正。

（2）基于项目的协同过滤推荐算法是基于两个项目的共同评分用户集进行项目相似度计算的，故在对未评分项目进行填充时还需考虑到项目平均分对未评分项目的影响，对此采用项目平均加权评分方法。

整合加权评分由用户平均加权评分和项目平均加权评分两部分组成，同时还应根据用户平均加权评分和项目平均加权评分的贡献程度设立相应的 α 和 β。在此提出三个公式如下。

计算 i 的用户平均加权评分公式：

$$r_u = \overline{r}_u + \frac{\sqrt{\sum\limits_{k=1}^{K}(r_{k,i} - \overline{r}_i)^2}}{K} \tag{3.31}$$

式中，K 为用户空间对项目 i 的评分总数；$r_{k,i}$ 为用户 k 对未评分项目 i 的平均值；用户平均加权评分 r_u 为该用户平均评分 $\overline{r}_u$ 与用户各项评分相对于未评分项目平均评分的平均偏差之和。

计算 i 的项目平均加权评分公式：

$$r_i = \overline{r}_i + \frac{\sqrt{\sum\limits_{q=1}^{Q}(r_{u,q} - \overline{r}_u)^2}}{Q} \tag{3.32}$$

式中，Q 为用户 u 对项目空间的评分总数；$r_{u,q}$ 为用户 u 对项目 q 的评分值；项目

平均加权评分 r_i 为该项目平均评分 $\bar{r}_i$ 与用户集中各用户对未评分项目 i 评分与用户平均评分的平均偏差之和。

计算整合的加权评分公式:

$$r_{u,i} = \alpha r_u + \beta r_i, \quad \alpha + \beta = 1 \qquad (3.33)$$

通过上式计算出矩阵中未评分项目的整合加权评分并填充整合,矩阵中任意用户对项目 i、j 均有评分,同时在这个公式中也引用了贡献度判定参数 α 和 β。因为整合加权评分 $r_{u,i}$ 由用户的主观评分和项目的客观被评分因素两部分组成,而这两部分在整个公式中的贡献程度不一样,所以加入判定结果更为准确。

对于项目 u 和 v,用 $P(u/v)$ 表示选择项目 v 的同时也选择项目 u 的条件概率,给出条件概率的一般计算公式,用来衡量 u 和 v 之间的相似性:

$$P(u/v) = \text{Freq}(uv) / \text{Freq}(v) \qquad (3.34)$$

式中, $\text{Freq}(X)$ 为对项 X 进行评分的用户数。

同时考虑因为项目本身存在着实际的客观的分类,项目通常属于一定的类别,在此基础上,对项目进行概念分层,并在分层中引入下面的定义。

定义 3.1   将不同项目按照所属的类别建立的树称为层次树。

定义 3.2   项目 a 和 b 在层次树中的最近类别对应的深度称为项目 a 和 b 的层次深度,表示为 $\text{deep}(a,b)$。

定义 3.3   项目 a 和 b 可能既属于类 A,又属于类 B,在类别层次树中最靠近 a 和 b 的类别称为 a 和 b 最近类别。

定义 3.4   类别层次树中所有分类对应的最大层次深度称为最大深度。

定义 3.5   对类别层次树的每一个层设定一个参数来表示随着层次的加深,当前层项目在相似性上的增加值,该参数称为层次相似系数。

定义 3.6   由项目分类的不同引起的相似性称为类别相似性。

最终的项目相似性是用户条件相似性和项目类别相似性的加权组合,用户条件相似性和项目类别相似性是项目相似性的两个重要方面。它们给项目之间的相似性带来了影响,而项目相似性则是在综合所有因素之后得到的,新相似度公式为

$$\text{sim}(i,j) = \alpha \frac{\text{Freq}(ij)}{\text{Freq}(j) + \text{Freq}(i) + \text{Freq}(ij) + \sum \left| r_{n,i} - r_{n,j} \right|} + \beta \sum_{n=1}^{\text{deep}(i,j)} \partial_n \qquad (3.35)$$

式中, $\alpha + \beta = 1$; $r_{n,i}$ 表示第 n 个用户对项目 i 的评分; $r_{n,j}$ 表示第 n 个用户对项目 j 的评分。公式中,分母上添加表达式 $\sum \left| r_{n,i} - r_{n,j} \right|$ 来弱化评分差距过大带来的影响,即 $\sum_{n=1}^{\text{deep}(i,j)} \partial_n$,其中 $\text{deep}(i,j)$ 的值表示矩阵中的项目 i、j 所对应的层次深度。

公式中也引入贡献度判定参数 α 和 β，由主观和客观部分组成，使推荐结果更加准确，而 α 和 β 的具体值通过实验中对具体的实验数据进行分类选取。

在完成整合加权填充之后，利用上面提出的新的相似度公式，对用户-项目矩阵空间进行聚类。基于项目聚类的协同过滤推荐算法就是根据用户对项目评分的相似性，对项目进行聚类并生成对应聚类的中心，在此基础上计算目标项与聚类中心的相似性，选择与目标项相似性最高的若干个聚类作为查询空间，由于聚类中心集合远小于整个项空间集合，因此目标 T 与所有聚类中心相似性的时间代价可以忽略不计。在进行目标项的最近邻查询时，只需要在与目标项相似性最高的若干个聚类组成的候选集 CandidateSet 中而不是整个项空间集合中查询就能找到目标项的大部分邻居。由于候选集远小于整个空间集合，因此对项目进行聚类的方法可以有效提高推荐系统的最近邻查询速度。这里用 k-means 聚类算法对项目进行聚类，常用的基于项目聚类的最近邻查询算法为 KNN by item clustering，简称 KNNIC。KNNIC 算法输入目标项 T、目标的最近邻数目 k、填充后的用户评分数据库 Udate、项目聚类 C、项目聚类中心 CC 和相似性阈值 ε；输出目标项的 k 个最近邻。相似性阈值 ε 可以自行调整。

基于项目的协同过滤推荐的改进算法如算法 3.4 所示。

算法 3.4　基于项目的协同过滤推荐的改进算法

输入：用户-项目评分矩阵 $R(m,n)$，目标项 T，目标项最近邻数目 k，项目聚类 C，项目聚类中心 CC，相似性阈值 ε。

输出：目标用户 u 的 top-N 推荐项集 P。

步骤 1：建立用户-项目评分矩阵 $R(m,n)$ 表示用户评分信息。

步骤 2：从 $R(m,n)$ 中分别提取目标项 i 与目标项 j 的评分项集 $(i \neq j)$，设为 I_i、I_j，从而得到项目 i、j 的评分项并集 $I_{ij} = I_i \bigcup I_j$。

步骤 3：采用 $r_{u,i} = \alpha r_u + \beta r_i$，$\alpha + \beta = 1$ 对 I_{ij} 中未评分项目进行填补。

步骤 4：通过 k-means 聚类算法对项目进行聚类，在聚类过程中使用填充后的用户-项目评分矩阵，并使用本小节提到的相似度计算公式计算项目之间以及项目与聚类中心的相似性，最终找出与目标项相似性最高的 S 个聚类。

步骤 5：用经典推荐公式（3.33）对目标项完成推荐，设目标项 T 的最近邻集用 $N = \{N_1, N_2, \cdots, N_k\}$ 表示，则用户 u 对项目 T 的预测评分 $P_{u,T}$ 可以通过用户 u 对最近邻集 N 中项目的评分得到。

在算法 3.4 中，$R(m,n)$ 是一个 $m \times n$ 矩阵，m 行表示 m 个用户，n 列表示 n 个项目，$R_{i,j}$ 表示用户 i 对项目 j 的评分值。

根据实验目的，本研究采用平均绝对误差来评估算法的准确性，采用推荐产生的平均消耗时间（mean consumption time，MCT）来评估算法的效率。其中，MAE 表示算法预测评分与用户实际评分之间的平均绝对误差，计算公式为

$$\text{MAE} = \frac{\sum_{i=1}^{N} |p_i + q_i|}{N} \tag{3.36}$$

式中，N 为用户评过分的项目数；p_i 为算法对项目 i 的预测评分；q_i 为用户对项目 i 的实际评分。

改进算法中，将改进公式中的 α 取为 0.6，β 取为 0.4，聚类数目设置为 10，阈值 ε 设置为 0.65。从表 3.1 中可以清楚地看到，所提出的算法对预测评分的准确度有明显的提高。同时由于采用聚类的方法缩小搜索空间，可注意到的是该算法一定程度提高了推荐的效率。

表 3.1   改进算法与传统算法在推荐准确度和效率的比较

推荐策略	MAE	MCT/ms
传统的基于项目的协同过滤推荐算法	0.816257	15676.73
基于项目的协同过滤推荐的改进算法	0.736984	14322.44

为了融合基于用户推荐的协同过滤的优势，一种基于用户-项目的混合推荐协同过滤算法[66]被提出，其基本思想如下。

首先，对用户评分列表统计用户评分频率后构建用户的特征统计向量代替原始评分向量，计算用户之间的相似度并建立用户兴趣模型，由模型得到用户的最近邻集，根据用户的相似邻居对项目的评分预测目标用户对项目的评分。

其次，考虑到用户之间共同评分的项集数对相似度的影响，引入一个评价因子 S 对原始项目相似性度量公式进行修正，计算项目之间的相似度并建立项目相似模型，这样做是使得那些被较多个共同用户评分的项目且评分大体相同的项目成为项目的最近邻，而那些被很少数用户评分的项目或者评分差距较大的项目，即使相似性很大，也不能成为项目的最近邻。根据项目相似模型得到项目的最近邻后，根据用户对目标项的最近邻评价的分值预测目标项的评分。

最后，分别基于用户角度和基于项目角度进行评分预测后，引入控制因子 α 将两者预测评分值进行加权求和，形成最终的综合预测分值，选择分值最高的前若干项作为 top-N 推荐列表。

针对推荐系统数据稀疏性问题，文献[66]提出改进的协同过滤算法来提高系统的推荐精度。算法主要分四步完成：数据集初始化、相似度计算、查找最近邻集和产生推荐集。准确计算用户或项目的相似度是寻找目标用户或项目的最近邻聚集在推荐算法最重要的一步。

具体操作如下所述。

（1）数据集初始化。

数据集的初始化阶段，构建用户-项目评分矩阵，m 代表用户数，n 代表项目数。

$$R = \begin{pmatrix} r_{11} & r_{12} & \cdots & r_{1n} \\ r_{21} & r_{22} & \cdots & r_{2n} \\ \vdots & \vdots & & \vdots \\ r_{m1} & r_{m2} & \cdots & r_{mn} \end{pmatrix} \tag{3.37}$$

对用户未评分的评分值设为 0，

$$R_{ij} = \begin{cases} r_{ij}, & \text{已评价项目} \\ 0, & \text{未评价项目} \end{cases} \quad (1 \leqslant i \leqslant m, 1 \leqslant j \leqslant n) \tag{3.38}$$

（2）相似度计算。

根据用户-项目评分矩阵 R，构建用户的评分统计向量 $\tilde{T} = (T_1, T_2, T_3, T_4, T_5)$ 用于统计用户的频率，其中 $T_1 \sim T_5$ 代表用户评价分值 1～5 出现的总次数。然后根据评分统计向量 $\tilde{T}_i$，构建用户评分特征向量 $\tilde{V}_i = (E_i, D_i, S_i)(1 \leqslant i \leqslant m)$ 用来描述用户个人的评分特征。其中，特征向量 E_i 代表用户评分偏好，D_i 代表偏好程度，S_i 代表评分稳定度，E_i、D_i、S_i 的公式分别为

$$E_i = \frac{1}{N} \sum_{i=1}^{N} T_i \tag{3.39}$$

$$D_i = d(D_i, S_i) = \frac{1}{N} \sum_{i=1}^{N} |r_i - E_i| \tag{3.40}$$

$$S_i = \frac{1}{N} \sqrt{\sum_{i=1}^{N} (r_i - E_i)^2} \tag{3.41}$$

在得到每个用户的评分特征向量 $\tilde{V}_i(E_i, D_i, S_i)$ 后，根据余弦公式计算用户之间的相似度并构建用户相似性矩阵 UserSim，表示形式如下：

$$\text{sim}(\mu_1, \mu_2) = \cos(V_1, V_2) = \frac{V_1 \cdot V_2}{|V_1| \times |V_2|} \tag{3.42}$$

$$\text{UserSim} = \begin{pmatrix} \text{sim}_{11} & \text{sim}_{12} & \cdots & \text{sim}_{1n} \\ \text{sim}_{21} & \text{sim}_{22} & \cdots & \text{sim}_{2n} \\ \vdots & \vdots & & \vdots \\ \text{sim}_{m1} & \text{sim}_{m2} & \cdots & \text{sim}_{mn} \end{pmatrix} \tag{3.43}$$

由上述可知，用户相似性矩阵有以下特点：$\text{sim}(i, i) = 1$ 且 $\text{sim}(i, j) = \text{sim}(j, i)$。

根据原始评分矩阵 R，采用 Pearson 相关系数来计算项目之间的相似度。考虑不同用户间共同评分的项集对项目之间的相似度存在影响的方面，我们引入一个评价因子 S［式（3.44）］，公式中的 $W_i \bigcap W_j$ 表示对项目 i 和项目 j 进行过共同评分的用户数目，$W_i \bigcup W_j$ 表示对项目 i 进行评分的用户与对项目 j 进行评分的用户并集。

$$S = \frac{W_i \bigcap W_j}{W_i \bigcup W_j} \tag{3.44}$$

根据用评价因子 S 修正后的项目之间相似度的公式，计算每个项目之间的相似度并构建项目相似性矩阵 ItemSim，表示如下：

$$\text{sim}(I_i, I_j) = \frac{\sum\limits_{b \in I_{ij}} (R_{b,i} - \overline{R}_i)(R_{b,j} - \overline{R}_j)}{\sqrt{\sum\limits_{b \in I_{ij}} (R_{b,i} - \overline{R}_i)^2} \sqrt{\sum\limits_{b \in I_{ij}} (R_{b,j} - \overline{R}_j)^2}} \cdot S \tag{3.45}$$

$$\text{ItemSim} = \begin{pmatrix} \text{sim}_{11} & \text{sim}_{12} & \cdots & \text{sim}_{1n} \\ \text{sim}_{21} & \text{sim}_{22} & \cdots & \text{sim}_{2n} \\ \vdots & \vdots & & \vdots \\ \text{sim}_{n1} & \text{sim}_{n2} & \cdots & \text{sim}_{nn} \end{pmatrix} \tag{3.46}$$

式中，I_{ij} 表示对项目 i 和项目 j 共同评分的用户集；$R_{b,i}$ 和 $R_{b,j}$ 分别表示用户 b 对项目 i 和项目 j 的评分；$\overline{R}_i$ 和 $\overline{R}_j$ 分别表示项目 i 和项目 j 的评分均值。

（3）查找最近邻集。

目标用户的兴趣爱好往往会和与目标用户具有相似兴趣爱好的用户群相似，且目标用户会偏好那些与自身感兴趣的商品或已购买商品相似的商品，所以我们要得出推荐结果，就要先查找用户和项目的最近邻集，用来预测用户对项目的评分。

根据得到的原始用户-项目评分矩阵 R 和用户相似性矩阵 UserSim，在整个用户空间寻找目标用户 u 的最近邻集 $C = \{c_1, c_2, \cdots, c_k\}$，使得 $u \notin C$，并且 $\text{sim}(u, C_1) > \text{sim}(u, C_2) > \cdots > \text{sim}(u, C_k)$，所得的集合 C 就是与目标用户具有相似兴趣爱好的用户集。同理，可得出项目的相似性矩阵 ItemSim。

（4）top-N 推荐集。

根据得到的目标用户 u 最近的 k 个邻居集 C，依据集合 C 中用户 u 的最近 k 邻居对目标项 i 的评分，预测 u 对项目 i 的分值 $P_{\text{user}}(u, i)$，计算公式如下：

$$P_{\text{user}}(u, i) = \overline{R}_u + \frac{\sum\limits_{a \in C} \text{sim}(u, a) \cdot (R_{a,i} - \overline{R}_a)}{\sum\limits_{a \in C} |\text{sim}(u, a)|} \tag{3.47}$$

式中，$\bar{R}_u$ 和 $\bar{R}_a$ 分别表示用户 u 和用户 a 对一评分项目的平均值；$\text{sim}(u,a)$ 表示用户 u 和用户 a 的相似度；$R_{a,i}$ 表示用户 a 对项目 i 的评分。

同理，根据项目最近邻集 D 中的用户评分来预测用户 u 对目标项 i 的评分 $P_{\text{item}}(u,i)$，计算公式如下：

$$P_{\text{item}}(u,i) = \bar{R}_i + \frac{\sum_{c \in D} \text{sim}(i,c) \cdot (R_{u,c} - \bar{R}_c)}{\sum_{c \in D} |\text{sim}(i,c)|} \qquad (3.48)$$

式中，$\bar{R}_i$ 表示评分用户对项目 i 的评分均值；$\bar{R}_c$ 表示项目邻居 c 的评分均值；$\text{sim}(i,c)$ 表示项目 i 和邻居 c 的相似度；$R_{u,c}$ 表示用户 u 对项目邻居 c 的评分。

为更好融合基于用户的协同过滤推荐算法和基于项目的协同过滤推荐算法两者的优势，我们引入控制因子 a，使它在 $[0,1]$ 的取值范围中取值，每次取值间隔为 0.1，经过处理的评分公式为

$$P_{u,i} = a \cdot P_{\text{user}}(u,i) + (1-a)P_{\text{item}}(u,i) \qquad (3.49)$$

当 $a=0$ 时，预测评分是由基于项目的协同过滤推荐算法单方面影响的，当 $a=1$ 时，预测评分是由基于用户的协同过滤推荐算法单方面影响的。计算并得出所有用户对项目的预测评分 $P_{u,i}$ 后，选择预测评分最高的前 N 项作为 top-N 的推荐集对目标用户进行推荐。

电子商务推荐系统的优劣取决于推荐算法的性能好坏，其推荐指标主要分为两类。

（1）统计精度度量（statistical accuracy metrics）方法。

统计精度度量方法是指通过比较用户对项目的实际评分与系统预测评分之间的差值来评估系统准确性的一种方法。得出的差值用来度量系统所预测的分值准确性，这个差值被称为平均绝对误差，它是目前对算法度量最常用的一个准确性评价标准。平均绝对误差指用户对项目的预测评分与用户对项目的实际评分的差值。具体实现是将用户评分数据集划分为两部分：训练集和测试集。推荐算法在训练集上执行，计算得出平均绝对误差，然后对测试集中用户已评分项目进行比较测试算法的准确性。例如，预测所用的用户评分集合为 $\{p_1, p_2, \cdots, p_N\}$，对应用户的实际评分集合为 $\{q_1, q_2, \cdots, q_N\}$，所有用户的平均绝对误差由式（3.50）计算得到，平均绝对误差越小，精度越高。

$$\text{MAE} = \frac{\sum_{i=1}^{N} |p_i - q_i|}{N} \qquad (3.50)$$

（2）决策支持精度度量（decision support accuracy metrics）方法。

决策支持精度度量方法指的是用于评价预测帮助用户从多个项目中选择到满足他们兴趣的项目的有效性的方法。这里主要强调用户对未评分项目预测的准确

性，希望推荐算法对用户有满意的结果，统计学中平均绝对误差方法应用广泛且易于理解，且都有着直接客观的反应，因此采用平均绝对误差方法作为度量标准。

在模拟的实验环境和各种实验条件下，基于用户-项目的混合协同过滤推荐算法均具有最小的平均绝对误差。相比传统的两类协同过滤推荐算法，基于用户-项目的混合协同过滤推荐算法精度高、质量好。

■ 3.3　基于模型的协同过滤

用关联算法做协同过滤，一般我们可以找出用户购买的所有物品数据里频繁出现的项集或序列来做频繁项集挖掘，找到满足支持度阈值的关联物品的频繁 N 项集或者序列。如果用户购买了频繁 N 项集或者序列里的部分物品，那么我们可以将频繁项集或序列里的其他物品按一定的评分准则推荐给用户，这个评分准则可以包括支持度、置信度和提升度等。常用的关联推荐算法有 Apriori、Fp-Growth。

用矩阵分解做协同过滤是目前使用也很广泛的一种方法。由于传统的奇异值分解（singular value decomposition，SVD）要求矩阵不能有缺失数据，必须是稠密的，而我们的用户物品评分矩阵是一个很典型的稀疏矩阵，直接使用传统的 SVD 到协同过滤是比较复杂的。目前主流的矩阵分解推荐算法主要是 SVD 的一些变种，比如 FunkSVD、BiasSVD 和 SVD++。这些算法和传统 SVD 的最大区别是不再要求将矩阵分解为 $U\varSigma V^{\mathrm{T}}$ 的形式，而是变为两个低秩矩阵 PQ^{T} 的乘积形式。

3.3.1　基于关联规则的协同过滤

关联规则（association rules）这一概念由 Agrawal 等[67]于 1993 年首次提出。关联规则最早应用数据挖掘，反映数据间存在的相互依存性和关联性。确切地说，关联规则通过概率来度量事务 X 的出现对于事务 Y 的影响，目前已经广泛应用于电商推荐系统。通过对用户购买行为进行关联规则挖掘，发现消费群体购买习惯共性，实时为用户推荐相关项目。该思想在销售领域也十分实用，同样通过对销售记录进行分析，根据最终挖掘结果，调整超市货架的陈列布局、设计促销组合方案，达到提升销售额的目的。其中最著名的"啤酒与尿布"的营销方案就是采用这种挖掘方式。根据不同情况，关联规则又可以分为三类。

（1）布尔型和数值型关联规则。

基于规则中处理变量类别的不同，分为布尔型关联规则和数值型关联规则[68]。布尔型关联规则显示了变量之间的关系，用来处理离散的、种类化的值。而数值型关联规则描述的是量化的项或属性之间的关联，可以与多维或多层关联规则结合，对数值型字段直接进行处理，或对其进行动态分割再进行处理。

（2）单层和多层关联规则。

基于规则数据的抽象层次，分为单层关联规则和多层关联规则。单层关联规则通常处理比较细化的数据，而多层关联规则在现实生活中更为常见，处理变量分为不同的层。

（3）单维和多维关联规则。

基于规则维数的不同，分为单维关联规则和多维关联规则。如果处理的是同一维度的数据之间的关系，则为单维关联规则。如果规则包含两个及两个以上的维度信息，则为多维关联规则。例如：电脑→键盘，这条规则只涉及用户购买的物品，为单维关联规则；而性别="男"→职业="老师"，这条规则涉及两个维度中字段的关系，为多维关联规则。

提到关联规则，那么肯定离不开这几个概念：项集、支持度（support）、置信度（confidence）、提升度（lift）、频繁项集和强关联规则。下面简要介绍这几个概念：

（1）项集：项集是由项目 I 构成的集合，若项集中包含项目数为 k，则此项集为 k 项集。如{牛奶,面包}为 2 项集。

（2）支持度：支持度可通俗理解为项集 X 在事务集中出现的概率，用 Support(X) 表示，其数学计算公式为

$$\text{Support}(X) = \frac{\text{Count}(X)}{N} \tag{3.51}$$

式中，Count(X) 表示项集 X 在事务集中出现的次数，也称之为项集 X 的支持度计数；N 表示事务数据库事务的总数。

（3）置信度：关联规则 $X \to Y$ 的置信度是指在事务集中项集 X 出现的情况在项集 Y 也出现的概率，可用 Confidence($X \to Y$) 表示，其数学计算公式如下：

$$\text{Confidence}(X \to Y) = \frac{\text{Support}(X \cup Y)}{\text{Support}(X)} \tag{3.52}$$

为了在数据集中挖掘有用的关联规则，需要人为确定最小支持度阈值 min_supp 和最小置信度阈值 min_conf，且阈值的设定影响着最终关联规则的质量，其值需要通过反复实验确定。

（4）提升度：提升度是指项集 X 的出现对项集 Y 出现的概率的提升作用，用来判断规则 $X \to Y$ 是否有实际价值，如果大于 1 说明规则有效，小于 1 则无效，其计算公式如下：

$$\text{Lift}(X \to Y) = \frac{\text{Support}(X \cup Y)}{\text{Support}(X) \times \text{Support}(Y)} \tag{3.53}$$

（5）频繁项集：若项集的支持度大于等于最小支持度 min_supp，则称该项集

为频繁项集。根据频繁项集中包含项目的个数 k 进行划分，又将频繁项集细分为频繁 k 项集。如 $\text{Support}(X \rightarrow Y) \geqslant \text{min\_supp}$，则称集合 $\{X, Y\}$ 为频繁 2 项集。常用 L_k 表示频繁 k 项集。

（6）强关联规则：若频繁项集满足最小置信度条件，则该频繁项集为强关联规则。如 $\text{Support}(X \rightarrow Y) \geqslant \text{min\_supp}$ 且 $\text{Confidence}(X \rightarrow Y) \geqslant \text{min\_conf}$，则称之为强关联规则。关联规则挖掘的目的就是找出强关联规则，从而指导决策。

在现实生活中，人们在购买面包的时候会再选购牛奶，若这样做的人数较多，那么其购买模式就能成为一种固定搭配，一旦用户购买面包，则主动将牛奶推荐给他。基于关联规则的推荐算法就是基于这种现实提出的算法，它以关联规则为基础，将用户已购买的项目作为条件，而将规则的结果作为推荐对象。关联规则的结果作为推荐对象，在线下实体超市已经找到成功的应用。关联规则实质在于统计分析交易数据中购买项集 X 的情况下有多大比例的交易会购买项集 Y，其直观意义就是用户在购买了某些项目的情况下有多大倾向去购买另一些项目，比如买电脑同时买鼠标，其工作原理如图 3.2 所示。

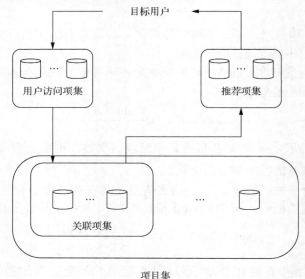

图 3.2　基于关联规则推荐工作原理

基于关联规则的推荐以用户历史行为数据为基础，采用基于关联规则的推荐算法挖掘出其中的关联规则，然后根据规则做出推荐，其基本流程如图 3.3 所示。

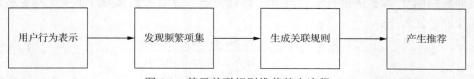

图 3.3　基于关联规则推荐基本流程

在整个推荐过程中，关联规则的发现最为关键和耗时，主要包含下面两部分。

（1）发现频繁项集。

筛选出满足最小置信度 min_supp 条件的项集。对于需要语义约束的规则，找出符合约束条件的项集，该过程是最为耗时的部分。

（2）生成关联规则。

根据生成的频繁项集，筛选满足最小置信度 min_conf 条件的频繁项集，则这些频繁项集为挖掘出的关联规则，如存在频繁 k 项集 L_k，将集合拆成 X 和 $L_k - X$ 两部分，且这两部分均为非空子集，计算它们之间的置信度，若满足最小置信度 min_conf 条件，则将其输出为关联规则。

下面介绍关联规则推荐中 Apriori 的相关算法[69]。针对 Apriori 算法在运行过程中存在多次重复扫描事务集的问题，研究人员提出了一种基于矩阵的 Apriori 算法，通过将事务集以 0-1 矩阵的形式存储，能达到在运算过程中只需扫描一次数据集的效果，从时间复杂度和空间复杂度方面，改进后的算法相较于传统的 Apriori 算法有较大提升，而挖掘结果与传统的 Apriori 算法基本保持一致，没能避免挖掘到的有效关联规则数较少的问题，从而导致无法实现有效推荐的问题。针对上述问题，在基于矩阵的 Apriori 算法基础上，研究人员提出了基于属性关联规则推荐算法，通过基于矩阵的 Apriori 算法挖掘属性关联规则，结合属性间置信度和用户评分计算用户对项目的预测评分并推荐。

Apriori 算法有以下两个性质。

性质 3.1　如果一个项集为频繁项集，则该项集的非空子集也一定为频繁项集。例如，如果存在频繁 4 项集，则意味着 $\text{Support}(L_1 \cup L_2 \cup L_3 \cup L_4) \geqslant \text{min\_supp}$，因 L_4 的任意非空子集都包含于 L_4，则 L_4 的任意非空子集都满足大于等于最小支持度 min_supp 的条件，由此频繁 4 项集 L_4 的任意非空子集都是频繁项集。

性质 3.2　如果一个项集不是频繁项集，则该项集的超集也一定是非频繁项集。例如，如果存在非频繁 4 项集 $Z_4 = \{L_1, L_2, L_3, L_4\}$，即 $\text{Support}(L_1 \cup L_2 \cup L_3 \cup L_4) < \text{min\_supp}$；若再向该项集中加入 L_5 形成超集，显然在此基础上得到超集支持数小于等于 L 的支持数，因此计算得到支持度也小于最小支持度 min_supp，由此超集不是频繁项集。

Apriori 算法是一种基于两阶段频集思想的递推算法。寻找频繁项集是该算法最为关键也最为耗时的部分，该部分主要由连接步和剪枝步组成。

（1）连接步。

连接步是指频繁项集自连接，如频繁 $k-1$ 项集 L_{k-1} 自连接生成候选 k 项集 C_k，L_{k-1} 中两个项集 I_i 和 I_j 能进行自连接的前提条件是其前 $k-2$ 项是相同的。

假设频繁 $k-1$ 项集如式（3.54）所示：

$$L_{k-1} = \{I_1, I_2, I_3, \cdots, I_n\} \tag{3.54}$$

式中，两个项集 I_i 和 I_j 分别为

$$I_i = \{I_{i[1]}, I_{i[2]}, I_{i[3]}, \cdots, I_{i[k-1]}\}, \ i \in \{1, 2, \cdots, n\} \tag{3.55}$$

$$I_j = \{I_{j[1]}, I_{j[2]}, I_{j[3]}, \cdots, I_{j[k-1]}\}, \ j \in \{1, 2, \cdots, n\} \tag{3.56}$$

如果项集 I_i 和 I_j 存在式（3.57）所示的关系，则两个项集是可连接的。

$$(I_{i[1]} = I_{j[1]}) \wedge (I_{i[2]} = I_{j[2]}) \wedge \cdots \wedge (I_{i[k-2]} = I_{j[k-2]}) \wedge (I_{i[k-1]} = I_{j[k-1]}) \tag{3.57}$$

两个项集经过连接后，可得到候选集 k 项集 C_k 中的一个项集，公式如下：

$$I_m = \{I_{i[1]}, I_{i[2]}, I_{i[3]}, \cdots, I_{i[k-2]}, I_{i[k-1]}, I_{j[k-1]}\}, \ I_m \subseteq C_k \tag{3.58}$$

在连接过程中，可使用性质 3.2 识别出非频繁项集，从而减少后续的计算量，即如果一个候选 k 项集 $I_m(I_m \subseteq C_k)$ 的 $k-1$ 项子集不在频繁 $k-1$ 项集 L_{k-1} 中，则该候选项集是非频繁项集，可以从 C_k 中删除，减少计算量。

（2）剪枝步。

候选 k 项集 C_k 可能不是频繁项集，频繁 k 项集 $L_k = \{\text{Support}(C_k) \geqslant \text{min\_supp}\}$，为减少计算量，在过程中可利用性质 3.1 对 C_k 进行压缩。

综上，可将 Apriori 算法的主要过程归纳为：首先对 1 项集出现的次数进行统计，生成候选 1 项集 C_1，在 C_1 基础上筛选出支持度大于等于最小支持度 min_supp 的 1 项集构成频繁 1 项集 L_1；其次 L_1 自连接得到 C_2，连接过程中可能会用到性质 3.2 减少计算量；再次从 C_2 中筛选出满足支持度大于等于最小支持度 min_supp 的项集，生成频繁 2 项集 L_2，这一过程可使用性质 3.1 对 C_2 进行压缩；然后由 L_2 生成 C_3，C_3 生成 L_4。重复这个过程，通过不断地从候选 $k-1(k \geqslant 2)$ 项集 C_{k-1} 中找出频繁 k 项集 L_k，然后再通过频繁 k 项集 L_k 找出候选 $k+1$ 项集 C_k+1，直到找不到满足条件的 C_n 为止。最后，从频繁项集中筛选出满足大于等于最小置信度 min_conf 条件的项集作为规则输出。

由于 Apriori 算法在计算过程中需要重复扫描事务集。若事务集较大，则会花费大量计算时间，降低算法效率。文献[69]提出了一种基于项目属性的关联规则的推荐算法，其推荐算法的基本思想为：通过挖掘项目属性之间的关联关系，结合用户对项目属性的评分与关联属性之间的置信度计算出用户对关联属性的评分，接着预测用户对包含关联属性的项目评分，根据预测评分结果选择前 N 项推荐给用户。算法可分为两个阶段：挖掘关联属性和预测评分。关联属性挖掘步骤如下。

（1）确定项目的属性并建立属性集 Attra $= \{\text{Attra\_}a, \text{Attra\_}b, \cdots, \text{Attra\_}n\}$，其中 Attra_$i = \{\text{Attra\_}i_1, \text{Attra\_}i_2, \text{Attra\_}i_3, \cdots, \text{Attra\_}i_q\}$ 表示项目的第 i 类属性集，

$Attra\_i_j$ 表示属性 $Attra\_i$ 集合的具体元素值；设置最小支持度 min_supp 和最小置信度 min_conf 值。

（2）扫描数据集 D，建立用户属性 0-1 矩阵，以用户集 U 对属性集 $Attra\_i$ 为例，其属性矩阵可表示为式（3.59）。其中，m 表示用户个数，q 表示属性集 $Attra\_i$ 的属性个数，$ui_{i,j}$ 有两种取值情况，如公式（3.60）所示。

$$U(i)_{m \times q} = \begin{pmatrix} ui_{1,1} & \cdots & ui_{1,j} & \cdots & ui_{1,q} \\ \vdots & & \vdots & & \vdots \\ ui_{i,1} & \cdots & ui_{i,j} & \cdots & ui_{i,q} \\ \vdots & & \vdots & & \vdots \\ ui_{m,1} & \cdots & ui_{m,j} & \cdots & ui_{m,q} \end{pmatrix} \tag{3.59}$$

$$ui_{i,j} = \begin{cases} 1, & \text{若用户} i \text{对属性} Attra\_i_j \text{有交互} \\ 0, & \text{若用户} i \text{对属性} Attra\_i_j \text{无交互} \end{cases} \tag{3.60}$$

矩阵 $U(i)_{m \times q}$ 中第 j 列表示属性 $Attra\_i_j$ 被交互情况，对该列求和则可求得属性 $Attra\_i_j$ 的支持度计数 $\sum ui_{.,j}$ 和支持度 $\text{Support}(Attra\_i_j) = \dfrac{\sum ui_{.,j}}{m}$，删除矩阵 $U(i)_{m \times q}$ 中支持度小于 min_supp 的列，得到频繁 1 项集 L_1。

（3）由频繁 1 项集 L_1 产生候选 2 项集 C_2。对矩阵 $U(i)_{m \times q}$ 的每一行求和并删除小于 2 的行。C_2 中每一项 $\{Attra\_i_j, Attra\_i_k\}$ 的支持度通过式（3.61）计算，从候选 2 项集 C_2 中删除支持度小于 min_supp 的项集，得到频繁 2 项集 L_2。

$$\text{Support}(Attra\_i_j \to Attra\_i_k) = \frac{\sum\limits_{t=1}^{m}(ui_{t,j} \wedge ui_{t,k})}{m} \tag{3.61}$$

（4）初始化属性置信度矩阵。属性置信度矩阵用于存储属性集 $Attra\_i$ 中属性之间的置信度，将每项值初始化为 0，得到如式（3.62）所示的初始化矩阵：

$$\text{conf}(i)_{q \times q} = \begin{pmatrix} 0 & \cdots & 0 & \cdots & 0 \\ \vdots & & \vdots & & \vdots \\ 0 & \cdots & 0 & \cdots & 0 \\ \vdots & & \vdots & & \vdots \\ 0 & \cdots & 0 & \cdots & 0 \end{pmatrix} \tag{3.62}$$

对频繁 2 项集 L_2 中每项频繁属性求置信度，并用满足最小置信度条件的属性更新初始矩阵，矩阵第 j 行第 k 列的值表示属性 $Attra\_i_j$ 与 $Attra\_i_k$ 之间的置信度。属性频繁 2 项集的置信度通过式（3.63）计算：

$$\text{Confident}(\text{Attra}\_i_j) = \frac{\sum\limits_{t=1}^{m}(ui_{t,j} \wedge ui_{t,k})}{\sum\limits_{t=1}^{m} ui_{t,j}} \tag{3.63}$$

（5）输出满足最小置信度条件的属性关联规则 Rules。

根据得到的属性关联规则和属性置信度矩阵，接下来要结合属性置信度和用户评分预测用户对未交互的包含关联属性-项目的评分，具体步骤如下。

（1）扫描数据集 D，建立用户-项目评分矩阵、属性-项目矩阵、用户属性评分矩阵。用户-项目评分矩阵格式与协同过滤推荐算法中一致，其表示形式如式（3.64）所示。其中，m 代表用户个数，n 表示项目个数，$r_{i,j}(1 \leqslant i \leqslant m, 1 \leqslant j \leqslant n)$ 表示用户 i 对项目 j 的评分值，矩阵中每列代表所有用户对某项目的所有评分值，每行表示某用户对所有项目的评分值。属性-项目矩阵表示项目对属性的包含情况，以对属性集 Attra$\_i$ 建立属性-项目矩阵为例，其表示形式如式（3.65）所示。其中，n 表示项目个数，q 表示属性集 Attra$\_i$ 中属性个数，$Ii_{j,i}(1 \leqslant j \leqslant q, 1 \leqslant i \leqslant n)$ 表示项目 i 对属性集 Attra$\_i$ 中属性 Attra$\_i_j$ 的包含情况，其取值有两种可能，如式（3.66）所示。

$$R_{m \times n} = \begin{pmatrix} r_{1,1} & \cdots & r_{1,q} & \cdots & r_{1,n} \\ \vdots & & \vdots & & \vdots \\ r_{p,1} & \cdots & r_{p,q} & \cdots & r_{p,n} \\ \vdots & & \vdots & & \vdots \\ r_{m,1} & \cdots & r_{m,q} & \cdots & r_{m,n} \end{pmatrix} \tag{3.64}$$

$$I(i)_{q \times n} = \begin{pmatrix} ii_{1,1} & \cdots & ii_{1,j} & \cdots & ii_{1,n} \\ \vdots & & \vdots & & \vdots \\ ii_{i,1} & \cdots & ii_{i,j} & \cdots & ii_{i,n} \\ \vdots & & \vdots & & \vdots \\ ii_{q,1} & \cdots & ii_{q,j} & \cdots & ii_{q,n} \end{pmatrix} \tag{3.65}$$

$$Ii_{j,i} = \begin{cases} 1, & \text{若项目}i\text{包含属性}\text{Attra}\_i_j \\ 0, & \text{若项目}i\text{不包含属性}\text{Attra}\_i_j \end{cases} \tag{3.66}$$

属性集 Attra$\_i$ 建立用户属性评分矩阵，若遇用户对属性产生过多次评分，则将评分值累加，其表示形式如式（3.67）所示。其中，m 表示用户个数，q 表示属性集 Attra$\_i$ 中属性个数，$ri_{i,j}(1 \leqslant i \leqslant m, 1 \leqslant j \leqslant q)$ 表示用户 i 对属性集 Attra$\_i$ 中属性 Attra$\_i_j$ 的评分情况，其取值包含两种情况，如式（3.67）所示。

$$R(i)_{m \times q} = \begin{pmatrix} ri_{1,1} & \cdots & ri_{1,j} & \cdots & ri_{1,q} \\ \vdots & & \vdots & & \vdots \\ ri_{i,1} & \cdots & ri_{i,j} & \cdots & ri_{i,q} \\ \vdots & & \vdots & & \vdots \\ ri_{m,1} & \cdots & ri_{m,j} & \cdots & ri_{m,q} \end{pmatrix} \quad (3.67)$$

$$ri_{i,j} \begin{cases} > 0, & \text{若用户} i \text{对属性Attra}\_i_j \text{产生评分} \\ = 0, & \text{若用户} i \text{对属性Attra}\_i_j \text{未产生评分} \end{cases} \quad (3.68)$$

（2）预测用户对关联属性的评分矩阵 $\mathrm{PR}(i)_{m \times q}$，其结果可根据用户属性评分矩阵和属性置信度矩阵得到，用户 i 对属性 Attra_i_j 预测评分值的计算公式如式（3.69）所示。其中，m 取值为 $1 \sim q$，将用户关联属性评分矩阵 $R(i)_{m \times q}$ 中评分为 0 的项目 $\mathrm{PR}(i)_{m \times q}$ 对应项进行填充，得到最终的用户关联属性评分矩阵 $R(i)_{m \times q}$。

$$\mathrm{PR}(i)_{i,j} = \mathrm{MAX}(R(i)_m) \times \mathrm{conf}(i)_{m \times j} \quad (3.69)$$

（3）预测用户对关联项目的评分矩阵 $\mathrm{PR}_{m \times n}$，矩阵运算公式如式（3.70）所示。评分矩阵 $R_{m \times n}$ 与 $\mathrm{PR}_{m \times n}$ 之间的差异为 $\Delta = \left| R_{m \times n} - \mathrm{PR}_{m \times n} \right|$，$\alpha_i$ 为属性-项目系数，其值的选择标准为 $\sum_{i=a}^{n} \alpha_i = 1$（$\alpha$ 表示特定用户）且使得矩阵间的差异 Δ 尽量小。将 $R_{m \times n}$ 中评分为 0 的项目 $\mathrm{PR}_{m \times n}$ 对应项进行填充。

$$\mathrm{PR}_{m \times n} = \sum_{i=a}^{n} \alpha_i R(i)_{m \times q} I(i)_{m \times q} \quad (3.70)$$

上面所提的基于项目属性关联规则推荐算法通过将用户对项目的预测评分拆分为用户对属性的预测评分，最终通过对用户属性预测评分乘属性-项目系数加权求和得到用户项目预测评分值，属性-项目系数大小的设置直接影响用户对项目的预测评分值。本实验所涉及的项目属性包括"品牌"和"分类"两种属性，用 Attra_a 表示品牌集，用 Attra_b 表示分类集。反复对属性-项目系数值的设定进行实验，最终得到最优属性-项目系数。

下面介绍初始项目-项目相似性矩阵[70]，首先结合 Apriori 算法获取强关联规则，接着对关联规则进行过滤拆分，由于项目-项目相似性矩阵的相似度关系是一一对应的，并且最终预测时项目（用户）作为唯一指标，即只存在一对多（或一对一）的关系，所以需将多对多（或一对多）关联规则拆分成相应的 N 个多对一的关联规则拆分公式，如式（3.71）所示：

$$X \rightarrow Y = \begin{cases} x_1, x_2, \cdots, x_m \rightarrow y_i, & Y \in \text{多元集}, i \in \{1, 2, \cdots, N\} \\ x_1, x_2, \cdots, x_m \rightarrow Y, & Y \in \text{单元集} \end{cases} \quad (3.71)$$

最后，将强关联规则集成到初始项目-项目关联矩阵（initial item-item association

matrix，IM），形成修正项目-项目相似性矩阵 CM。此时需要扩展 IM 的列总数，以保存多对一的关系。这里利用双曲正切函数将关联规则集成到相似性矩阵中，并将其支持度和可信度作为衡量其相似度的主要判断标准。x 表示先导 X 的单个项目，t 表示每条规则 sup 与 conf 之和，$\text{AveItem}(x_i)$ 表示项目 x_i 的平均偏好值，$\text{AveItem}(X)$ 表示关联规则 X 的平均偏好值，计算公式如式（3.72）和式（3.73）所示：

$$\text{sim}(X,Y)=\begin{cases}\dfrac{\sum\limits_{x_i\in X}\text{sim}(x_i,Y)}{\sum\limits_{x_i\in X}(1)}\cdot\left(1+\dfrac{\mathrm{e}^t-\mathrm{e}^{-t}}{\mathrm{e}^t+\mathrm{e}^{-t}}\right), & X\in\text{AssociationRules}\\ \text{sim}(X,Y), & X\in\text{Items}\end{cases}\tag{3.72}$$

$$\text{AveItem}(X)=\frac{\sum\limits_{x_i\in X}\text{AveItem}(x_i)}{\sum\limits_{x_i\in X}(1)}\tag{3.73}$$

式中，AssociationRules 表示关联规则集；Items 表示项集；$\sum\limits_{x_i\in X}(1)$ 表示对整个关联规则集求和。

图 3.4 表示 IM 到 CM 的转化图。图中 $W_{i,j}$ 表示项目间的新相似度权重，由于过滤后的关联规则具有两种形式——一对一和多对一，所以对 IM 中的相似度也需同步更新。Item(n+i)表示新产生的组合项目，比如 Item(n+1)由 Item2 和 Item3 组合而成，$W_{1,n+1}$ 表示 Item1 对 Item2 和 Item3 的相似度。

$$\begin{matrix}\text{Item1} & \text{Item2} & & \text{Item}n\end{matrix}\qquad\qquad\begin{matrix}\text{Item1} & \text{Item2} & & \text{Item}n & & \text{Item}(n+i)\end{matrix}$$

$$\begin{pmatrix}W_{1,1} & W_{1,2} & \cdots & W_{1,n}\\ W_{2,1} & W_{2,2} & \cdots & W_{2,n}\\ \vdots & \vdots & & \vdots\\ W_{n,1} & W_{n,2} & \cdots & W_{n,n}\end{pmatrix}\Rightarrow\begin{pmatrix}W'_{1,1} & W'_{1,2} & \cdots & W'_{1,n} & \cdots & W'_{1,n+i}\\ W'_{2,1} & W'_{2,2} & \cdots & W'_{2,n} & \cdots & W'_{2,n+i}\\ \vdots & \vdots & & \vdots & & \vdots\\ W'_{n,1} & W'_{n,2} & \cdots & W'_{n,n} & \cdots & W'_{n,n+i}\end{pmatrix}$$

图 3.4　IM 到 CM 的转化图

3.3.2　基于矩阵分解的协同过滤

隐语义模型这个概念是由 Netflix Prize 冠军 Koren 在 2006 年提出的[71]。隐语义模型使用一种替代的法则来发现潜在的主题或分类。隐含语义分析技术从诞生至今产生了很多著名的模型和算法，其中和该项技术相关且耳熟能详的名词有隐含主题模型（latent topic mode）、矩阵分解（matrix factorization）、概率隐语义分析（probabilistic latent semantic analysis，PLSA）、潜在狄利克雷分配（latent Dirichlet allocation，LDA）等。

对于一个推荐系统，假设有 m 个用户和 n 个项目的二维矩阵如下式所示，用户没有对该项目评过分用横线表示，可以看到其中有很多缺失值。每个用户只对其中很少的一部分项目评过分，因此，这是一个非常大的稀疏矩阵。而推荐系统的目的就是要填补这些缺失值。

$$
\begin{array}{c}
\quad\;\; \text{item}_1 \quad\; \text{item}_2 \;\; \cdots \;\; \text{item}_n \\
\begin{array}{c}
\text{user}_1 \\
\text{user}_2 \\
\vdots \\
\text{user}_m
\end{array}
\left(
\begin{array}{cccc}
r_{1,1} & r_{1,2} & \cdots & r_{1,n} \\
r_{2,1} & r_{2,2} & \cdots & r_{2,n} \\
\vdots & \vdots & & \vdots \\
r_{m,1} & r_{m,2} & \cdots & r_{m,n}
\end{array}
\right)
\end{array}
$$

对于评分矩阵的补全，历史上的研究很多，其中一个重要的原则是要补全后的值对原来矩阵扰动最小。采取的措施是，补全的矩阵特征值和原来矩阵的特征值差最小，就是对原矩阵扰动最小。因此，最早的矩阵分解模型就是从数学上的 SVD 开始的。对于有 m 个用户和 n 个项目的评分矩阵 R，首先将矩阵缺失值补全，得到补全后的矩阵 R'，然后用 SVD 将 R' 分解为

$$R' = U^{\mathrm{T}} \cdot S \cdot V \tag{3.74}$$

式中，$U \in \Re^{m \times k}$ 和 $V \in \Re^{k \times n}$ 是两个正交矩阵；$S \in \Re^{k \times k}$ 是对角矩阵，对角线上的每个元素的值就是这个矩阵的特征值的平方，即奇异值从大到小地排列。对矩阵 S 保留最大的前 f 个奇异值组成对角矩阵 S_f，这样就舍弃掉了权重比较低的奇异值和所对应的特征向量，去除了一部分噪声，并且保留该 f 个奇异值在 U 和 V 中对应的行和列，得到 U_f 和 V_f，将这三个矩阵重新相减得到降维后的评分矩阵 R_f。在式（3.75）中，$R_f(u,i)$ 就是用户 u 对项目 i 的预测评分。

$$R'_f = U_f^{\mathrm{T}} \cdot S_f \cdot V_f \tag{3.75}$$

奇异值分解是早期推荐系统研究中比较常用的矩阵分解算法，但是由于算法本身存在以下一些缺点，因此很难在实际中应用。

（1）该算法首先需要一个方法补全稀疏的评分矩阵，但是一旦补全之后就会变成一个稠密矩阵，而在推荐系统评分矩阵中本来有 95% 以上的元素是缺失的。这样就使得评分矩阵的存储空间需求非常大。

（2）该算法的时间复杂度比较高。SVD 的复杂度高达 $O(N^3)$，因此关于这一方面的研究都只是在几百个用户、几百个项目的数据集上进行的，而实际系统中用户数量上千万、项目数量上百万，因此该算法在实际中很难投入使用。

2006 年 Netflix Prize 开始之后，Simon Funk 在博客上公布了一个算法，被称为 FunkSVD，或者称为规则化的奇异值分解（regularized SVD，RSVD），一下子引爆了学术界对矩阵分解类方法的关注，他的博客也经常被很多学术论文引用。该

算法将原始奇异值分解得到的特征值平方组成的对角矩阵开平方分别与前后两个矩阵相乘，得到两个矩阵相乘的形式。后来这个算法被 Netflix Prize 冠军 Koren 称为隐语义模型。

在评分预测的推荐中，隐语义模型假设用户 u 对项目 i 的兴趣度表示如式（3.76）所示。其中，$p_{u,k}$、$q_{i,k}$ 是该模型的参数，K 表示隐含类别的个数，$p_{u,k}$ 度量了用户 u 的兴趣和第 i 个隐含类别的关系，$q_{i,k}$ 度量了第 k 个隐含类别和项目 i 的关系。这两个参数需要通过计算数据集得出，因此就需要一个训练集和测试集。对于用户 u，训练集里包含了用户 u 喜欢的项目和不喜欢的项目，通过对这个训练集的学习，就可以获得上述两个矩阵的参数。

$$\text{preference}(u,i) = p_u^T q_i = \sum_{k=1}^{K} p_{u,k} q_{i,k} \tag{3.76}$$

由于这里讨论的是推荐系统中的 top-N 推荐问题，因此在数据集中只考虑用户的隐性反馈。将用户评过分的项目标注为 1，没评过分的标注为 0。隐语义模型通过以下步骤进行参数的学习。

（1）对于每一个用户，按照一定的比例采集负样本。

（2）损失函数由式（3.77）给出。其中，$\hat{r}_{u,i}$ 表示用户 u 对项目 i 的兴趣度；$D = \{(u,i)\}$ 是经过采样后的用户-项集。如果 (u,i) 是正样本，则 $r_{u,i} = 1$；如果是负样本，则 $r_{u,i} = 0$。$\lambda(\|p_u\|^2 + \|q_i\|^2)$ 称为规则化项，用来防止过拟合；λ 可以通过实验获得；K 表示隐含类别的个数。

$$C = \sum_{(u,i)\in D} (r_{u,i} - \hat{r}_{u,i})^2 = \sum_{(u,i)\in D} (r_{u,i} - \sum_{k=1}^{K} p_{u,k} q_{i,k})^2 + \lambda(\|p_u\|^2 + \|q_i\|^2) \tag{3.77}$$

（3）利用随机梯度下降法求上述损失函数的最小值。关于随机梯度下降法后文会详细介绍。该算法是最优化理论中最基础的优化算法，它首先通过求参数的偏导数找到最快下降方向，然后通过迭代法不断优化参数。参数 $p_{u,k}$ 和 $q_{i,k}$ 的偏导数可以分别表示为式（3.78）和式（3.79）。其中，t 表示迭代的次数，α 为学习率（learning rate），可以通过反复实验确定。可以设置阈值或者通过迭代次数来终止更新过程。

$$p_{u,k}^{t+1} = p'_{u,k} + \alpha \frac{\partial C}{\partial p'_{u,k}} \tag{3.78}$$

$$q_{i,k}^{t+1} = q'_{i,k} + \alpha \frac{\partial C}{\partial q'_{i,k}} \tag{3.79}$$

在完成 LFM 参数学习后，top-N 推荐的最后一步是将训练所得的参数用来计算用户对每个项目的兴趣度，取前 N 个推荐给用户。

对于隐语义模型，在评分预测问题中的表示与 top-N 推荐中类似，只不过数据集中更关注显反馈行为，在一般数据集中表现为评分。由于要预测用户对未知项目的评分，因此不需要构造负样本的过程。用户对一个项目的预测评分由式（3.80）给出。其中，$p_{u,k}$ 和 $q_{i,k}$ 是该模型的参数，K 表示隐含类别的个数，$p_{u,k}$ 度量了用户 u 对类别 k 的评分喜好程度，$q_{i,k}$ 度量了第 k 个隐含类别和项目 i 的关系。

$$\hat{r}_{u,i} = p_u^{\mathrm{T}} \cdot q_i = \sum_{k=1}^{K} p_{u,k} q_{i,k} \tag{3.80}$$

加入偏置项的奇异值分解（biased-SVD），即考虑了偏置项的奇异值分解算法，在评分矩阵中考虑了用户或项目评分的偏差，我们把它称为偏差（bias）。例如，往往每个用户的评分标准是不同的，一些用户趋向于打更高的评分，而一些项目也比其他项目收到更高的评分。因前面提到的 FunkSVD 模型中仅仅靠用户偏好和项目的交互值来预测用户对项目评分是不准确的。考虑这种因素，可以建立如式（3.81）的偏好模型：

$$\hat{r}_{u,i} = \mu + b_u + b_i + p_u^{\mathrm{T}} \cdot q_i \tag{3.81}$$

式中各个参数说明如下。

（1）μ 表示训练集中所有评分的均值（average score）。不同网站用户的品味不尽相同，项目的性质也不尽相同，整体评分也不尽相同。例如，新浪娱乐的影视打分对电影的评分就较高，而豆瓣电影中一般电影很难打到很高的分数，可能相同的电影在这两个网站上评分差别很大。还有一些网站对项目的评分是采取 5 分制，有的 10 分制，还有的只是两分制，即喜欢和不喜欢，因此评分级别也存在差异。评分的均值可以反映出网站本身对用户评分的影响，该值可以直接从数据集中计算得到。

（2）b_u 表示用户偏好项（user bias）。这一项可以反映出不同用户中的偏差。例如，有些用户要求很苛刻，对项目评分偏低，因而评分就会偏低；而有的用户比较宽容，对项目的评分偏高。

（3）b_i 表示项目偏好项（item bias）。这一项可以反映出接受评分的项目中与用户没有什么关系的因素。例如，有些项目本身质量较高，受到欢迎，评分就普遍偏高，而有些项目本身知名度低，喜欢的人较少，因此容易得到很低的评分。

（4）p_u 表示用户 u 对项目的偏好向量。p 是 $m \times K$ 矩阵，其中 K 表示隐含类别的个数，表示用户对一个类别的项目的兴趣度。例如，用户对科幻片的兴趣度是 0.6，对动作片的兴趣度是 0.3，对爱情片的兴趣度是 0.1，而他看过电影《地心引力》，那么应该给他推荐同样属于科幻片的《星际穿越》。

（5）q_i 表示项目 i 属于某类别的概率向量。q_i 度量了第 i 个项目与隐含类别的关系。q 是 $n \times K$ 矩阵，其中 K 表示隐含类别的个数，表示项目 i 属于某两个类别的归属度。例如，电影《银河护卫队》属于动作片的概率是 0.3，属于科幻片的概率是 0.6，属于剧情片的概率是 0.1，如果用户对剧情片感兴趣，则不应该推荐这部电影。

以电影推荐为例，如果要预测用户 Eric 对电影《亲爱的》的评分，假设全部电影的平均得分是 3.3 分，而《亲爱的》这部电影是一部制作精良的电影，比平均得分高 0.5 分，而 Eric 是个专业而苛刻的电影爱好者，他对电影评分比一般人低 0.2 分，因此，预测出 Eric 对这部电影的评分为 3.3−0.2+0.5+Eric 对这类电影的喜好程度。

与 FunkSVD 类似，biased-SVD 的损失函数即计算矩阵评分的差异值可以表示为

$$
\begin{aligned}
C &= \sum_{(u,i)\in D} (r_{u,i} - \hat{r}_{u,i})^2 \\
&= \sum_{(u,i)\in D} (r_{u,i} - \mu - b_u - b_i - p_u^{\mathrm{T}} \cdot q_i)^2 + \lambda(\|b_u\|^2 + \|b_i\|^2 + \|p_u\|^2 + \|q_i\|^2)
\end{aligned} \tag{3.82}
$$

损失函数中同样加入了规则化项 $\lambda(\|b_u\|^2 + \|b_i\|^2 + \|p_u\|^2 + \|q_i\|^2)$ 用来防止过拟合。用梯度下降法求该目标函数的最小值，求得上述参数 b_u、b_i、$p_{u,k}$、$q_{i,k}$ 的偏导数如下：

$$
\frac{\partial C}{\partial b_u} = -2 \sum_{(u,i)\in D} (r_{u,i} - \hat{r}_{u,i})^2 + 2\lambda b_u \tag{3.83}
$$

$$
\frac{\partial C}{\partial b_i} = -2 \sum_{(u,i)\in D} (r_{u,i} - \hat{r}_{u,i})^2 + 2\lambda b_i \tag{3.84}
$$

$$
\frac{\partial C}{\partial p_{u,k}} = -2 \sum_{(u,i)\in D} (r_{u,i} - \hat{r}_{u,i})^2 \cdot q_{i,k} + 2\lambda p_{u,k} \tag{3.85}
$$

$$
\frac{\partial C}{\partial q_{i,k}} = -2 \sum_{(u,i)\in D} (r_{u,i} - \hat{r}_{u,i})^2 \cdot p_{u,k} + 2\lambda q_{i,k} \tag{3.86}
$$

然后用梯度下降法得到更新规则如下：

$$
b_u^{t+1} = b_u^t + \alpha \frac{\partial C}{\partial b_u^t} \tag{3.87}
$$

$$
b_i^{t+1} = b_i^t + \alpha \frac{\partial C}{\partial b_i^t} \tag{3.88}
$$

$$
p_{u,k}^{t+1} = p_{u,k}^t + \alpha \frac{\partial C}{\partial p_{u,k}^t} \tag{3.89}
$$

$$
q_{i,k}^{t+1} = q_{u,k}^t + \alpha \frac{\partial C}{\partial q_{i,k}^t} \tag{3.90}
$$

式中，t 为迭代的次数；α 为学习率，可以通过反复实验确定。可以通过设置阈值或者迭代次数来终止更新过程。

biased-SVD 的过拟合现象不严重，相比较 FunkSVD 而言，它的模型更加精确和具体，能够有效地解决某些数据集中评分不合理的现象，在相同时间复杂度的前提下，需要更短的训练时间，因此 biased-SVD 比之前的矩阵分解算法都有了较大的改进。

前面介绍的矩阵分解的算法都没有考虑用户的历史行为对用户评分预测的影响，为此，Koren 在 Netflix Prize 比赛中提出了一个新的模型，并将这个模型称为 SVD++。SVD++ 首先将基于邻域的模型设计成一个可以学习的模型，将用户协同过滤 ItemCF 的预测算法改成如式（3.91）所示。其中，$N(u)$ 表示用户 u 隐反馈集合，这里就是用户 u 评分过的项集。w_{ij} 是一个需要学习的参数，学习的过程可以通过式（3.92）优化损失函数。

$$\hat{r}_{u,i} = \frac{1}{\sqrt{|N(u)|}} \sum_{j \in N(u)} w_{ij} \tag{3.91}$$

$$C(w) = \sum_{(u,i) \in \text{Train}} \left(r_{u,i} - \sum_{j \in N(u)} w_{ij} r_{u,j} \right)^2 + \lambda w_{ij}^2 \tag{3.92}$$

但是，w 是一个比较稠密的矩阵，存储它需要比较大的空间，如果有 n 个项目，那么该模型的参数个数就是 n^2，参数过大，容易造成结果的过拟合。因此 Koren 提出应该对参数矩阵 w 也进行分解，设隐含类别的数量是 K，那么参数的个数可以通过式（3.93）分解降到 $2 \times n \times K$ 个。这里，x_i 和 y_i 是两个 K 维向量。该模型用 $x_i^{\mathrm{T}} y_j$ 代替了 w_{ij}，从而大大降低了参数的数量和存储空间。

$$\hat{r}_{u,i} = \frac{1}{\sqrt{|N(u)|}} \sum_{j \in N(u)} x_i^{\mathrm{T}} y_j = \frac{1}{\sqrt{|N(u)|}} x_i^{\mathrm{T}} \sum_{j \in N(u)} y_j \tag{3.93}$$

将 biased-SVD 模型和上述模型相加，得到融合后的模型：

$$\hat{r}_{u,i} = \mu + b_u + b_i + p_u^{\mathrm{T}} \cdot q_i + \frac{1}{\sqrt{|N(u)|}} \sum_{j \in N(u)} x_i^{\mathrm{T}} \sum_{j \in N(u)} y_j \tag{3.94}$$

Koren 提出，为了不增加太多参数避免过拟合，可令 $x = q$，从而得到最终的 SVD++模型：

$$\hat{r}_{u,i} = \mu + b_u + b_i + q_i^{\mathrm{T}} \cdot \left(p_u + \frac{1}{\sqrt{|N(u)|}} \sum_{j \in N(u)} q_i^{\mathrm{T}} \sum_{j \in N(u)} y_j \right) \tag{3.95}$$

结构上看，SVD++由两层结构组成：第一层偏好模型用于描绘系统中一些自身属性信息,如用户、项目以及他们之间的交互信息;第二层的矩阵分解模型用于挖掘出用户兴趣度和项目属性的交互信息。这样的模型很好地描述和挖掘出了推荐系统内部的各种属性。从 Netflix Prize 的结果可以看出,SVD++模型可以得到更加精确的结果。

不论是 Netflix Prize 还是 GroupLens 数据集中都有关于评分时间戳(timestamp)的数据,事实上,时间信息是推荐系统中一个非常重要的信息,可以通过对时间信息的挖掘更加精确地改进算法。因此,很多研究者都提出了利用时间信息降低算法误差的方法,尤其是在 Netflix Prize 比赛中。主要的利用时间信息的方法有两种:一种是基于邻域的模型中考虑时间信息,另一种是矩阵分解模型中考虑时间信息,详细的方法参见文献[72]。

Koren 在 SVD++模型下做如式(3.96)改进融合时间信息。其中,$b_u(t)$、$b_i(t)$ 和 $p_u(t)$ 表示其用户评分偏差、项目偏差和用户偏好随着时间变化的函数。这些函数可以按照如式(3.97)~式(3.100)构建。其中,α_u 是学习率,$b_{u,t}$ 是 t 时刻用户 u 的偏好,t_u 是用户对所有项目评分的时间戳的平均值,$\mathrm{period}(t)$ 是关于时间的函数,并且考虑了季节效应。Time-SVD++模型同样可以使用随机梯度下降法进行优化。

$$\hat{r}_{u,i} = \mu + b_u(t) + b_i(t) + q_i^{\mathrm{T}} \cdot \left(p_u(t) + \frac{1}{\sqrt{|N(u)|}} \sum_{j \in N(u)} x_i^{\mathrm{T}} \sum_{j \in N(u)} y_j \right) \quad (3.96)$$

$$b_u(t) = b_u + \alpha_u \cdot \mathrm{dev}_t(t) + b_{u,t} + b_{u,\mathrm{period}(t)} \quad (3.97)$$

$$\mathrm{dev}_u(t) = \mathrm{sgn}(t - t_u)|t - t_u|^{\beta} \quad (3.98)$$

$$b_i(t) = b_i + b_{i,t} + b_{i,\mathrm{period}(t)} \quad (3.99)$$

$$p_{uf}(t) = p_{uf} + p_{uf,t} \quad (3.100)$$

传统的矩阵分解方法主要通过降维的技术,将高维空间的矩阵变换成低维空间,通过计算一组最优基向量来近似原始数据,再将这些基向量线性组合来还原原始数据。这些分解出的基向量中有正数也有负数,而负数在现实中是没有意义的,例如项目的评分都是正数,隐反馈也只有 0 和 1 的数据。

为了解决这个问题,国内外很多学者开始研究用非负向量表示原始数据。1999 年 Lee 等在 *Nature* 上发表了非负矩阵分解(NMF)算法[73],提出在所有元素为非正的情况下对矩阵进行分解,分解成的矩阵中每个元素也是非负的。此算法一经提出,迅速引起各个研究领域的重视。NMF 算法具有其他矩阵分解算法没有的优势:面对大规模数据的情况下传统矩阵分解具有很高的复杂度,而 NMF 算法对于大规模数据提供了一种新的途径；相比于传统的矩阵分解算法，NMF 算法实现简单，具有良好的可解释性，所需的存储空间也较小。因此，非负矩阵分解相关的研究已经成为越来越热门的研究，在图像、文本、生物医学、音频、数据挖掘等领域得到了广泛的应用，但是在推荐系统方面的研究才刚刚起步。

给定一个非负矩阵 $A = (a_{ij})_{m \times n} = (a_1, a_2, a_3, \cdots, a_n)$，NMF 算法的目的是要找到一个非负矩阵 $B \in \Re^{m \times r}$ 和一个非负矩阵 $H \in \Re^{r \times n}$，使得 $A \approx BH$。其中，r 满足 $(m+n)r < mn$，将原始矩阵 A 每个列向量看成 B 和 H 相应列向量内积的线性相加，则可以写成 $a_j \approx h_{1j}b_1 + h_{2j}b_2 + h_{3j}b_3 + \cdots + h_{rj}b_r$。

NMF 的求解是个 NP 问题，求解方法是构造目标函数进行迭代优化，常用的一种目标函数是 KL 离散度，定义 A 和 BH 的 KL 离散度如下：

$$D(A \| BH) = \sum_{i=1}^{m} \sum_{j=1}^{n} \left(a_{ij} \log \frac{a_{ij}}{\sum_{k=1}^{r} b_{ik}h_{kj}} - a_{ij} + \sum_{k=1}^{r} b_{ik}h_{kj} \right) \qquad (3.101)$$

NMF 的优化公式如下：

$$\min D(A \| BH) \quad \text{s.t.} \ BH \geqslant 0, \sum_{i=1}^{m} b_{ij} = 1, \forall j \qquad (3.102)$$

通过如下迭代方法可以计算出上述最优化问题的局部最优解：

$$h_{kl} = h_{kl} \sum_{i=1}^{m} \frac{a_{il}b_{ik}}{\sum_{j=1}^{n} b_{ij}b_{jl}} \qquad (3.103)$$

$$b_{kl} = b_{kl} \frac{\sum_{j=1}^{n} \dfrac{a_{kj}h_{lj}}{\sum_{s=1}^{r} b_{ks}h_{sj}}}{\sum_{j=1}^{n} h_{lj}} = \frac{b_{kl}}{\sum_{i=1}^{m} b_{il}} \qquad (3.104)$$

下面引入信任度的概念。Yang 等[74]使用矩阵分解技术将评分矩阵 R 分解为用户特征矩阵 U 和项目特征矩阵 V，将信任关系矩阵 T 分解为信任特征矩阵 B 和被信任特征矩阵 W，分别提出信任模型 $B^{\mathrm{T}}V$、被信任模型 $W^{\mathrm{T}}V$ 和混合模型：

$$R_{ij} = g\left(\frac{B^r + W^e}{2} \frac{V^r + V^e}{2} \right) R_{\max} \qquad (3.105)$$

除了用户对项目的评分外，通过社交网络服务比以前更容易获得用户的社交信息。一般认为，人们通常通过朋友、同事或伴侣等熟人来获取和传播信息，这意味着用户的底层社交网络可能在帮助他们过滤信息方面发挥根本作用。信任关系是社交信息中较重要的类型之一，因为我们更可能接受我们信任的观点。因此，通过充分和有效地利用可信任信息来提高推荐质量已经成为一个巨大的机遇，也是一个巨大的挑战。近些年，学者已经提出了几种基于模型的方法来进行社会推荐，大多数都基于快速矩阵分解技术，该技术首先将用户和项目同时映射到低维特征空间，然后通过在评分和信任数据上优化一些目标函数来训练预测模型。

这项工作通过充分探索在信任行为的影响下如何生成观察到的评分，研究了一种融合评分和信任数据的新策略。用户被他们的信任网络纠缠，而不是像大多数现有研究那样简单地拟合两种数据。更具体地说，当用户进行评分时，他/她很可能会受到他/她信任的其他人提供的现有评分或评论的影响，并且同样，他/她的贡献（评分或评论）也会产生影响根据信任他/她的其他人的决定。在对此建模时，研究人员提出了一种简单而有效的方法，即通过根据信任的定向特性分解信任网络，将用户映射到两个低维空间，即信任者空间和受托者空间。在两个空间中，信任者和受托者的向量分别描述了用户的"通过阅读评分或评论来信任"和"通过生成评分或评论而被信任"的行为。假设用户 A 以强度 w 信任用户 B，则 w 可以用 B 的受托者向量表示为 A 的信任者向量的内积。此外，这两个空间将与通过对评分矩阵进行因子分解而获得的用户空间和项目空间一起使用，以构建一个名为 TrustMF 的新颖融合模型，以同时适应评分和信任数据。与基于评分和信任的最新 CF 方法相比，TrustMF 的性能要好得多，尤其是在冷启动情况下。

诸如 Epinions 之类的社交网络的用户可以浏览并生成他们感兴趣的项目的意见（评分或评论），然后基于这些意见构建各自的 turst 网络。通过纠结的信任关系，个人的意见将受到他人的影响，也可能影响他人。在这里，我们首先给出一个信任者模型来表征第一个方面，即其他方面将如何影响特定用户的意见。

参与评分矩阵 R 和信任关系矩阵 T 的两个用户是相同的，因此，可以通过共享公共的用户特定的潜在空间，将 R 和 T 关联到一个矩阵分解过程中。图 3.5 显示了建议的信任者模型，该模型能够表征用户 A 的评分如何受到其通过 $B_A^{\mathrm{T}} V_j$ 信任的其他用户的影响。在式（3.106）中，参数 λ_T 控制训练模型评分偏好和信任关系之间的效果比例。通过这种方式可以整合两种数据源，从而获得潜在空间 B 和 V，这些空间可以协同工作，产生更准确的预测。在验证中设置 $\lambda_T = 1$。

$$l = \sum_{(i,j)\in\Omega}(g(B_i^{\mathrm{T}}V_j)-R_{ij})^2 + \lambda_T\sum_{(i,k)\in\Psi}(g(B_i^{\mathrm{T}}W_k)-T_{ik})^2 + \lambda(\|B_i\|_F^2 + \|V_j\|_F^2 + \|W_k\|_F^2)$$

（3.106）

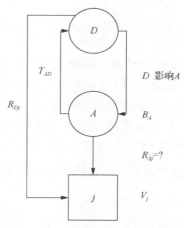

图 3.5　信任者模型 $B^{\mathrm{T}}V$：其他人如何影响用户 A 对项目 j 的评分

由于信任值 T_{ik} 在 0 和 1 之间，为了更方便地学习参数，我们通过使用函数 $f(x) = x/R_{\max}$ 将原始评分 R_{ij} 映射到区间[0,1]，在这项工作中 5 是推荐系统中的最高评分。为了更方便地拟合数据，我们采用对数函数 $g(x) = 1/(1+\exp(-x))$ 将潜在特征向量的内积绑定到区间[0,1]中。在模型训练后，可以通过 $g(B_i^{\mathrm{T}}V_j)$ 获得预测。此外，我们将相似正则化方法整合到模型中。总而言之，在所提出的信任模型中要优化的目标如公式（3.107）所示。其中，n_{bi} 和 n_{vj} 分别表示由用户 i 给出并赋予项目 j 的等级数，m_{bi} 表示信任用户 i 的用户数，m_{wk} 表示信任用户 k 的用户数。通过对所有用户和物品在 B_i、V_j 和 W_k 上执行如式（3.108）～式（3.110）所示梯度下降，可以使上述目标函数最小化。其中，$R(i)$ 表示用户 i 评分过的项集，$R^+(j)$ 表示对项目 j 评分过的用户集，$F(i)$ 表示受用户 i 信任的用户集，而 $F^+(k)$ 表示信任用户 k 的用户集。$g'(x) = \exp(-x)/(1+\exp(-x))^2$ 是逻辑函数 $g(x)$ 的导数。由于模型使用特定的信任特征矩阵 B 作为共享的用户潜在空间，我们将学习算法称为 Truster-MF。

$$l = \sum_{(i,j)\in\Omega}(g(B_i^{\mathrm{T}}V_j) - R_{ij})^2 + \lambda_T\sum_{(i,k)\in\Psi}(g(B_i^{\mathrm{T}}W_k) - T_{ik})^2$$

$$+ \lambda(\sum_i(n_{bi}+m_{bi})\|B_i\|_F^2 + \sum_j n_{vj}\|V_j\|_F^2 + \sum_k m_{wk}\|W_k\|_F^2) \qquad (3.107)$$

$$\frac{1}{2}\cdot\frac{\partial l}{\partial B_i} = \sum_{j\in R(i)} g'(B_i^{\mathrm{T}}V_j)(g(B_i^{\mathrm{T}}V_j) - R_{ij})V_j$$

$$+ \lambda_T\sum_{k\in F(i)} g'(B_i^{\mathrm{T}}W_k)(g(B_i^{\mathrm{T}}W_k) - T_{ik})W_k + \lambda(n_{bi}+m_{bi})B_i \qquad (3.108)$$

$$\frac{1}{2}\cdot\frac{\partial l}{\partial V_j} = \sum_{i\in R^+(j)} g'(B_i^{\mathrm{T}}V_j)(g(B_i^{\mathrm{T}}V_j) - R_{ij})B_i + \lambda n_{vj}V_j \qquad (3.109)$$

$$\frac{1}{2} \cdot \frac{\partial l}{\partial W_k} = \lambda_T \sum_{i \in F^+(k)} g'(B_i^\mathrm{T} W_k)(g(B_i^\mathrm{T} W_k) - T_{ik})B_i + \lambda m_{wk} W_k \qquad （3.110）$$

图 3.6 显示了建议的受托者模型。该模型能够表征用户 A 的意见如何通过 $W_A^\mathrm{T} V_j$ 来影响信任 A 的其他人的决策。与信任者模型不同，这次我们选择特定于受信任特征矩阵 W 作为 R 和 T 共享的潜在空间。在受托者模型中，向量 W_A 同时具有双重含义：一是用户 A 如何被他人信任（或遵循）以及同一用户如何评价商品；二是特定于项目的潜在特征向量 V_j 描绘了用户如何评价项目 j，$W_A^\mathrm{T} V_j$ 表示其他用户如何跟随用户 A 对项目 j 进行评分，这也是真实得分 R_{ij} 的近似值。

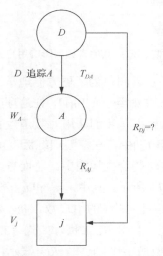

图 3.6 受托者模型 $W^\mathrm{T} V$：其他人如何跟踪用户 A 对项目 j 的评分

同样，通过最小化以下目标，可以同时学习特征矩阵 W、V、B：

$$l = \sum_{(i,j) \in \Omega} (g(W_i^\mathrm{T} V_j) - R_{ij})^2 + \lambda_T \sum_{(i,k) \in \Psi} (g(B_k^\mathrm{T} W_i) - T_{ki})^2$$
$$+ \lambda(\sum_i (n_{wi} + m_{wi})\|W_i\|_F^2 + \sum_j n_{vj} \|V_j\|_F^2 + \sum_k m_{bk} \|W_k\|_F^2) \qquad （3.111）$$

式中，n_{wi} 和 n_{vj} 分别表示用户 i 和项目 j 给出的等级数；m_{wi} 表示信任用户 i 的用户数；m_{bk} 表示用户 k 信任的用户数。由于模型使用受托者特定的特征矩阵 W 作为共享的用户潜在空间，因此我们将相应的学习算法称为 Trustee-MF。

在评估过程中，个人会互相影响。也就是说，您是否要对某事进行评分以及如何对其进行评分的决定将基于受托者的意见。同时，您的决定将不可避免地影响您的信任者的选择。综合而言，建议观察到的评分实际上是根据用户之间这种双重影响的传播而产生的。

经过独立训练的信任者模型和受托者模型，可以获取两组特征矩阵。令 B_i^r 和 V_j^r 为通过 Truster-MF 算法学习的信任者特定向量和特定项向量。让 W_i^e 和 V_j^e 通过 Trustee-MF 算法学习受托者特定向量和特定项向量，我们建议采用如式（3.112）的综合策略（称为 TrustMF）来生成真实评分的近似。

$$\hat{R}_{ij} = g((\frac{B_i^r + W_i^e}{2})^{\mathrm{T}} (\frac{V_j^r + V_j^e}{2})) \cdot R_{\max} \qquad (3.112)$$

以上提出的两个模型背后的关键思想是：通过将等级和信任关系映射到相同的 d 维潜在空间，在等级和信任之间建立桥梁。其中，每个维度都表示项目的潜在特征之一。然后，我们有 V_{ij}（项目 j 的特定于项目的特征向量）、U_i（用户 i 的特定于用户的特征向量）、B_i（用户 i 的特定于信任者的特征向量）和 W_i（用户 i 的特定于受托者的特征向量），分别用 a 表示"项目 j 的类型""用户喜欢的项目类型""用户喜欢浏览的意见类型（评分或评论）""用户希望生成的意见类型"。实际上，通过具有相同的潜在特征，浏览/生成意见可以准确地模拟用户如何关注/影响他人。请注意，人们倾向于对他的偏爱项目给予很高的评价，并相信那些意见对他有帮助的人。合理地，观察到的等级和信任度可以通过测量各个特征向量的内积即 $R_{ij} \approx U_i^{\mathrm{T}} V_j$ 和 $T_{ik} \approx B_i^{\mathrm{T}} W_k$ 来近似。

具体来说，信任者模型从用户的浏览行为中学习用户的偏好，其中 U_i 近似为 B_i，这意味着人们将更加关注他偏爱的项目的观点。另外，受托者模型从用户的笔迹或等级中学习用户的偏好，其中 U_i 由 W_i 近似，这意味着人们更有可能对他偏爱的项目产生意见。结果，鼓励用户与系统交互，更多的社交活动会为他们提供更准确的建议。信任者和受托者模型分别青睐那些具有更多浏览和书写活动的用户。同时，TrustMF 尝试为这两种用户提供高质量的建议。

协同过滤算法面临着数据稀疏和冷启动的困难。为了更有效地利用其他信任数据来解决这些问题，研究人员提出了一种名为 TrustMF 的新型社交 CF 方法，其灵感来自个人在审阅过程中会互相影响的启发式方法。为了正确地把握信任传播对观察到的意见产生的双重影响，研究人员提出了一个信任者模型和一个受托者模型，以将用户映射到相同的潜在特征空间中，但是具有不同的含义，可以明确地描述反馈，用户如何影响或遵循他人的意见。此外，两个模型自然地合成为一个融合模型，同时适合可用的评分和信任关系。正如已经证实的那样，根据对真实数据集的验证和比较，TrustMF 与最新的社交 CF 方法相比有了显著改进。特别是，对于评分很少或仅拥有很少信任关系的冷启动用户，TrustMF 的性能明显优于竞争对手。

第 4 章

混合推荐系统

■ 4.1　混合推荐系统分类

机器学习中有所谓的集成学习（ensemble learning），广泛应用于分类和回归问题，本质上是利用多个分类或者回归算法的有效整合获得更好的分类或者预测效果。集成方法之所以有效是因为当我们使用不同的算法组合，可以非常有效地降低系统性的误差，最终达到更好的效果。混合推荐系统的思路跟上面的介绍如出一辙。混合推荐算法就是利用两种或者两种以上推荐算法来配合，克服单个算法存在的问题，期望更好地提升推荐的效果。

4.1.1　混合推荐系统的价值

单个算法难免存在问题，为了避免这些问题并提升用户体验，我们需要采用多种算法进行推荐，从而提升推荐质量。在开始说混合推荐算法的价值之前，需要先了解当前主流推荐算法存在的问题，了解当前推荐算法所存在的问题，才能利用混合推荐算法更好地避免这些问题，那么当前推荐系统存在的主要问题有哪些呢？

（1）冷启动问题。

冷启动一般分为新用户冷启动和新"标的物"冷启动。对于新用户，由于没有相关行为或者行为很少，无法获得该用户的兴趣偏好，因而无法为他进行有效推荐。对于新入库上线的标的物，由于没有用户或者很少用户对它进行操作（如点击、浏览、评论、购买等），我们不知道什么类型的用户喜欢它，因而也很难将它推荐出去。

（2）数据稀疏性问题。

由于很多推荐应用场景涉及的标的物数量巨大（如头条有百亿级规模的文章、淘宝有千万级的商品等），导致对于同一个标的物只有很少用户有相关行为，这让构建推荐算法模型变得非常困难。

（3）马太效应。

"头部"标的物被越来越多的用户"消费"，而质量好的长尾"标的物"由于用户行为较少，自身描述信息不足而得不到足够的关注。

（4）灰羊（gray sheep）效应。

指某些用户的倾向性和偏好不太明显，比较散乱，没有表现出对具备某些特征的标的物强烈的偏好。因此在协同过滤推荐算法中（就基于用户的协同过滤来说），这种偏好性不强的用户跟其他用户的相似度都差不多，选择不同的相似用户没什么差别，因此推荐效果不是特别好。这种问题在多用户使用同一个设备时是非常明显的。比如，家庭中的智能电视，一家人都用同一台电视在不同时段看自己喜欢的内容，导致该电视上的行为比较宽泛，无任何特性。

（5）投资组合效应（portfolio effect）。

由于从不同渠道获得的标的物是非常相似的，推荐系统可能会推荐非常相关的标的物给用户，但对用户来说，这些相关的标的物是重复、无价值的。在新闻资讯、短视频类应用程序（application，APP）的推荐中这种情况是经常发生的，比如，从多个渠道获得的内容是对同一个热点事件的报道，有可能内容都是差不多、重复的，而系统在将这些内容入库的过程中，没有很好地进行识别（其实识别两个标的物也是比较困难的一件事），因此将这些内容看成不同的内容，最终推荐系统很容易将它们一起推荐给用户。在短视频推荐中就存在这种情况，并且还非常严重，有时甚至重复的内容都排在一起并且量也很大。对于像淘宝这种提供电商平台服务的公司来说，由于有非常多的商家卖相同或者相似的商品，这种现象也非常明显。对于图书推荐，同一本书的不同版本、不同语言等的推荐也会出现这个问题。

（6）稳定性（stability）/可塑性（plasticity）问题。

该问题指的是当用户的兴趣稳定下来后，推荐系统很难改变对用户的认知，即使用户兴趣最近变化了，推荐系统还是保留了用户过往的兴趣，除非当用户新兴趣积累到足够多，所起的作用完全盖过了过去的兴趣。解决该问题一般可以对用户兴趣进行时间衰减操作，最近行为权重更大，越久远的行为权重越小。

4.1.2　混合推荐系统的实现方案

根据多种算法混合的方式不同一般可以分为如下 3 种混合范式，其中每种范式都有 2～3 种具体的实现方案，一共有 7 种不同的混合方案，我们在下面分别介绍。

1．单体的（monolithic）混合范式

单体的混合范式整合多种推荐算法到同一个算法体系中，由这个整合的推荐算法统一提供推荐服务，具体的实现流程参考图 4.1。

图 4.1　单体的混合范式

基于内容的推荐算法如果利用用户行为数据来计算标的物相似度则属于单体范式的混合推荐算法。单体范式的混合推荐算法主要有如下两种具体实现方案。

1）特征组合（feature combination）混合

特征组合利用多个推荐算法的特征数据来作为原始输入，利用其中一个算法作为主算法最终生成推荐结果。就协同过滤和基于内容的推荐来说，可以利用协同过滤算法为每个样本赋予一个特征，然后基于内容的推荐利用这些特征及内容相关特征来构建基于内容的推荐算法。比如，可以基于矩阵分解获得每个标的物的特征向量，基于内容的推荐算法利用标的物之间的元数据计算相似度，同时也整合前面基于矩阵分解获得的特征向量之间的相似度。协同过滤与基于内容的推荐进行特征组合混合能够让推荐系统利用协同数据，而不必完全依赖它，因此降低了系统对某个标的物有操作行为的用户数量的敏感度，也就是说，即使某个标的物没有太多用户行为，也可以很好地将该标的物推荐出去。由于特征组合方法非常简单，将协同过滤和基于内容的推荐进行组合是非常常用的方案。

2）特征增强（feature augmentation）混合

特征增强混合是另一个单体混合算法，不同于特征组合简单地结合或者预处理不同的数据输入，特征增强会利用更加复杂的处理和变换，第一个算法可能事先预处理第二个算法依赖的数据，生成中间可用的特征或者数据（中间态），再供第二个算法使用最终生成推荐结果。比如，在做视频相似推荐时，先用 item2vec 进行视频嵌入学习，学习视频的表示向量，最后用 k-means 聚类来对视频聚类，最终将每个视频所在类的其他视频作为该视频的关联推荐，这也算是一种特征增强的混合推荐算法。

2.　并行的（parallelized）混合范式

并行的混合范式利用多个独立的推荐算法，每个推荐算法产生各自的推荐结果，在混合阶段将这些推荐结果融合起来，生成最终的推荐结果，具体实现逻辑参考图 4.2。并行的混合范式利用多个推荐算法密切配合，应用特殊的混合机制聚合各个算法的结果，根据混合方案的不同主要有如下 3 种具体的实现方式。

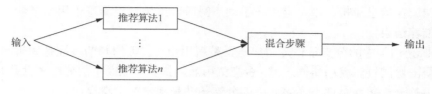

图 4.2　并行的混合范式

1）掺杂（mixed）混合

掺杂混合方法将多个推荐算法的结果混合起来，最终推荐给某个用户，如式（4.1）所示，其中 k 是第 k 个推荐算法。

$$\mathrm{rec_{mixed}}(u)=\bigcup_{k=1}^{n}\mathrm{rec}_k(u) \tag{4.1}$$

上式只是给出了为用户推荐的标的物列表，不同的算法可能会推荐一样的，需要去重，另外这些标的物需要先排序再最终展示给用户，一般不同算法的排序逻辑不一样，直接按照不同算法的得分进行粗暴排序往往存在问题。可以将不同的算法预测的得分统一到可比较的范围（比如可以先将每个算法的得分归一化到 0～1），再根据归一化后的得分大小来排序。还可以通过另外一个算法来单独进行排序。

2）加权（weighted）混合

加权混合方法利用多个推荐算法的推荐结果，通过加权来获得每个推荐候选标的物的加权得分，最终来排序。具体某个用户 u 对标的物 i 的加权得分计算如下：

$$\mathrm{rec_{weighted}}(u,i)=\sum_{k=1}^{n}\beta k \times \mathrm{rec}_k(u,i) \tag{4.2}$$

式中，β 为权重参数。

这里同样要保证不同的推荐算法输出的得分要在同一个范围，否则加权是没有意义的。

3）分支（switching）混合

分支混合根据某个判别规则来决定在某种情况发生时，利用某个推荐算法的推荐结果。具体的公式可以用式（4.3）简单表示：

$$\exists k:1\cdots \quad \mathrm{s.t.} \quad \mathrm{rec_{switching}}(u,i)=\mathrm{rec}_k(u,i) \tag{4.3}$$

分支条件可以是与用户状态相关的，也可以是跟上下文相关的，下面举几个例子说明，让读者可以更好地理解。

（1）如果用户是新用户，用热门推荐，当用户行为足够多时，用协同过滤算法给用户做推荐。

（2）如果用户在早上使用产品，给用户推荐新闻。

（3）当用户在某个新的地点使用美团外卖，可以给用户推荐当地特色菜肴。

（4）在信息流推荐中，当用户手动下滑时，给用户更新基于用户最新行为的相关推荐结果。

上述（1）中的分支条件是用户是否是新用户（实际的判断过程是如果用户能够算得出协同过滤就用协同过滤，否则就用热门推荐），（2）中的分支条件是时间，（3）中的分支条件是地点，（4）中的分支条件是用户的下滑操作。

3. 流水线（pipelined）混合范式

在流水线混合范式中，一个推荐算法生成的推荐结果给到另外一个推荐算法作为输入（该算法可能还会利用其他的数据输入），再产生推荐结果，输入到下一个推荐算法，以此类推。具体算法的混合逻辑见图 4.3。

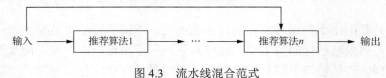

图 4.3   流水线混合范式

流水线混合是一个分阶段的过程，多个推荐算法一个接一个，最后的一个算法生成最终的推荐结果。根据一个算法的输出以怎样的方式给到下一个算法使用，具体可以分为如下两种实现方案。

1）级联（cascade）混合

在级联混合方式中，一个算法的推荐结果作为输出给到下一个算法作为输入之一，下一个算法只会调整上一个算法的推荐结果的排序或者剔除掉部分结果，而不会新增推荐标的物。如果用数学语言来描述，级联混合就是满足式（4.4）～式（4.6）三个条件的混合推荐，其中 n 是级联的算法个数，rec_k 是第 k 个推荐算法的推荐结果。

$$n \geqslant 2, \quad \mathrm{rec}_k(u) \tag{4.4}$$

$$\mathrm{rec}_{\mathrm{cascade}}(u) = \mathrm{rec}_n(u) \tag{4.5}$$

$$\forall k \geqslant 2, \quad \mathrm{rec}_k(u) \subseteq \mathrm{rec}_{k-1}(u) \tag{4.6}$$

注意，排在级联混合第一个算法后面的算法的输入除了前面一个算法的输出外，可能还会利用其他的数据来训练推荐算法模型。级联的目的是优化上一个算法的排序结果或者剔除不合适的推荐，通过级联会减少最终推荐结果的数量。

2）元级别（meta-level）混合

在元级别的混合中，一个推荐算法构建的模型会被流水线后面的算法使用，用于生成推荐结果，式（4.7）很好地说明了这种情况。由于这种混合直接将模型作为另一个算法的输入，类似函数式编程中函数作为另一个函数的输入，所以比较复杂，在现实业务场景中一般 $n=2$，即只做两层的混合。

$$\mathrm{rec}_{\text{meta-level}}(u) = \mathrm{rec}_n(u, \mathrm{model}_{\mathrm{rec}_{n-1}}) \tag{4.7}$$

到此为止，我们简单介绍了 3 大类 7 种常用的进行推荐算法混合的策略，下面分别对这 3 大类混合范式的特点进行简单说明。

如果对于特征层面我们无更多的其他知识和信息，单体的混合范式是有价值的，它只需要对主推荐算法及数据结构进行极少的预处理和细微调整就可以了。

并行的混合范式是对业务侵入最小的一种方式，因为混合阶段只是对不同算法的结果进行简单混合。但是由于使用了多个推荐算法的结果，整个推荐的计算复杂度会更高，并且多个算法的推荐结果的得分怎么在同一个框架中具备可比性也是比较棘手的、需要处理好的问题。

流水线混合范式是最复杂耗时的一类混合方案，需要对前后的两个算法有很好的理解，并且它们也需要配合好才能最终产生比单个算法好的结果。但如果能将几个差别较大（差别较大，混合后预测的方差会更小，类似遗传中的杂交优势）的推荐算法很好地整合起来时，往往收获也是较大的。

4.1.3　对混合推荐系统的思考

从更广义的角度来看，推荐系统的混合不仅有算法的混合，还有数据源的混合、多类别标的物的混合、应用场景的混合等。本节根据对推荐系统未来发展的理解，试图对混合推荐系统可能的重点发展方向进行简单介绍，给大家提供一些新的思考问题的视角。

1. 整合实时推荐中用户短期和长期兴趣

实时个性化推荐可以快速响应用户请求，让用户实时获得优质推荐服务。帮助用户及时获取信息对用户来说是非常有价值的事情。怎么整合用户实时兴趣和长期兴趣对提升用户体验是非常关键的，前面一节已经提到了一些整合用户实时兴趣的方法，这些方法相对简单粗暴，为了取得更好的效果，我们需要进一步研究算法和工程上的突破。实时个性化推荐一定是未来的重点方向，特别是随着 5G 时代的到来，网速有极大的提升，谁能更快更好地服务用户，谁就能拥有用户。

2. 利用单个复杂模型建模多源信息

传统的基于内容的推荐、协同过滤等算法一般只利用部分相关数据来构建推荐模型，由于利用的数据有限，模型相对简单，因此单个算法可能存在一些问题，利用介绍的混合推荐策略可以避免部分相关问题。那么是否可以利用其他的方案来解决这些基础模型存在的问题呢？确实是可以的。现在随着深度学习等复杂模型的流行，有很多学术研究和工业实践利用深度学习、强化学习等技术整合多种信息来获得更好的推荐效果。这种从模型层面整合多种信息的方法，可以更好地学习多数据源之间的内在关系，所以一定是未来的一个重要的研究和实践方向。目前的数据源，按照数据承载的载体不同有文本、图像、视频、音频等数据，从数据的来源来划分则有用户相关数据、标的物相关数据、用户行为数据、上下文数据等。利用深度学习、异构信息网络等复杂算法来整合多源数据提供更优质的推荐服务是很有前途的一个方向。

3. 多源的标的物混合

现在很多 APP 都是朝着提供综合性服务的方向发展，比如美团（吃、住、行、生活等）等 APP 提供多种不同性质和类别的服务。未来推荐算法可能会提供综合性的推荐服务，在同一个推荐列表中存在多种不同类别差异性极大的标的物。

另外，互联网产品做广告变现是非常重要的一种商业化手段。随着新闻短视频等信息流产品的流行，信息流广告越来越受到互联网公司的重视。信息流广告中将广告和标的物混合在一起推荐，这时广告也可以看成一种标的物，因而也是一种标的物混合推荐的形态。只不过在信息流广告中，我们除了关注标的物的"消费"外，还会重点关注广告曝光、点击、购买等收益性指标。

怎么将不同类别的标的物进行混合推荐给用户，保证不同类别标的物之间的一致性、协调性（对于信息流广告来说，就是所谓的原生广告的概念），满足用户多样性的要求，也是一个非常有价值的研究与实践方向。

4. 家庭场景中多人兴趣的混合推荐

伴随着智能电视业务从萌芽到成熟，互联网服务走进了家庭电视这块大屏。互联网公司如小米、华为等已经布局智能电视业务，传统电视机厂商也进入智能电视行业，家庭互联网成为一个新的重要的流量入口。随着中国城镇化发展与消费升级，越来越多的人开始购买互联网智能电视。智能电视作为家庭中的一块大屏，为家庭成员提供视听相关服务，视频是智能电视上最重要的杀手级服务。智能电视区别于手机的一大特点是家庭中多个成员共享一台设备，这一点不同导致智能电视上的推荐服务需要兼顾多个家庭成员的兴趣。智能电视上的推荐是多个家庭成员兴趣的混合，怎么在一个推荐列表中为多个家庭成员提供推荐，满足家庭成员多样性的兴趣需求是智能电视个性化推荐非常棘手的一个问题，也是必须要解决好的一个问题。

5. 用户在多 APP 场景下行为的混合

目前很多提供互联网服务的公司通过打造 APP 矩阵来提供多种类的服务，试图占领用户日常生活的方方面面，通过多款 APP 发展更多的用户，增加更多的变现可能。另外，在更多领域做尝试和探索、提供多款 APP 也能抵御存在的风险，这也是未来的公司生存发展的重要趋势和策略之一。

用户在同一家公司的多个 APP 上的行为，帮助公司从多个渠道来获得用户的兴趣偏好，进而对用户有更全面的了解。怎么融合用户多样的行为，从而为用户在某个 APP 上提供更加精准的推荐服务，是一个非常值得探索的方向。

6. 用户多状态（场景）的融合推荐

很多时候用户的行为之间是有一定依赖关系的，用户在当前状态的行为可能依赖于前一状态的操作和决策，在数学上有专门的一个学科"随机过程"来研究变量之间随着时间变化的状态转移关系。对于互联网产品来说，用户也有兴趣状态的转移过程，下面举几个大家耳熟能详的案例。

（1）用户在淘宝上买了一部手机，等到用户拿到手机以后，用户就很有可能去买手机的配件。

（2）用户在淘宝上购买了一些奶粉等产品，很有可能他在之后的时间就会关注婴儿服饰、尿不湿等一系列婴儿产品。

（3）用户在携程上面最近浏览很多地方的风景美食，用户接下来就会关注当地的住宿，还要关注飞机票或者火车票等。

总的来说，用户在使用某个互联网 APP 时，在时间、地理位置、状态等上的变化对用户的后续行为及兴趣变化是有很大影响的，推荐系统整合用户多种状态之间的转换，将这些复杂的信息整合起来为用户提供更好的推荐服务，是非常有必要的，也是一件非常挑战的事情。不光是算法的混合，数据的融合、多场景下行为的融合、多用户兴趣点的融合，甚至用户状态的连续变化等都算是广义下的融合。对这些不同方向和维度的融合，我们给出了具体的说明和解释，指出了这些情况下推荐面临的困难与挑战。这些方向也一定是非常有业务价值的，非常值得我们去思考和探索。混合推荐系统不管是从算法上，还是从工程实践、产品体验上都是非常重要的研究方向，未来一定会从中产生巨大的商业价值！

■ 4.2　基于情景感知的推荐

目前来看大多数推荐系统的实现方法都重视如何把和用户最相关的物品推荐给用户，这样就完全忽略了用户所在的情景和任何的情景信息，如时间、地点或是有没有他人陪同。总体来说，传统的推荐系统能够处理只含有两类实体（用户和物品）的应用，而在产生推荐的过程中就忽视了所处情景。

然而，在许多推荐系统的应用中，比如推荐一个旅行套餐、个性化的网站内容，或某部电影时，仅考虑用户和物品可能是不够的。在某些特定场景下向用户推荐物品时，把情景信息融合到推荐流程里是很有必要的。例如，在考虑了温度因素后，旅游推荐系统在冬季推荐的度假地可能和夏天推荐的度假地大不相同。同理，在 Web 网站上提供个性化内容时，也需要确定把什么内容在何时推荐给访客。比如在工作日，用户上午访问网站时可能会倾向于浏览世界新闻，晚上则会浏览股市报告，而在周末则会去浏览影评和购物信息。本节主要围绕基于情景感知的推荐系统这个主题来展开讨论：首先讨论情景的概念以及如何在推荐系统中加入情景这种信息，之后讨论将情景的信息加入推荐系统的主要方法，最后讨论情景推荐系统的最新进展以及未来研究中基于情景感知的推荐系统的前景。

如何理解情景？情景本意就是情感与景色，但是情景的概念是多方面的，在不同的学科里面，所表达的也不一样，在不同的领域里面有着不同的解释。在过去的推荐系统中信息很少，我们的信息获取和查找也很不方便，即便是有了电脑和互联网，我们也极少采用"线上解答"的方式，我们凭借以往的经验，快速获取自己的目标信息。慢慢地信息量变大了，我们需要分类来协助我们查找信息，这时出现了门户分类网站。再后来，信息过载了，分类也无法帮助我们快速获取信息，搜索引擎出现了，我们可以直接输入自己需要的内容，搜索引擎就会列出"可能需要"的内容给我们。随着互联网的发展，我们从信息匮乏进入信息过载的时代。信息需求者需要快速在海量信息中获取自己的目标信息，信息提供方需要帮用户过滤掉无关的干扰信息，让用户真正关心的内容脱颖而出，在这种双向需求下，就有了推荐系统。但研究表明，这些现象与消费者的决策行为是一致的：消费者所做的决策并非不变的，而是会随当时所处情景的变化而改变。因此，在推荐系统里，情景信息整合到推荐算法中的广度和深度，毫无疑问会影响到对消费者偏好预测的准确度。仅考虑用户和物品是远远不够的，在某些特定的场景场合中，我们应该把这种情景信息同时也推荐给用户。比如，我们在出去旅游的时候南北方的温度差异比较大，在温度不同的时候推荐的旅游地点也是不同的；Web网站在周一到周五的白天应该更多推荐新闻一类的信息，到了晚上应该更多推荐娱乐方面的信息，到了周末就应该推荐一些购物、休闲的信息。

4.2.1 情景信息的表征性方法

在 20 世纪 90 年代中期，推荐系统成为一个独立的研究领域，与此同时，研究者和从业者开始关注推荐系统中依赖显式评分获取用户对不同物品喜好的问题。旅游是一个经典例子，小李可能对景点"五女山"评 8 分（满分 10 分），即设 R(小李,五女山)=8。基于评分的推荐系统通常是从特定的初始评分集开始，这些评分由用户显式提供或由系统隐式推断获得。得到初始评分集后，推荐系统会尝试估计未被用户评分的用户-物品对的评分函数 R，具体如式（4.8）所示。这里的评分是一个完全有序集（如在一定范围内的非负整数或实数），其中的 User 和 Item 分别是用户集和物品集，Rating 是评分的取值域。

$$R : \text{User} \times \text{Item} \rightarrow \text{Rating} \tag{4.8}$$

但从整个 User×Item 空间估计出函数 R，推荐系统就可以向每个用户推荐评分最高的物品，也可能考虑物品的新颖性、多样性或其他值得考虑的影响推荐质量的指标。由于这些系统在推荐过程中仅考虑了用户和物品两个维度，因此被称为传统的或二维推荐系统。换言之，在其最常见的形式中，传统的基于评分的推荐问题可以归纳为预测目标用户对未接触过物品的评分。该预测通常是基于目标用户对其他物品的评分，也可能是一些其他可以利用的信息（如用户的人口统计资料、物品特征）。值得注意的是，推荐系统中传统的方法不考虑时间、位置和同伴等情景信息。在基于评分的表征性方法中，情景感知推荐系统假设情景是已知的，并且影响评分的情景属性集是预定义的。也就是说，情景感知推荐系统中基于评分的代表性方法对评分进行建模时，不仅使用物品和用户属性，还使用情景属性，如式（4.9）所示。其中 User 和 Item 分别是用户集和物品集，Rating 是评分的取值域，Context 表示与应用相关的情景信息。

$$R : \text{User} \times \text{Item} \times \text{Context} \rightarrow \text{Rating} \tag{4.9}$$

情景感知的方法可以分为 3 类：①在计算排序的推荐之前并入情景信息的预过滤方法；②在生成建议时忽略情景信息的过滤后方法，然后调整获得的推荐列表或者过滤不相关的推荐列表；③在多维推荐功能中直接使用情景信息的情景建模方法。情景感知推荐系统的主要挑战是支持异构设备捕获和建模用户的意图、目标和所处位置的情景信息，以便在正确的时间预测未来的目标。一般来说，为了达到这一目标，情景感知的推荐系统要通过 4 个主要操作步骤：①情景信息收集；②情景建模；③情景结合；④决策。

4.2.2　基于情景感知的用户兴趣模型

推荐系统中使用的情景信息分为 6 个组（图 4.4），包括位置、社交、情感、活动、时间和多维度。本节分析并确定了每个推荐系统使用的情景信息的粒度：低级数据［时间、全球定位系统（global positioning system，GPS）坐标、年龄等］或高级数据（位置、情感、活动等）。为了对情景信息进行建模，本节对 3 组主要模型进行了研究。①大多数研究文献都使用了通用模型，Ebesu 等[75]提出了基于元组（属性-值）的模型易于管理，但忽略了属性与值之间的关系；Mao 等[76]给出的图形模型可表示情景信息之间的关系，丢弃了图节点之间的层次关系；Braunhofer 等[77]通过使用逻辑模型表示使用模糊逻辑等推理技术来处理不确定数据；Oliveira 等[78]通过给出的基于本体的模型表达了概念之间的语义关系，简化了从低级数据到隐式高级情景数据的识别过程，以便深度研究。②Abdrabbah 等[79]采用基于域名的模型，主要是基于社交网络收集的社交数据和基于位置的，这些模型基于 GPS 信号或手机序列号定义用户的位置和轨迹。③Yao[80]通过将两种不同的模型整合起来，生成了一个表示情景的混合模型。

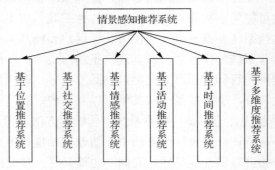

图 4.4   用户兴趣关系模型

我们假设电子商务网站包含了 a 个用户 $U = \{U_i, i = 1, 2, \cdots, a\}$ 和 b 个项目 $S = \{S_j, j = 1, 2, \cdots, b\}$。将用户对项目的浏览转换成向量并形成矩阵，用户项目矩阵 M 表示如下：

$$M = \begin{pmatrix} US_{1,1} & US_{1,2} & \cdots & US_{1,b} \\ US_{2,1} & US_{2,2} & \cdots & US_{2,b} \\ \vdots & \vdots & & \vdots \\ US_{a,1} & US_{a,2} & \cdots & US_{a,b} \end{pmatrix} \qquad (4.10)$$

式中，$US_{a,b}$ 表示用户 U_a 与项目 S_b 之间的关系，若存在浏览行为标记为 1，反之则标记为 0。用户对项目的兴趣度不仅凭借着浏览行为，还涉及浏览时间和浏览次数。进而将浏览时间和浏览次数作为参考因素来计算用户对项目的兴趣度，将用户的兴趣度值定义为[0,1]的变量，以便于量化处理，将最终计算出的兴趣度也作为权重引入到用户-项目浏览矩阵中。其中，0 表示用户对该项目完全没有兴趣，1 表示用户对该项目完全感兴趣。当用户 U_i 在电子商务网站中获取某项目信息 S_j 时，表明用户 U_i 对此内容产生了浏览行为，有初步感兴趣的倾向，浏览同一类型项目次数越多，用户 U_i 对该项目兴趣度越高。假设在一段单位时间 T_1 内，用户 U_i 会获取各种类型的项目信息，其中同一类型的项目信息 S_j 获取 N 次，则其兴趣度因子为

$$I_1 = \frac{N_{S_j}}{\sum\limits_{S_j \in S} N_{S_j}}, \quad j = 1, 2, \cdots, b \qquad (4.11)$$

当用户 U_i 浏览项目信息 S_j，且关注到自己感兴趣的信息时，浏览时间在一定程度上明显较长。但是浏览时间的长短并不能明确表明用户的偏好，如在页面的停留时间上，并不能保证用户 U_i 正在浏览该信息，可能由于各种原因在使用中离

开，中断了使用，或者忘记关闭页面，导致在某项目信息上关注时间过长；也不能排除用户的个人习惯，如用户 U_i 习惯在浏览信息时，搜索查询具体信息，在时间的问题上不可避免会过长，或者某项目信息内容过长，也会导致浏览时间长。因此，如果浏览时间过短，小于规定的阈值时，则说明用户 U_i 对该页面缺乏兴趣，而浏览时间长会与用户的浏览习惯和项目信息量多少有关。对于用户 U_i 来说，浏览信息的速度越快，表示用户 U_i 对该内容感兴趣的程度越低，用户 U_i 对项目信息的兴趣度因子为

$$I_2 = \frac{v_{S_j}^1 + v_{S_j}^2 + \cdots + v_{S_j}^n}{\sum_{S_j \in S} V_{S_j}} \tag{4.12}$$

式中，V_{S_j} 表示在单位项目信息容量 c_{S_i} 的情况下用户 U_i 浏览信息所需的时间，用户 U_i 浏览信息的次数为 n，并且每次浏览的时间都不相同；$v_{S_j}^1$ 表示用户第一次浏览该项目信息 S_j 的速度，$v_{S_j} = t_{S_j} / c_{S_j}$。兴趣度因子 I_1 和 I_2 都表现了用户对项目信息的兴趣程度，I_1 和 I_2 任意一个因子的增大都会导致用户对项目信息的兴趣度增加，则用户 U_i 对项目信息 S_j 的兴趣度因子为

$$I_{u_{ij}} = \beta I_1 + (1 - \beta) I_2 \tag{4.13}$$

式中，β 为权重参数，用来衡量浏览次数和浏览速度对项目信息兴趣度的影响程度。用户在一段时间 T_1 内浏览项目信息持续时间越长，用户对该项目信息兴趣度越强，则权重参数为

$$\beta = \begin{cases} \dfrac{t_n - t_1}{T_1}, & n > 1 \\ \dfrac{1}{T_1}, & n = 1 \end{cases} \tag{4.14}$$

式中，$t_n - t_1$ 为用户浏览信息时间的持续时间段；T_1 为一个季度，即 90 天。在 T_1 内从用户第一次浏览某一项目信息开始，记录当天为第 t_1 天，到用户最后一次浏览该项目信息结束，记录当天为第 t_n 天，持续时间越长，β 越大，则浏览次数对用户兴趣度的影响程度越大。一般用户对某种事物的兴趣分为两种情况：一种是静态兴趣，变化周期时间长，具有一定的稳定性；一种是动态兴趣，变化会出现波动，兴趣度会随之发生变化。结合现实生活的特性，若某用户对某项目具有长期兴趣稳定的态势，并且准备实施时，就会在合适的单位时间 T_1 内，频繁地查询相关信息，因此在推荐系统中，可以不考虑稳定兴趣的情况，通过动态兴趣就可以表现出用户的偏好。

　　基于社交关系的模型从博客、维基百科、社交标签、文件共享、在线社区、企业社交网络和标签应用程序中提取用户的社交信息，包括个人兴趣、显性（朋友）和隐性（相似用户）社交关系、标签和社交说明。整合社交网络数据，使推荐系统包含了大量的用户个人信息。因此，隐私和信任问题成为保护信息的关键问题。事实上，许多文献都分析了社交网络中的用户行为，从中提取了可信任的用户，并且从他们的推荐中受益。根据信任用户分类，第一类研究中使用了基于关系的方法，考虑到真正的朋友更值得信赖，而不是更信任推荐的来源。我们的研究很大程度上依赖于人们相信与他们偏好相似的人的假设。第二类研究中基于遵循领导者的方法，挖掘了整个用户社交网络，以产生最有影响力的人，可以改变他们对推荐的看法。第三类研究中引入了"熟悉的陌生人"概念，基于兴趣相似度、地理邻域、时间会议等多种因素，定义了人们之间新的信任等级。为了满足所有用户的需要，一些研究已经确定了需要特殊推理的特殊类型用户。从这个角度来看，已经确定了三种类型的"特殊用户"：①最近进入系统并且活动记录非常低的"冷启动"用户；②具有不同于其他用户独特行为的"灰羊"用户；③在当前情景中没有任何行为的用户。对于前两种类型的用户，已经定义了一种基于共同情景感知行为的相似性方法。对于第三种类型，定义了一组用户之间的共同情景感知兴趣相似度。在移动社交网络中，用户与用户之间会发生交互行为，即相互分享信息等行为。用户之间的社交关系由用户之间交互的次数和交互的持续时间来决定的，在一段单位时间内，用户之间交互次数越频繁，持续时间越长，社交关系越稳定。然而每个用户的社交关系不同，也就导致社交关系对每个用户的影响程度也不同，这会影响用户对某项目信息的关注度。如用户对某项目从未关注过，经过另一位好友用户分享，被分享的用户很有可能对此信息进行浏览并感兴趣。由上述可知，用户社交因子为

$$G_{U_i} = \begin{cases} \dfrac{g_{U_i}}{\sum\limits_{U_i \in U} g_{U_i}} \times \dfrac{l_{im} - l_{i1}}{L_i}, & n > 1 \\ \dfrac{g_{U_i}}{\sum\limits_{U_i \in U} g_{U_i}} \times \dfrac{1}{L_i}, & n = 1 \end{cases} \tag{4.15}$$

式中，g_{U_i} 表示用户 U_i 将项目信息分享给其他用户的次数以及被分享的次数；$\sum\limits_{U_i \in U} g_{U_i}$ 表示系统内总分享次数及被分享次数；$l_{im} - l_{i1}$ 表示用户 U_i 与其他用户交互项目信息的持续时间；L_i 表示系统内用户 U_i 使用的持续时间。可知，用户的社交因子越大，表示接收并分享的信息越多，关注的广度越深。由于社交圈内的用户都是好友，兴趣相近的概率大，对项目的兴趣度有很大的影响。

4.2.3　高级情景获取

（1）情景监测。情景监测模块的功能是监控和选择情景数据源。一般情况下，原始数据通过无线介质从情景数据源传输到情景获取模块。情景数据源可以是感知器或其他情景感知服务。为了向用户提供服务，必须不断地监控用户相关的情景数据源及其动态变化。情景监测模块利用跨层机制监测物理层和应用层的情景数据的监测框架，通过对射频识别（radio frequency identification，RFID）事件的分析和处理，利用抽象的底层 RFID 事件的监测对复杂事件进行有效监控和处理。监测模块还要适应网络结构的变化，能够自我配置，通过自我修正功能增加监控信息的交换应用，优化情景感知数据源集，避免服务中断，提高用户体验质量。

（2）原始情景获取。原始情景获取的主要功能是从情景数据源中采集情景数据，是情景感知应用的前提条件。情景数据的来源是感知设备和虚拟设备。情景感知器分为 3 种类型：物理感知器、虚拟感知器和逻辑感知器。物理感知器能够自己生成感知数据，由物理感知器获取的数据被称为低级情景。如一个分析传感器信号的黑板（blackboard）框架，各个模块通过不同的算法提高抽象情景信息的检索效率；使用皮肤电阻传感器、加速度传感器等设备，并通过检查属性和值获取低级情景。虚拟感知器不能自己生成感知数据，它们从各种数据源中检索传感器数据（如邮件、微博、聊天记录等）。逻辑感知器将物理感知器数据与虚拟感知器数据融合生成高层次的情景。情景获取功能的实现取决于应用需求和情景模型。

（3）情景预处理。该阶段进行原始情景数据清洗和不一致性检测。由于硬件传感器的低效率和网络通信质量问题，收集的数据可能不准确、模糊、错误、不一致或存在丢失现象。因此，数据需要清洗填充缺失值，删除异常值，验证多个数据来源背景。情景清洗负责将原始情景信息聚集、分类、标记，有利于提高情景信息质量。在聚集阶段，为了减少计算和通信成本，设备（如传感器）的数据通过统计或信号处理技术被映射为特征值（如均值或方差）。模块获取小量的均值集合，而不是大量的测量结果集合。此外，可以通过采用聚类算法识别相似数据集并融合或消除冗余。情景不一致检测是指检查情景属性的具体约束。情景往往充满噪声，为了解决各种资源、设备的异构性，必须进行不一致性检测。然后应用基于向量时钟的不一致检测方法，该方法假设被检测情景属于同一时间快照。它将不一致检测映射为事件检测，通过 happen-before 模拟事件的时间顺序。我们提供两种方法说明情景不一致性：一种是提出恢复一致性需要的规则，另一种是找出造成不一致的规则组合。混合不一致检测方法检测问题情景，解决情景的不一致性。采用低级情景不一致性检测与高级应用错误恢复合并的方法提高检测效率，降低错误恢复成本。由于普适环境下频繁的节点连接（如移动设备的连接）、节点异构性、通信和计算能力的有限性，现有的情景不一致检测方法缺乏有效性。

4.2.4　情景前过滤

　　情景前过滤方法是将情景信息视为行为数据的属性，以情景信息驱动数据的方式过滤与当前情景无关的数据。该种融入方式只是将情景信息作为数据预处理的条件变量，并未涉及资源推荐模型。陈氢等[81]依据当前情景过滤历史情景数据，提升传统协同过滤推荐过程中用户相似度计算的准确度，在此过程中情景前过滤为在同一情景下计算用户相似度提供了条件。刘红[82]通过分析高校图书馆用户的信息检索、浏览记录等历史数据，结合历史情景和当前情景进行情景信息整合，得出用户所处的综合情景，构建高校数字图书馆个性化信息推荐模型。田雪筠[83]从用户偏好的连续性角度出发，通过计算用户当前情景与历史情景的相似度筛选用户历史偏好行为数据，综合预测用户偏好程度。结合移动电子商务情景数据特点，研究人员利用改进的 k-means 聚类算法聚类情景信息，筛选相似情景的用户行为数据，提升用户相似度计算的准确度，提升用户满意度。刘海鸥等[84]利用蚁群层次聚类算法对情景相似的用户进行聚类，发现目标用户的若干最近邻类簇，在此基础上构建面向图书馆大数据知识服务的多情景兴趣推荐模型。房小可等[85]通过计算情景相似度构建情景网络得出情景关联关系，发掘相似兴趣的用户。综上，情景前过滤方法多结合当前情景解决协同过滤推荐过程中的发掘相似用户的问题，通过当前情景与历史情景数据的匹配，过滤掉无关数据，提高用户相似度计算的准确率。情景前过滤可分为两种：①直接前过滤，指直接过滤与当前情景无关或相关度过低的数据，剩余数据则是符合用户所处的当前情景。例如，用户希望在周末看书，则工作日的用户行为数据将被直接过滤，仅以周末的用户行为数据作为推荐数据集。②间接前过滤，指计算当前情景与用户历史情景的情景相似度，然后通过聚类等过滤方法去除离群无关用户，进而提升推荐的准确度。情景前过滤推荐流程如图 4.5 所示。

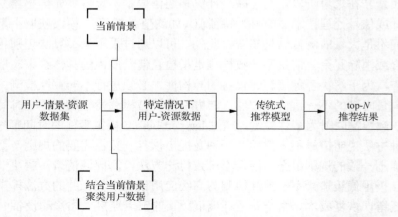

图 4.5　情景前过滤推荐流程图

4.2.5　情景后过滤

　　情景后过滤方法是先忽略情景信息，然后利用去情景化的数据构建用户-资源评分矩阵，采用传统二维推荐算法预测评分，最后通过情景信息优化推荐结果。之后提出基于 TF-IDF 的情景后过滤推荐算法，结合情景关联概率和情景普遍重要性构建情景偏好预测模型，然后调整传统推荐初始预测评分。曾子明等[86]在构建基于情景感知的移动阅读个性化信息推荐模型的过程中，结合协同过滤思想在特定情景属性下，计算读者间的相似度，以特定情景属性过滤相似度较低的读者，获取 top-N 读者。研究人员运用信息增益理论获取各情景信息权重，在当前重要情景下对目标资源预测评分，为处于特定情景下的用户提供个性化推荐。结合以往研究，情景后过滤先忽略情景信息，按照传统推荐模型计算用户对资源的偏好程度，然后通过分析当前情景数据，构建当前情景下用户偏好模型，调整初始偏好程度预测，也可依据情景属性的可选择性对推荐结果进行筛选。因此，情景后过滤方法可分为两种：①直接后过滤，是结合当前情景属性值从候选推荐资源集合中直接过滤掉与当前情景无关或关联度过低的资源，剩余资源则为情景后过滤推荐结果，即生成 top-N 推荐结果；②偏好预测调整，相较于直接后过滤方法，其较为复杂，是将用户在当前情景下对资源的偏好程度与传统推荐模型计算的初始预测偏好加权调整，生成 top-N 推荐结果。具体流程如图 4.6 所示。

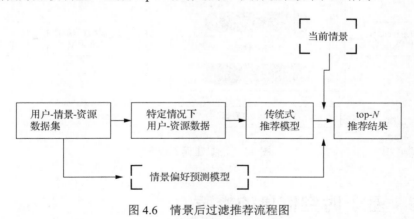

图 4.6　情景后过滤推荐流程图

4.2.6　情景建模

　　情景前过滤和后过滤方法虽都能提升资源推荐的性能，但是两者仍有差别。通过实验比较了情景前过滤和后过滤推荐资源的准确度，实验结果显示，情景后过滤推荐算法优于情景前过滤推荐算法。此外，情景前/后过滤推荐算法仅仅利用部分情景信息表示用户需求及偏好，易造成信息损耗。因此，此种以用户当前情景与历史情景相似度来表示用户需求或偏好的方法难以准确地刻画用户偏好或需求。情景建模是实现情景感知应用的核心内容，单一情景信息难以描述用户所处状态以及用户任务需求，只有融合多种情景信息才能准确揭示用户行为特征及任务需求。通过将情景进行建模，定义其为能够区分不同情景信息，并依据任务需求加以利用所获得的情景信息。情景建模是在情景数据特征的基础之上，首先对情景进行分类，以便情景表达，然后根据分类结果并结合情景数据项确定情景分类的情景属性，最后通过情景属性间的关系，构建情景模型。情景模型是将用户的情景信息融入用户偏好或需求挖掘模型，以其自身具有的多维度、精细化特点来帮助模型准确地刻画用户偏好。推荐过程融入情景的方法通过人类记忆模型来对用户偏好进行建模。通过基于散列算法的共同兴趣挖掘方法，并将情景信息融入其中，以挖掘用户群体间的共同兴趣。通过联合、关联和协同的方式处理这些共同兴趣，从而实现更高质量的信息推荐。之后构建活动理论视角下移动设备情景感知信息推荐服务系统框架，利用基于情景本体建模与规则推理的信息推荐算法，将自定义规则与情景语义信息进行匹配计算，实现个性化信息推荐。使用融入情景信息扩展"用户-资源"评分矩阵形成"用户-项目-情景"评分矩阵，实现融合情景兴趣的图书馆个性化推荐。综合以上研究，情景建模的具体流程如图 4.7 所示。

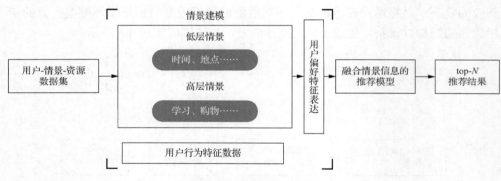

图 4.7　情景建模流程图

4.3　基于时空信息的推荐

　　智能手机等移动终端的普及和定位技术的提高，使我们可以准确地获得位置信息。大多数情况下我们都能实现精准的定位，催生了基于位置的社交网络（location-based social network，LBSN）的发展。

　　以 Foursquare 为例，Foursquare 是签到打卡的鼻祖，其用户可以同他人分享自己当前所在地理位置等信息。截至 2017 年 5 月，超过 0.5 亿用户在 9300 万个地点进行了 100 亿次签到，并且以 900 万次/d 签到的速度增加。兴趣点（point-of-interest，POI）推荐就是利用历史签到位置、社交网络等上下文要素来给用户推荐令其感兴趣的位置。时空本是时间和空间，对于我们来说就是某个时间所处的位置，时空信息的推荐往往使用在旅游业当中。我国早在 2011 年成为世界第一大客源国，2012 年成为世界第一大出境消费国，旅游业也在蓬勃发展，然而，在旅游平台为用户提供全方位旅游信息指南的同时，本身不能全面了解用户所属的群体以及其旅行需求，用户需要对上面的信息进行筛选判断，挑选出符合自己出行安排或预算的旅行方案。再加上互联网旅游平台繁多，旅行产品数量巨大，导致用户陷入庞大的数据海洋中，从而遭遇信息过载的情况。以检索"纽约"为例，可以看出检索信息中攻略游记与线路推荐数量相差悬殊，推荐线路较少而游记攻略较多。穷游网由于其本身属于行程推荐网站，因此其大量的线路推荐都是不同用户分别上传的私人路线。可以看出用户在选择城市进行行程安排时，往往需要从大量的书或者资料中找到自己需要的内容，非常容易产生信息过载。

随着 GPS 和手机等设备的使用，与时空相关的数据量正在以非常快的速度增加，而这种数据如何去处理也成为日益困难的任务。对时空数据的挖掘可按照具体的任务，分为时空模式发现、时空异常检测、时空聚类、时空分类预测等方面。

研究人员使用了周期挖掘算法对运动对象的轨迹周期进行挖掘，其主要思想是使用傅里叶变换和聚类算法来探测移动物体的运动周期，解决了在输出集中存在的微小偏差。Leong 等[87]提出了基于动态模式的分析体系，可将不同时间的相同空间模式与指定的时间地点做频繁模式挖掘，提取相应的关联规则。Rosswog 等[88]针对噪声环境中的移动对象，提出了时空聚类算法——基于动态密度的聚类（dynamic density based clustering，DDBC）算法，并进一步提出了基于移动对象间强度比较的优化方案，应用密度噪声空间聚类（density-based spatial clustering of applications with noise，DBSCAN）算法可以从时空数据中挖掘有相关关系的对象。基于语义的模型去查询时空数据将"连续性"这一概念与语义网络技术相结合，使用"连续体"来定义对象表示之间的父子关系，并可以比较不同对象的演进以建立互相的关系。这种方法用四维空间来构建，因此被扩展为从分析对象及其关系中获得的时空定性信息。

互联网时代超大量的信息在为用户提供多种多样资源的同时，也使用户在面对大量信息时难以从中获取有效的信息，信息接受者所接收的信息远远超出其信息处理能力，造成了信息量大、信息量差且信息量价值低等一些现象，即所谓的"信息过载"现象。对如此多的内容，用户不仅很难从中获取自己感兴趣的信息，而且传统的针对某些条件的算法只是展示了一个排序的结果，无法进行个性化的推荐服务。

个性化推荐系统是解决信息过载问题的有效手段。随着 Web 技术的成熟，个性化推荐技术发展迅猛，新的技术层出不穷，互联网企业使用推荐系统在为用户提供更好服务的同时，也充分挖掘了用户潜在的消费可能性，从而带来了巨额的收益。

4.3.1 路线推荐

路线推荐是按照用户的个性化需求，为用户推荐一条或几条在当前的时间和空间下最佳的访问路线。从工程上来讲，它是一个在旅游过程中，满足最佳出行体验的产物。由于需要考虑用户偏好与时间和景点距离的约束，构建完善的路线推荐涉及的理论研究范围非常广泛。

路线推荐可分为路线规划和个性化推荐两个部分。路线规划算法指的是在给定一系列地点或节点的前提下，找出符合约束条件的一条或多条路线，并且满足结果符合最优化。传统的路径规划算法以迭代计算未经过点的距离，将距离最近的节点加入已查看节点集的方式，使得结果集从起始点开始不断增大，直到将目标加入集合中。也有诸如动态规划算法，将目标问题拆分成几个子问题，通过对子问题求解并保存结果，然后递归结合来计算，避免了重复计算。

启发式算法是另外一种解决路线规划问题的方法。这种算法能够在可接受的计算成本内，得出一个近似的最优解，但并不能确定这个近似解是否是全局最优解。常见的算法有借鉴生物进化机制的遗传算法、模拟蚂蚁寻觅食物路径的蚁群算法、源于固体退火原理的退火算法和人工神经网络等。不同的算法可以用来解决不同特点的问题。

基于时空数据为用户进行推荐，弥补了传统推荐算法的误差并充分考虑了时间和空间维度的信息。目前在实际应用的推荐系统中，基于协同过滤的推荐算法占据了主流的位置，这种推荐算法只考虑了针对特定用户或用户的社交属性，而旅游数据与其他行业数据显著不同的是其具有时间属性和空间属性。用户需要推荐系统可以根据其所处的位置，结合发起行为的时间进行个性化推荐。基于时空数据的推荐算法补充了协同过滤在这方面的欠缺，也为时空类数据的挖掘分析开辟了一条新的思路。

4.3.2 连续兴趣点推荐

连续兴趣点推荐是推荐系统领域中的一个重要任务，已成为 LBSN 中一项重要的位置服务。连续兴趣点推荐系统使用历史签到数据对用户的行为规律进行建模，并挖掘用户对兴趣点的喜爱程度，根据用户的兴趣偏好进行推荐。随着 LBSN 中情景因素的日益增多，包括时间信息、地理信息、分类信息等，当前的研究工作试图融合 LBSN 中影响用户签到行为的情景信息进一步提升推荐系统的性能。根据融合情景信息的不同类型，可以将连续兴趣点推荐系统分为三类：①融合时间信息的连续兴趣点推荐系统。用户与 LBSN 的每次交互都有时间戳，而且用户的签到行为随着时间的变化呈现出周期性特征，因此，时间信息是 LBSN 中重要的情景信息，对用户的签到行为影响很大。基于时间感知的连续兴趣点推荐算法通过分析用户行为模式随着时间的变化趋势，考虑用户的长期偏好和短期偏好，为用户提供推荐。②融合地理信息的连续兴趣点推荐系统。由于签到行为是用户与兴趣点之间的物理交互，从访问成本的角度而言，用户更加倾向于访问距离较近的兴趣点，这种地理邻近性显著影响着用户的签到行为，大量研究工作将地理信息融入连续兴趣点推荐，基于张量分解的连续兴趣点推荐模型将与用户地理距离较近的兴趣点作为推荐对象，这种使用较小候选兴趣点集合的方式可以降低计算成本，提高推荐效率。③融合分类信息的连续兴趣点推荐系统。LBSN 中的兴趣点通常被划分到不同的分类，用户访问过的兴趣点的分类信息隐含了用户的行为模式，例如购物达人喜欢去各种商城、美食家热衷于在餐厅签到等，这些分类信息有助于理解用户的兴趣偏好。两阶段的连续兴趣点推荐框架首先预测用户接下来要访问的兴趣点分类，然后根据分类预测结果向用户推荐接下来要访问的兴趣点。用户在兴趣点签到的同时，也会发表简短评论，这些内容信息描述了用户对兴趣点的喜爱程度。大量研究工作积极探索并利用内容信息来提高推荐质量。但是，用户对兴趣点的评论内容较短，由于短文本具有较稀疏、噪声大、歧义多的特点，给推荐任务带来了极大挑战。此外，社交关系是 LBSN 从传统社交网络继承的性质和属性，研究人员试图利用社交关系提高推荐系统准确率；然而也有一些研究工作表明，只有小部分用户在访问兴趣点方面与好友具有相似的偏好，社交关系对用户签到行为的影响有限。

综上所述，当前研究工作直接将与用户相距较远的兴趣点过滤掉，以此处理数据稀疏性问题。这种方式无法为用户推荐相距较远的兴趣点，难以满足乐于远行用户的兴趣偏好。在融合时间信息方面，当前研究工作仅利用了用户签到行为按照小时的周期性特征，未考虑用户签到行为在一星期中的变化规律。融合时空信息的连续兴趣点推荐模型，一方面将一天的时间分为工作时间和生活时间，将星期分为工作日和休息日，这样时间和星期共同组成四个时间段，并与用户、当前兴趣点和下一个兴趣点共同组成四阶张量，使用张量分解算法填补张量中的缺失值，有效解决了数据稀疏性问题；另一方面根据用户对兴趣点的偏爱程度随着地理距离的增大而减小，定义用户访问兴趣点的地理距离偏好，使得与用户相距较远的兴趣点也有可能成为候选推荐对象，从而提高兴趣点推荐的准确率。

4.3.3　融合时空信息的连续兴趣点推荐

令 $U = \{u_1, u_2, \cdots, u_m\}$ 是 LBSN 中的一组用户，m 代表用户的数量。$L = \{l_1, l_2, \cdots, l_n\}$ 是 LBSN 中的一组兴趣点，其中每个兴趣点具有唯一标志，且由

{经度,纬度} 进行地理编码，n 代表兴趣点的数量。用户签到行为由四个元组 (u,i,j,t) 组成，表示用户 u 在时间 t 从当前兴趣点 i 移动到下一个兴趣点 j。用户 u 在时间 t 之前签到的一组兴趣点由 L_u^t 表示。融合时空信息的连续兴趣点推荐算法所要解决的问题，是根据用户的历史签到数据 L_u^t 为用户 u 推荐在时间 t 要访问的兴趣点模型。

该模型首先计算用户 u 在时间 t 从当前兴趣点 i 移动到下一个兴趣点 j 的转移概率，然后根据转移概率对兴趣点进行排序，将排在前 n 位的兴趣点推荐给用户。假设用户的签到行为满足一阶马尔可夫性质，那么转移概率可以表示为

$$x_{u,j,i,t} = p(Q_{u,j,t} \mid Q_{u,i}) \tag{4.16}$$

式中，$Q_{u,i}$ 表示用户 u 当前所在的兴趣点是 i；$Q_{u,j,t}$ 表示用户 u 在时间 t 访问的下一个兴趣点是 j。为了准确建模用户的行为模式，连续兴趣点推荐模型同时考虑了用户访问兴趣点的个性化偏好和地理距离偏好。

LBSN 中的历史签到数据是用户 u 从当前兴趣点 i 转移到下一个兴趣点 j 的转移记录，可以把用户、当前兴趣点和下一个兴趣点组成三阶张量 x，即 $x \in [0,1]^{|U| \times |L| \times |L|}$，张量中的非零元素 $x_{u,i,j}$ 表示观察到的转移记录。

由于用户的签到行为受到时间的影响和限制，就像大部分普通人在中午的时候大多数的情况会去餐馆吃饭或者回家，而很少去酒吧或者娱乐场所，到了周末的时候就经常出去逛街或者在家里而很少去办公室，通过对时间信息的分析，可以发现用户的行为模式随着时间变化的周期性规律，从而更加准确地建模用户访问兴趣点的个性化偏好。通常用户在相邻的时间内具有相似的兴趣偏好，例如用户一般在上午 9:00 开始工作，午饭大多集中在中午 12:00 左右，当前研究工作把每天按照小时划分为 24 个时间段，用户的签到数据也被划分到相应的时间段中，但是这会导致原本就稀疏的签到数据变得更加稀疏。其他研究工作仅考虑了用户的行为模式随着小时的变化规律，而未考虑签到行为按照星期呈现出的周期性特征。

将用户状态按照一天的时间分为工作状态和生活状态，根据用户的这两种状态可以简单有效地刻画签到行为的周期性特征，因此，可将一天的时间划分为白天（7:00～17:00）和晚上（17:00～次日 7:00）两个部分，将星期划分为工作日（周一～周五）和休息日（周六和周日）两个部分，这样时间和星期共同组成四个时间段，即工作日白天 T_1、工作日晚上 T_2、休息日白天 T_3 和休息日晚上 T_4，时间信息可以表示为 $T_1 = \{T_1, T_2, T_3, T_4\}$。用户在每个时间段内的连续签到行为都可以用来揭示用户的活动规律或行为模式。

建模成类似于张量 X 的三阶张量，全部时间段上的连续签到行为被建模成用户、当前兴趣点、下一个兴趣点和时间段的四阶张量 Z，即 $Z \in [0,1]^{|U| \times |L| \times |L| \times |T|}$，张量中的非零元素 $Z_{u,i,j,t}$ 表示用户 u 在时间 t 从当前兴趣点 i 转移到下一个兴趣点 j。如图 4.8 所示，图中上方的三阶张量中包含了用户在不同时间段内的签到数据，

历史签到数据包含在全部三阶张量组成的四阶张量 Z 中。估算用户访问兴趣点的个性化偏好就等价于求张量 Z 的一个近似。

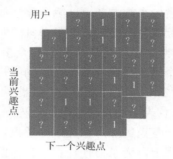

用户

当前兴趣点

下一个兴趣点

图 4.8　用户兴趣点

对于用户 u_1、u_2、u_3，当前兴趣点为 i_1、i_2、i_3、i_4、j_1、j_2、j_3 和 j_4，下一个兴趣点 T_1。由于张量 Z 中只有一部分的非零元素，所以需要利用类似于矩阵分解中的低秩近似技术，将那些未观察到的转移项进行填充。对于四阶张量 Z 的近似可以采用 Tucker 分解算法或者正则分解（canonical decomposition）算法，其中正则分解算法可以看作 Tucker 分解算法的一个特例。正则分解算法只考虑张量中四个维度（即用户 U、当前兴趣点 I、下一个兴趣点 J、时间段 T）中两两之间的交互，即用户访问兴趣点的个性化偏好可以被估算为

$$Z_{u,i,j,t} = v_u^{U,J} \cdot v_j^{J,U} + v_i^{I,J} \cdot v_j^{J,I} + v_t^{T,J} \cdot v_j^{J,T} + v_u^{U,I} \cdot v_i^{I,U} + v_u^{U,T} \cdot v_t^{T,U} + v_t^{I,T} \cdot v_t^{T,I} \tag{4.17}$$

式中，$v_u^{U,J} \cdot v_j^{J,U}$ 表示用户与下一个兴趣点之间的相互关系；$v_u^{U,J}$ 表示用户在此相互关系中的隐式特征向量，其他的因子项是类似的含义。由于因子项 $v_u^{U,I} \cdot v_i^{I,U}$、$v_u^{U,T} \cdot v_t^{T,U}$ 和 $v_t^{I,T} \cdot v_t^{T,I}$ 与下一个兴趣点 j 无关，且不影响转移概率的排名，所以可将上述因子项移除。个性化偏好的估计值可以表示为

$$Z_{u,i,j,t} = v_u^{U,J} \cdot v_j^{J,U} + v_i^{I,J} \cdot v_j^{J,I} + v_t^{T,J} \cdot v_j^{J,T} \tag{4.18}$$

4.3.4　停留点的检测

停留点 s 是由一组连续的地标签 $g = \{g_m, g_2, \cdots, g_n\}$ 组成的，其中 $\forall m \leq i \leq n \text{Distance}(g_m, g_i) \leq \theta_d$ 且 $|t_b - t_a| \geq \tau$，θ_d 使用 Haversine 公式。这样得出的停留点坐标是一个四元 $S = (x, y, t_a, t_b)$，其中，

$$S \cdot x = \sum_{i=m}^{n} g_i \cdot x / |g| \tag{4.19}$$

$$S \cdot y = \sum_{i=m}^{n} g_i \cdot y / |g| \tag{4.20}$$

$$t_a = g_m \cdot t, \quad t_b = g_n \cdot t \qquad (4.21)$$

由于游客在参观一个旅游景点的时候，可能会拍摄不止一张照片，而且用户在旅行行程中可能不止观赏一个旅游景点，随着旅游线路的进行，众多照片会密集地散列在旅行线路上，计算复杂度高，并且单独的照片是没有研究价值的。因此，我们按照用户进行分类，也就是说，我们将众多的照片数据从照片共享者的角度进行分类，将每一个用户（照片共享者）的照片集进行初步检测处理，提取出该用户的停留点。那么该用户的一条旅行线路就被分割成了一段段的小线路，而这每一小段的线路都代表了用户在该时间段内一直在某一个景点进行观赏。因此，我们需要将描述同一景点的照片聚类成停留点。我们将停留点检测算法运用在带地理位置的照片处理上，为了方便计算，在停留点检测上我们只关注照片的地理位置坐标 $g_{i(x,y,t)}$，用三个变量 x、y、t 分别表示照片拍摄的经度、纬度和时间。

我们输入用户共享照片集，迭代计算下一张照片与前一张照片的距离以及拍摄的时间间隔，一旦出现照片间距离大于距离阈值，我们就标注这两个点，并计算它们之间的时间间隔。如果这两张照片间的时间间隔超过了时间阈值 t，那么这两张照片间的所有照片构成了一个停留点。根据公式计算停留点的坐标和时间，并将满足条件的停留点插入停留点序列中，然后转向下一张照片。由此，我们得到了停留点序列 S'，不断执行该算法，直到所有用户（照片共享者）的停留点序列检测完成，最终我们得到了每个用户的停留点序列 $S' = (S_1, S_2, \cdots, S_n)$，这些序列可以认为是初始的不完善的景点集。

我们介绍了停留点检测算法，将照片集初步划分成众多停留点，得到各个用户的停留点序列，但是我们可以发现通过照片集检测出的停留点数目依然很大，而且出现代表同一景点的停留点不止一个，因此我们需要进一步将停留点进行聚类，以获得更加准确的景点集。

P-DBSCAN 算法是在传统的 DBSCAN 算法基础上改进而来，算法对停留点进行聚类。DBSCAN 算法利用了基于密度的聚类的概念，要求在一定的聚类区域内所拥有的对象数目不能少于给定的阈值。DBSCAN 算法具有快速聚类、能够发现任意形状簇且不需要输入初始聚类数目和能够过滤噪声等优势。但是，传统的 DBSCAN 算法有一个统一的所有集群密度阈值，然而，通过聚类给定照片集得到的地点可能有不同的大小和密度。为了解决这个问题，P-DBSCAN 算法增加了几个新颖的概念，输入用户 i 的照片集 G_i、距离阈值 θ_d、时间阈值 τ 和输出停留点集合 S_i。

停留点检测算法如算法 4.1 所示。

算法 4.1　停留点检测算法

步骤 1：照片集中的照片总数，设置初始值 $i = 0$，pointNum $= |G|$；如果 $i < \text{pointNum}$，循环 $i++$；如果 $j < \text{pointNum}$，则进行该循环。

步骤 2：计算两张照片间的距离。设置 $\text{dist} = \text{Distance}(g_i, g_j)$，设置阈值，若 $\text{dist} > \theta_d$，则计算它们之间的时间间隔 $\Delta T = g_j \cdot t - g_i \cdot t$。

步骤 3：此时是计算两张照片的时间间隔。如果 $f\Delta T > \tau$，则

$$S' \cdot y = \text{ComputeMean}\,(g_k \cdot y, i \leqslant k \leqslant j), \quad t_a = g_i \cdot t, \, t_b = g_j \cdot t$$

步骤 4：插入 S'，if 条件结束。然后转向下一张照片 $i = k$；如果满足条件 $j = j+1$；循环结束，返回 S_i。

在算法 4.1 中，密度阈值由邻居中用户的数量确定。为快速收敛到高密度区域，采用了自适应密度技术，该技术直接拓展了密度可达的定义，即对象 $x \in N_\varepsilon(y)$，那么称对象 x 是从 y 直接密度可达的。在 P-DBSCAM 算法中，对象 O 是其他对象 O' 直接密度可达的，满足距离小于给定的密度半径并且在 O 与 O' 之间的周围对象的比率必须小于给定的密度比率。

由此，我们便可以得到一个统一的靠近真实景点位置的景点集，进而我们将每个用户的停留点序列映射到景点序列当中，便可以得到每个用户规则的景点旅行线路，由此可以得到一个关于用户和景点$(u,1)$的二元组旅行矩阵。

利用照片的地理标签将聚类得到的景点转换成语义景点的主要方法是采用 TF-IDF 算法为每个景点中照片集的标签进行打分，按照分值对标签进行排序，得到最能代表该景点语义的标签，作为景点的语义。之所以采用 TF-IDF 算法是因为该算法是一种常用的统计方法，用以评估一个字词对于一个文件集或一个语料库中的其中一份文件的重要程度。字词的重要性随着它在文件中出现的次数成正比增加，但同时会随着它在语料库中出现的频率成反比下降。该算法能够有效地计算出代表该景点特色的语义标签。

前面我们提到了将用户上传的照片使用 P-DBSCAN 算法进行聚类，得到景点集 $L = \{l_1, l_2, \cdots, l_n\}$。每个元素 $L = \{p_l, g_l\}$，其中 p_l 为一组在地理上聚类的照片集，将该景点集作为算法的输入，而每张照片都有对该照片的文本描述标签，由此我们得到了每个景点的文本标签集 X_l。我们使用 TF-IDF 算法计算每个景点照片集中每个描述标签的分值，为聚类中的代表标签提供一个比其他聚类更高的分数，计算每个景点的代表标签为景点最终的语义含义。我们使用绝对阈值 ω 作为衡量标签重要性的权重，我们认为只要描述该景点的标签在进行 TF-IDF 算法后如果得到的分数大于绝对阈值 ω，那么就保留该标签，将所有满足该条件的标签集作为描述该景点的语义信息。对一个特定聚类来说，标签越是唯一，该标签对该景点就越具有代表性，一个旅游景点可以表示为 $l = \{p_l, g_l, \text{category}\}$。

语义景点算法如算法 4.2 所示。

算法 4.2　语义景点算法

输入：景点集 L，绝对阈值 ω。

输出：语义景点集 $\tilde{r}_{u,t,l} = \sum\limits_{t=t-k}^{t+k} \left(\text{sim}_{t,r} \middle/ \sum\limits_{t=t-k}^{t+k} \text{sim}_{t,r} \right) r_{u,r,l}$ 和 L。

步骤 1：使用 P-DBSCAN 算法进行聚类得到景点集。

步骤 2：将该景点集作为算法的输入，使用 TF-IDF 计算照片集 p_i 的标签集 x_i 中的每个标签 x 的分数。

步骤 3：计算每个景点的代表标签为景点最终的语义含义。如果 $s_i > \omega$，则插入 x_i 到 X_i；if 条件结束，$i = i + 1$；外面两层嵌套 if 条件结束，返回 L。

4.3.5　相似度计算

根据时间特征下的连续性特征，可以发现用户会倾向于在相邻的时间槽签到相同的位置，并且随着时间差的绝对值的增加签到的概率会减小。因此，不同的时间槽之间具有不同的权重。通过分析用户在不同时间槽签到相同位置的情况，可以计算不同时间槽之间的相似度。定义 4.1 中描述了任意两个时间槽之间的相似度计算。其中，若用户在两个时间槽签到相同位置多，则这两个时间槽的相似度越高。

定义 4.1　任意两个时间槽的余弦相似度　对于任意用户 $u \in U$，计算用户 u 的时间槽 t 和任意时间槽 t' 之间的余弦相似度，如式（4.22）所示，则所有用户任意两个时间槽之间的相似度的平均值称为任意两个时间槽的余弦相似度，如式（4.23）所示，其中 n_u 为所有用户的数量。

$$\text{sim}_{t,t'}^u = \frac{\sum_l r_{u,t,l} r_{u,t',l}}{\sqrt{\sum_l r_{u,t,l}^2} \sqrt{\sum_l r_{u,t',l}^2}} \tag{4.22}$$

$$\text{sim}_{t,t'} = \frac{\sum_u \text{sim}_{t,t'}^u}{n_u} \tag{4.23}$$

基于算法得到的相似用户集和定义中任意两个时间槽的相似度可以进行目标用户和相似用户的相似度计算。定义 4.2 中定义了基于 k 个连续时间槽的用户相似度，不仅仅考虑用户在特定时间槽签到的情况，而且考虑与特定时间槽相邻的 k 个时间槽下用户的签到情况，以解决由于时间槽划分带来的用户之间相似度太低的问题。

定义 4.2　k 个连续时间槽的用户相似度　对于用户 $u \in U$，$v \in \text{SU}$，$\tilde{r}_{u,t,l}$ 和 $\tilde{r}_{v,t,l}$ 分别为用户 u 和相似用户 v 在与 t 相邻的 k 个连续时间槽签到位置 l 的值，则用户 u 和用户 v 基于 k 个连续时间槽的用户相似度计算如式（4.25）所示。

$$\hat{r}_{u,t,l} = \sum_{t=t-k}^{t+k} \frac{\text{sim}_{t,t'}}{\sum\limits_{t=t-k}^{t+k} \text{sim}_{t,t'}} r_{u,t',l} \tag{4.24}$$

$$\text{sim}_{u,v}^{kt} = \frac{\sum_{t \in T} \sum_{l \in L} \hat{r}_{u,t,l} \hat{r}_{v,t,l}}{\sqrt{\sum_{t \in T} \sum_{l \in L} \hat{r}_{u,t,l}^2} \sqrt{\sum_{t \in T} \sum_{l \in L} \hat{r}_{u,t,l}^2}} \tag{4.25}$$

4.3.6　时间序列建模

时间序列表现为用户对于偏好位置的访问具有位置依赖和时间依赖，位置依赖指同一个用户访问的任意两个地点都隐含相同的特征，存在依赖。相同用户一段时间访问的多个兴趣点都体现了隐藏的用户特征，这些兴趣点具有位置依赖，即位置交互。而且用户访问两个位置的顺序决定了位置依赖的强度，即位置依赖的序列性。用户的偏好随时间而漂移，即位置依赖的时间衰减性。此外，用户还通过社交网络传递共同的兴趣点偏好。位置交互和用户交互是同构交互关系。用户签到行为连接了用户节点和位置节点，即用户位置交互关系，偏好信息在用户和位置之间转移属于异构关系。迭代增强算法利用随机游走多轮迭代不断增强这两类节点，使每个节点收敛于一个稳定的概率，具有较高稳定概率的位置节点即可被推荐给用户。

基于以上分析，用户偏好信息不仅来自同构节点的交互，还来自异构节点的交互。偏好转移关系可以采用 3 个矩阵表示：用户交互矩阵、用户位置交互矩阵和位置交互矩阵。

（1）用户交互矩阵。

在社交网络中，如果用户建立了连接，他们之间就存在好友关系，全部好友关系构成了用户社交网络图，其邻接矩阵表示为

$$A = (a_{ij})_{M \times M} \tag{4.26}$$

好友之间的连接强度 a_{ij} 用雅卡尔（Jaccard）相似度衡量：

$$a_{ij} = \frac{|F(u_i) \bigcap F(u_j)|}{|F(u_i) \bigcup F(u_j)|} \tag{4.27}$$

式中，$F(u_i)$ 表示 u_i 的好友集合，而非好友之间的连接强度 a_{ij} 为零。

（2）用户位置交互矩阵。

$$B = (b_{ij})_{M \times N} \tag{4.28}$$

式中，b_{ij} 表示用户 u_i 在位置 l_j 上的签到频率；行向量表示每个用户在 N 的位置上的归一化签到频率；列向量表示每个位置被 M 个用户访问的频率。

（3）位置交互矩阵。

位置交互矩阵反映了位置之间的依赖关系，则 N 阶方阵表示为

$$C = (w_{ij})_{N \times N} \tag{4.29}$$

两个位置共现于同一用户的签到中，便于探测潜在的序列依赖关系，并且位置依赖具有序列性。对于每个用户的任意两次签到 s_i 和 s_j，$t_i < t_j$，w_{ij} 表示位置 l_i 到 l_j 的转移概率，α 为前向转移关系系数，由于位置依赖的时间衰减性，转移概率还受时间间隔影响，所以 w_{ij} 按下式更新：

$$\begin{cases} w_{ji} = w_{ji} + \dfrac{\alpha}{|t_i - t_j|} \\ w_{ij} = w_{ij} + \dfrac{1}{|t_i - t_j|} \end{cases} \tag{4.30}$$

式中，$\alpha \in [0,1]$；$|t_i - t_j|$ 表示签到的时间间隔，以天为单位；w_{ij} 和 w_{ji} 均以零为初值。

异构随机游走模型融合了兴趣点依赖关系和用户社交网络，使其偏好信息通过用户和位置之间 3 种不同的转移关系不断传递。使用列向量 u_i 和 v_i 分别表示与用户稳态偏好相似度和 u_i 与位置的稳态访问概率。异构随机游走模型对每个用户迭代所有节点的稳态概率，根据之前的分析，用户稳态概率可以从 A 和 B 得到，位置稳态节点可以从 C 和 B^{T} 得到。所以，各节点的稳态概率来自同类节点的转化和异构节点的转移，如式（4.31）所示，每一类节点以小概率 β 回归起始状态。

$$\begin{cases} u_i = (1-\beta)(aAu_i + bBv_i) + \beta x_i \\ v_i = (1-\beta)(aCv_i + bB^{\mathrm{T}}u_i) + \beta y_i \end{cases} \tag{4.31}$$

式中，x_i、y_i 和 $\beta \in [0,1]$ 分别表示用户 u_i 的用户重启向量、位置重启向量和重启概率；βx_i 和 βy_i 表示 u_i 随机游走的过程中会有一个小概率回到初始状态；用户重启向量 x_i 是当前用户的好友，位置重启向量 y_i 是当前用户的历史访问位置；a 和 b 表示同构节点和异构节点对最终偏好信息权重的相对贡献度，并且 $a + b = 1$；各交互矩阵分别按列归一化，迭代过程常停止于最大迭代次数或者稳态向量收敛。u_i 经过多轮随机游走生成的 N 维向量 v_i，即该用户访问各位置的长期概率，以 $p_i(l \mid L, U)$ 表示，l 是待推荐的新位置，L 和 U 分别是位置节点集合和用户节点集合。

4.4 基于异质信息网络的推荐

异质信息网络作为一种有效的信息建模方法，逐渐受到人们的关注并用于各种各样实际的应用当中。在异质信息网络下，推荐系统的目标转换成通过异质信息网络寻找相似用户或物品，将用户和物品看作异质信息网络上的两种节点，用户对商品的评分组成了节点之间的边，这样的推荐叫作基于异质信息网络的推荐。异质信息网络可以通过构建多种类型的实体以及实体之间的联系表示各种数据信息，将多种不同的数据信息利用到推荐任务中可以带来更好的推荐效果。所以，有越来越多的推荐工作利用异质信息网络解决，基于元路径进行相似性度量是最重要也是最基础的一个方向。目前学者基于元路径已经开展了大量的研究工作。

4.4.1 异质信息网络

异质信息网络是一种特殊的信息网络，它包含多种类型的对象或者多种类型的边。我们将异质信息网络定义如下：

定义 4.3 异质信息网络 一个异质信息网络可以表示为 $G = \{V, E\}$，它包含一个节点集合 V 和一个边集合 E。异质信息网络同时含有一个节点映射函数 $\varphi : V \rightarrow A$ 和一个边映射函数 $\varphi : E \rightarrow R$。其中，$A$ 和 R 是预先定义的节点类型和边类型集合，并且满足 $|A| + |R| > 2$。

为了融合节点包含大量的属性信息，我们进一步将异质信息网络扩展为属性异质信息网络，定义如下。

定义 4.4 属性异质信息网络 一个属性异质信息网络可以表示为 $G = \{V, E, X\}$，它包含一个节点集合 V、一个边集合 E 和一个属性信息矩阵 $X \in R^{|v| \times k}$。属性异质信息网络同时也含有一个节点映射函数 $\varphi : V \rightarrow A$ 和一个边映射函数 $\varphi : E \rightarrow R$。其中，$A$ 和 R 是预先定义的节点类型和边类型集合，并且满足 $|A| + |R| > 2$。

异质信息网络的复杂性促使我们利用元级别（如模式级别）的描述来更好地理解网络中的节点类型和边类型。因此，网络模式的概念被提出来描述网络的元结构。

定义 4.5 网络模式可以表示为 $S = (A, R)$，它是信息网络 $G = \{V, E\}$ 的一个元模板。该信息网络包含一个节点映射函数 $\varphi : V \rightarrow A$ 和一个边映射函数 $\varphi : E \rightarrow R$。网络模式是一个定义在节点类型集合 A 和边类型集合 R 上的有向图。

网络包含了多种类型的节点（如用户 U、电影 M、导演 D），以及它们之间的语义关系（如用户和电影之间的观看关系和用户间的朋友社交关系）。在现实中，用户、电影等类型的节点往往带有属性，这样就构成了属性异质信息网络。在异质信息网络（或属性异质信息网络）中，两个节点可以由不同的有语义的路径连接，这些路径被称为元路径。

元路径 ρ 是一条定义在网络模式 $S=(A, R)$ 上的路径，它可以被表示为 $A_1 \xrightarrow{R_1} A_2 \xrightarrow{R_2} \cdots \xrightarrow{R_t} A_{t+1}$，元路径描述了节点 A_1 和 A_{t+1} 之间一种复合的关系 $R = R_1 \circ R_2 \circ \cdots \circ R_t$，其中 $\circ$ 表示关系的合成算子。给定一条元路径 ρ，我们可以获取多条在该元路径上具体的路径，我们称之为路径实例，表示为 p。特别地，我们对异质信息网络中连接用户和商品的元路径感兴趣，它可以揭示用户和商品交互的语义上下文。

一个用户 u 和商品 i 基于元路径的上下文定义为我们所考虑的元路径上的异质信息网络中连接这两个节点的路径实例的集合。用户 u_1 和电影 m_2 可以通过多条元路径来进行相连，如 "u_1-m_1-u_3-m_2"（UMUM）和 "u_1-m_1-t_1-m_2"（UMTM），这些路径实例构成了 (u_1, m_2) 交互的上下文。对于交互 (u_1, m_2) 不同的元路径通常会带有不同的交互语义。UMUM 和 UMTM 表示用户 u_1 看过 m_2 的原因可能有如下两点：①有共同观影记录（即 m_1）的用户 u_2 看过电影 m_2；②用户 u_2 之前看过与电影 m_2 相同类型的电影。这些基于元路径的上下文通过聚合不同的路径揭示了不同的交互语义。另外，给定一条元路径 ρ，每个用户都有多个特定的邻居，这些邻居构成的集合可以揭示用户在异质信息网络中的语义和结构信息。

定义 4.6　基于元路径的邻居　给定异质信息网络中的一个用户 u，基于元路径的邻居可以定义为异质信息网络中用户 u 在给定元路径上聚合邻居的集合。给定元路径 UU，用户 u_3 的邻居是 u_2。类似地，用户 u_3 在元路径 UMU 下的邻居为 u_1 和 u_2。

4.4.2　基于异质信息网络的推荐算法

作为一种高效的信息建模方法，异质信息网络可以将推荐系统中的对象及对象之间的关系进行建模，在此基础上，根据对象之间的语义联系解决推荐任务。其中，最重要和基础的工作是基于元路径的相似性度量。随着元路径的概念被用于度量对象之间的相似度，有大量的工作围绕着元路径展开。例如，通过抽取两个用户之间对称的元路径度量用户之间的相似性，提出 PathSim 算法；通过提出基于元路径的双向随机游走算法 HeteSim 度量网络中任意节点之间的相关性；利用在元路径上的随机游走度量网络中任意实体之间的相似性。

以上基于元路径计算用户相似度的推荐算法均假设用户相似性满足对称性，但在实际生活中利用对称性相似度计算方法有时会导致用户相似度存在误差。因为并不是所有的用户关系都是平等的，用户的相似情况会因为不平等的关系导致用户相似度不满足对称性，从而使相似度出现误差，影响推荐算法的准确性。另外，通过多条不同元路径会得到不同的相似度结果，元路径从不同的角度反映了用户之间的联系，所以为了统一用户之间的相似程度，有必要对不同的元路径赋予不同的权重，通过权重融合不同元路径的相似度结果，能够更加准确地体现用户之间的关系。

4.4.3 带权元路径中的相似性度量

相似性度量是社交网络分析中的基础工作，它可以应用到推荐、聚类分析等许多领域。随着对异质信息网络研究的发展，许多基于元路径的相似性度量方法被提出。然而，这些相似性度量方法只适用于传统的异质信息网络和传统元路径。这里将经典的相似性度量方法扩展到带权重的异质信息网络中的带权元路径中。

带权元路径 $P_1 : A_1 \xrightarrow{\&_1(R_1)} A_2 \xrightarrow{\&_2(R_2)} \cdots \xrightarrow{\&_t(R_t)} A_{t+1}$ 是由各个属性值函数取所有可能的取值组成的一组原子元路径（记作 p_a）的集合。带权元路径的相似性度量分两个步骤：首先，由于每条原子元路径 p_a 的属性值函数都有确定的取值，因此可以直接应用传统的相似性度量方法计算基于该原子元路径的相似性；然后，把基于不同原子元路径的相似性累加起来，即可得到基于带权元路径 p_t 的相似性。需要注意的是，对于那些采用归一化处理的相似性度量方法，在累加原子元路径相似性之后还要进行相应的归一化。下面以 PathCount 和 PathSim 为例，说明带权元路径的相似性度量方法。

PathCount 是基于元路径的最基本的相似性度量方法，通过计算两个节点之间路径实例的条数来衡量节点之间的相似性。连接节点 x 和节点 y 的带权元路径的路径实例的条数等于两个节点之间所有原子元路径的路径实例条数之和，其形式化定义为

$$S(x, y \mid p_t) = \sum_{p_a \subset p_t} |\{p_{x \to y} : p_{x \to y} \in p_a\}| \tag{4.32}$$

PathSim 是基于 PathCount 的相似性度量方法，是 PathCount 的归一化版本，它可以找到相似的对等实体，其形式化定义为

$$S(x, y \mid p_t) = \frac{2 \times \sum_{p_a \subset p_t} |\{p_{x \to y} : p_{x \to y} \in p_a\}|}{\sum_{p_a \subset p_t} |\{p_{x \to x} : p_{x \to x} \in p_a\}| + \sum_{p_a \subset p_t} |\{p_{y \to y} : p_{y \to y} \in p_a\}|} \tag{4.33}$$

最近，异质信息网络已经成为建模各种复杂交互系统的主流方法。特别是在推荐系统中，它被用来描述复杂和异质的推荐设定。显然，基于元路径的邻居可以利用异质信息网络结构信息的不同方面。

推荐系统的目标是根据已有的用户评分信息，通过学习用户偏好来预测用户对尚未评分商品的评分值。由于推荐系统通常包含种类丰富的实体信息（如用户、论文、作者、期刊会议、年份、兴趣小组、好友关系等）以及实体之间的关系，因而自然构成了一个异质信息网络。因此，利用异质信息网络建模推荐系统成为一个有价值的研究方向。

最近有很多关于异质信息网络的研究工作，异质信息网络包含了不同类型的对象以及对象间不同类型的连接。信息网络的异质性和丰富的关系可以很好地表示不同的场景。元路径作为异质信息网络中特有的一个属性，不仅表达了丰富的语义，而且可以用于整合异质信息网络中不同种类的信息。过去几年有很多基于元路径的研究工作，其中包括聚类、分类、链接、预测等。在这些工作中，异质信息网络上的相似性度量是一个重要而基础的工作。多个基于路径的相似性度量方式被相继提出。我们使用了对称路径的相似性度量方法 PathSim，PathSim 先统计沿着给定元路径连接两个节点的路径实例总数并对其进行规则化，可以对等地度量网络中两个相同类型节点的相似性。我们使用路径约束随机漫步（path constraint random walks，PCRW）以路径约束的随机游走到达概率作为网络中两个节点间的相似性，可用于计算有向图中任意节点间的相关性。基于双向随机游走，研究者提出了任意元路径上对称的相似性度量方法 HeteSimFI。常规的异质信息网络并没有考虑到连接上的属性值，然而连接上的属性值在很多应用中可能是非常重要的。

尽管元路径被广泛地应用到异质信息网络中以发现语义信息，但部分研究者也意识到元路径在某些应用中无法捕获更精妙的语义。当发现了这个问题，并提出了限制元路径这一概念，这一概念可以处理加在对象上的一些限制。此外，我们使用了"约束元路径"这一概念，通过对节点集进行约束，可以在异质的学术文献网络中进行深入的知识挖掘。为了挖掘更精妙的语义，这些工作都考虑了在对象上加入限制或约束。

HeteroMF 算法是一个基于上下文的矩阵分解模型，该模型能够同时考虑不同类型节点的通用潜在因子，以及节点之间所涉及邻居节点的基于上下文的潜在因子。通过计算每个节点的潜在因子以及不同上下文的转换矩阵，利用转换矩阵将通用潜在因子变为基于上下文的潜在因子，从而更好地预测评分。

HeteCF 算法是在基于协同过滤的矩阵分解算法的基础上，加入了基于用户之间和商品之间 PathSim 相似度的正则项，使得较为相似的用户和商品具有相近的向量表示。用户需要根据语义信息给定用户和商品之间的元路径，从而可以根据元路径得到对应的 PathSim 值约束用户和商品之间的向量表示。

HERec 算法利用节点嵌入向量来提取用户和商品的高阶相似度，并将学得的节点嵌入向量通过配对向量融入评分预测的过程中，利用提取到的特征更好地预测评分。针对不同语义的元路径上得到的向量表示，研究人员提出了三种融合函数，将融合函数的权重和用户商品隐含表示向量同时在矩阵分解的过程中学习，更好地提升推荐的效果。

SemRec 算法将用户和商品之间的评分信息建模到异质信息网络中，提出了带权异质信息网络（weighted heterogeneous information network）和扩展元路径（extended meta-path）的概念。该算法考虑了多条元路径上的语义信息及其 PathSim 值，在不同的元路径语义下分别用基于用户的协同过滤算法预测出一个评分，并根据真实评分作为监督信息学习出一个权重来将不同元路径上的评分进行融合。融合时的权重选择有三种——所有用户在不同元路径上的相同权重、每个用户个性化的权重和带权重正则项的个性化权重，其中第三种策略取得了最好的效果。

为了更好地表征异质信息网络的深层次语义信息并且更有效地融合异质信息进行推荐，我们使用了 MetaGraph 算法来建模异质信息网络，并利用矩阵分解和因子分解机相结合的方法进行信息融合。其中，利用矩阵分解方法从每个基于 MetaGraph 的相似度中提取用户和商品的隐含表示向量，并使用基于组 lasso 约束的因子分解机来从评分信息中挑选最重要的 MetaGraph 特征，实现信息的融合。

NeuACF 算法分别利用用户之间和商品之间不同的元路径计算 PathSim 相似度作为一个方面的特征，并利用一个塔状的深度神经网络来提取每个方面降维后的特征，并通过注意力机制（attention mechanism）来融合不同方面的特征信息并将其用在 top-N 推荐的交叉熵目标函数上，通过将不同语义下的特征更好地融合，来提升算法的准确度。

MCRec 算法提出了一种全新的利用共同注意力机制（coattention mechanism）的深度神经网络模型来进行 top-N 推荐。该算法提出了一种<用户,元路径上下文,商品>三路交互的机制来同时学习出用户、商品和元路径上下文的向量，并通过基于优先级的采样方法得到高质量的路径实例来构建元路径上下文。随后，该算法使用共同注意力机制将不同元路径上的元路径上下文向量进行融合，并互相提升用户、商品以及元路径上下文的嵌入向量质量。

4.4.4　基于异质信息网络的矩阵分解

为了更有效地整合实际推荐系统中涉及的多种复杂的对象和关系，提升推荐的准确性，研究者利用了异质信息网络及元路径等概念来进行信息整合。实际推荐系统可以抽象成一张异质信息网络，利用异质信息网络中元路径的概念，构造连接物品的元路径，即可以计算两个物品基于路径的相似度。不同的元路径可以得到不同的物品相似度。在此使用 $S_{ij}^{(l)}$ 表示物品 i 与物品 j 在第 l 条元路径上的相似度。与社会化矩阵分解模型类似，利用物品基于路径的相似度，同样可以向矩阵分解的优化目标中加入正则项。这里存在一个假设，即两个在某条元路径上相似的物品，其因子向量也应该比较接近，因此有如下的正则项：

$$\frac{\lambda_1}{2}\sum\sum_{l=1}^{L}\theta_l S_{ij}^{(l)}\|Q_i-Q_j\|_2^2+\frac{\lambda_2}{2}\|\Theta\|_2^2\ 2-7 \tag{4.34}$$

式中，$\lambda_1>0$ 用于调整物品相似度正则项的权重；λ_2 用于防止过拟合。从式（4.34）中可以看到，物品相似度正则项由不同元路径计算得到的相似度的正则项累加而成，其中 θ_l 表示第 l 条元路径在规则项中的权重，$\Theta=\{\theta_l\}_{l=1}^{L}$ 也是这一矩阵分解模型需要学习的一组参数。需要注意的是，基于不同元路径计算得到的相似度互相之间并没有可比性。假设基于路径"电影-用户-电影"计算出电影 i 和电影 j 的相似度为 $S_{ij}^{(1)}$，而基于路径"电影-演员-电影"计算出的相似度为 $S_{ij}^{(2)}$，$S_{ij}^{(1)}>S_{ij}^{(2)}$ 并不一定表示电影 i 和电影 j 在前一条路径（即路径"电影-用户-电影"）上更相似。进而，θ_l 的大小也并不代表对应的元路径在全局中起到更重要的作用。此外，为了保证算法的运行速度，必须对物品相似性矩阵进行裁剪，保留相似度较高的部分，去掉相似度较低（可能是噪声）的部分。

4.4.5 非对称的异质信息网络推荐算法

在计算用户间相似度时，一方面考虑用户间相似度的非对称性，另一方面考虑用户间不同元路径的权重，以准确度量用户间的相似度。首先利用用户的评分信息和物品的属性信息构建异质信息网络，通过考虑用户之间共同评分项目在已评分项目中占的比例，即非对称系数，计算用户间的非对称相似度；然后根据元路径的特征计算不同元路径的权重，权重用于融合不同元路径的相似度结果，得到用户总的相似性矩阵；最后利用矩阵分解模型将评分矩阵和相似性矩阵进行联合分解，计算用户和物品的潜在特征向量，预测未知评分。在数据集 MovieLens 的三个不同规模的数据集上进行实验比较，结果显示该算法在评价指标均方根误差和平均绝对误差上优于已有算法。

用户之间非对称相似度的确定，首先利用均方差相似度公式计算用户之间的对称相似度，然后根据非对称系数计算用户之间的非对称相似度。用到的主要符号以及符号所表达的意义：R 表示用户-物品评分矩阵，S 表示用户-用户相似性矩阵，R_{ui} 表示用户 u 对物品 i 的真实评分，$\tilde{R}_{ui}$ 表示用户 u 对物品 i 的预测评分，$R_{\max}$ 表示评分范围里的最大值，$\mathrm{asim}(u,v\,|\,p)$ 表示用户 u 对 v 在元路径 p 上的非对称相似度，$\mathrm{sim}(u,v\,|\,p)$ 表示用户 u 对 v 在元路径 p 上的对称相似度，$\mathrm{len}(p)$ 表示元路径 p 的长度，$\mathrm{num}(p)$ 表示元路径 p 的路径数，w_1^p 表示从元路径的长度角度考虑元路径 p 的权重，w_2^p 表示从元路径的路径数角度考虑元路径 p 的权重，w_p 表示元路径 p 的总权重。

由于用户之间在不同的物品上存在评分差异，评分差异的大小反映了用户之间的相似程度，因此本书利用均方差相似度公式通过用户之间的评分差异来计算用户相似度，在给定元路径 p 的基础上（ $p = p_l p_l^{-1}$, $p_l = A_1 \rightarrow A_2 \rightarrow \cdots \rightarrow A_l \rightarrow A_{l+1}$ ），计算用户 u 和用户 v 之间的对称相似度：

$$\mathrm{sim}(u,v\,|\,p) = 1 - \sum_{k \in I_{uv}} \frac{(M_{uk} - M_{vk})^2}{(M_{uk})^2 + (M_{vk})^2} \qquad (4.35)$$

式中，$M = W_{A_1 A_2} W_{A_2 A_3} \cdots W_{A_l A_{l+1}}$ ，$W_{A_i A_j}$ 代表类型节点 A_i 到类型节点 A_j 的邻接矩阵；M_{ij} 代表对象 i 和对象 j 在矩阵 M 上对应的取值；$I_{uv} = \{k \,|\, M_{uk} > 0, \Delta M_{vk} > 0\}$ 代表用户 u 和用户 v 的共同评分项目。

把共同评分项目在用户已评分项目中占的比例定义为非对称系数，该系数反映了上述对称相似度对于用户的参考程度。用户 u 对用户 v 在元路径 p 上的非对称系数如式（4.36）所示，其中 I_u 代表用户 u 的评分项目。

$$\mathrm{asy}(u,v\,|\,p) = \frac{|I_{uv}|}{|I_u|} \qquad (4.36)$$

根据非对称系数，用户 u 对用户 v 的非对称相似度如下所示：

$$\mathrm{asim}(u,v\,|\,p) = \mathrm{asy}(u,v\,|\,p) \cdot \mathrm{sim}(u,v\,|\,p) \qquad (4.37)$$

由于从不同元路径角度计算得到的用户相似度不同，为了相似度结果的统一，从元路径的特点出发，赋予各个元路径不同的权重。针对权重的确定，可从两个角度进行分析。

（1）元路径的长度。元路径的长度指的是该条元路径的边数。直观上说，短的元路径比长的元路径具有更高的权重，因为短的元路径使对象之间关系更加直接，元路径应该被赋予更高的权重。具体用公式表示为

$$w_1^p = \frac{1/\mathrm{len}(p)}{\sum_{p' \in L} \mathrm{num}(p')} \qquad (4.38)$$

式中，L 代表所有的元路径的集合；$\mathrm{len}(p)$ 代表元路径 p 的长度。

（2）元路径的路径数。元路径的路径数指的是在异质信息网络中满足该条元路径条件的路径数量。路径数多的元路径代表对象之间的联系更密切，元路径权重应该更高。用公式表示为

$$w_2^p = \frac{\mathrm{num}(p)}{\sum_{p' \in L} \mathrm{num}(p')} \qquad (4.39)$$

式中，$\mathrm{num}(p)$ 代表元路径 p 的路径数。

根据以上两个方面，我们可以利用下面的式子来计算元路径 p 的权重：

$$w_p = \frac{1}{2}(w_1^p + w_2^p) \qquad (4.40)$$

结合不同的元路径权重和不同元路径计算的相似度结果，计算用户之间的相似度：

$$S_{uv} = \sum_{p \in L} w_p \text{asim}(u, v \mid p) \tag{4.41}$$

利用矩阵分解模型预测未知评分，已知用户-物品的评分信息和用户-用户的相似度信息，利用矩阵分解模型，同时将评分矩阵 R 和相似性矩阵 S 进行分解，得到用户特征矩阵 U、物品特征矩阵 V、用户相似特征矩阵 Z，则模型的目标函数为

$$\ell(R, S, U, V, Z) = \frac{1}{2} \sum_{j=1}^{n} \sum_{j=1}^{m} I_{ij}^{R} (g(U_i V_j^{\text{T}}) - R_{ij})^2 + \frac{\lambda_s}{2} \sum_{i=1}^{n} \sum_{k=1}^{n} I_{ik}^{S} (g(U_i Z_k^{\text{T}}) - S_{ik})^2$$

$$+ \frac{\lambda_U}{2} \|U\|_F^2 + \frac{\lambda_V}{2} \|V\|_F^2 + \frac{\lambda_Z}{2} \|Z\|_F^2 \tag{4.42}$$

由于评分信息的取值范围为[1,5]，相似度信息的取值范围为[0,1]，为了统一评分信息和相似度信息的取值范围，这里利用函数 $f(x)$ 将评分信息限制在[0,1]，$f(x) = (x-1)(R_{\max} - 1)$。为了与上述取值范围统一，利用函数 $g(x)$ 约束 $U_i V_j^{\text{T}}$ 和 $U_i Z_k^{\text{T}}$ 在[0,1]，$g(x) = 1/(1 + \exp(-x))$。λ_s 是平衡评分信息和相似度信息的系数，若 $\lambda_s = 0$，表示矩阵分解模型只利用评分信息，若 $\lambda_s > 0$，表示矩阵分解模型同时考虑评分信息和相似度信息。对目标函数进行求导，分别得到 U、V、Z 的梯度：

$$\begin{cases} \dfrac{\partial \ell}{\partial U_i} = \sum_{j=1}^{m} I_{ij}^{R} g'(U_i V_j^{\text{T}})(g(U_i V_j^{\text{T}}) - R_{ij})V_j \\ \qquad + \lambda_s \sum_{k=1}^{m} I_{ik}^{S} g'(U_i Z_k^{\text{T}})(g(U_i Z_k^{\text{T}}) - S_{ik})Z_k + \lambda_U U_i \\ \dfrac{\partial \ell}{\partial V_i} = \sum_{i=1}^{m} I_{ij}^{R} g'(U_i V_j^{\text{T}})(g(U_i V_j^{\text{T}}) - R_{ij})U_j + \lambda_V V_j \\ \dfrac{\partial \ell}{\partial Z_k} = \lambda_s \sum_{i=1}^{n} I_{ik}^{S} g'(U_i Z_k^{\text{T}})(g(U_i Z_k^{\text{T}}) - S_{ik})U_i + \lambda_Z Z_k \end{cases} \tag{4.43}$$

式中，$g'(x) = \exp(x) / (1 + \exp(-x))^2$，代表 $g(x)$ 的导函数。用随机梯度下降法对 U、V、Z 进行迭代更新。经过有限次数迭代后，利用已经更新的用户潜在特征矩阵 U 和物品潜在特征矩阵 V 预测用户 u 对物品 i 的预测评分：

$$\tilde{R} = (R_{\max} - 1)g(U_u V_i^{\text{T}}) + 1 \tag{4.44}$$

第 5 章

深 度 学 习

深度学习（deep learning）是机器学习的分支，是一种试图使用包含复杂结构或由多重非线性变换构成的多个处理层对数据进行高层抽象的算法。深度学习是机器学习中一种基于对数据进行表征学习的算法，至今已有多种深度学习框架，如卷积神经网络、深度置信网络、循环神经网络等已被应用在计算机视觉、语音识别、自然语言处理、音频识别与生物信息学等领域并获取了极好的效果[89]。

1982 年，著名物理学家约翰·霍普菲尔德发明了 Hopfield 神经网络。Hopfield 神经网络是一种结合存储系统和二元系统的循环神经网络。Hopfield 神经网络也可以模拟人类的记忆，根据激活函数的选取不同，有连续型和离散型两种类型，分别用于优化计算和联想记忆。但由于容易陷入局部最小值的缺陷，该算法并未在当时引起很大的轰动。直到 1986 年，深度学习之父杰弗里·辛顿提出了一种适用于多层感知机的反向传播（back propagation，BP）算法[90]。反向传播算法在传统神经网络正向传播的基础上，增加了误差的反向传播过程。反向传播过程不断地调整神经元之间的权重和阈值，直到输出的误差减小到允许的范围之内，或达到预先设定的训练次数为止。反向传播算法解决了非线性分类问题，让人工神经网络再次引起了人们广泛的关注。但是由于 20 世纪 80 年代计算机的硬件水平有限，运算能力跟不上，以及当神经网络的层数增加时，反向传播算法会出现"梯度消失"的问题等，使得反向传播算法的发展受到了很大的限制。再加上 20 世纪 90 年代中期，以支持向量机为代表的其他浅层机器学习算法被提出，并在分类、回归问题上均取得了很好的效果，其原理相较于神经网络模型具有更好的可解释性，所以人工神经网络的发展再次进入了瓶颈期。2006 年，杰弗里·辛顿以及他的学生鲁斯兰·萨拉赫丁诺夫正式提出了深度学习的概念。他们在世界顶级学术期刊《科学》（Science）发表的一篇文章中详细地给出了"梯度消失"问题的解决方案——通过无监督的学习方法逐层训练算法[91]，再使用有监督的反向传播算法进行调优。该深度学习方法的提出，立即在学术圈引起了巨大的反响，以斯坦福大学、多伦多大学为代表的众多世界知名高校纷纷投入巨大的人力、财力进行深度学习领域的相关研究，而后又迅速蔓延到工业界中。2012 年，在著名的 ImageNet 图像识别大赛中，杰弗里·辛顿领导的小组采用深度学习模型 AlexNet 一举夺冠。AlexNet 采用线性整流（rectified linear units，ReLU）激活函数，极大程度上解决了"梯度消失"问题，并采用图形处理器（graphics processing unit，GPU）极大地提高了模型的运算速度。同年，由斯坦福大学著名教授吴恩达和世界顶尖计算机专家 Jeff Dean 共同主导的深度神经网络——深度神经网络技术在图像识别领域取得了惊人的成绩，在 ImageNet 评测中成功地把错误率从 26% 降低到 15%。深度学习技术在世界大赛中脱颖而出，又进一步吸引了学术界和工业界对深度学习领域的关注。随着深度学习技术的不断进步以及计算机硬件算力的不断提升，2014 年，Facebook 基于深度学习技术的 DeepFace 项目，在人脸识别方面的准确率已经能达到 97%，跟人类识别的准确率几乎没有差别。这样的结果也再一次证明了深度学习技术在图像识别方面的显著优势。2016 年，Google 公司基于深度强化学习开发的 AlphaGo 以 4：1 的比分战胜了国际顶尖围棋高手李世石，深度学习的热度一时无两。后来，AlphaGo 又接连和众多世界级围棋高手过招，均取得了完胜。这也证明了在围棋界，基于深度学习技术的机器人几乎已经超越了人类。2017 年，基于深度强化学习技术的 AlphaGo 升级版 AlphaGo Zero 横空出世。其采用"从零开始""无师自通"的学习模式，以 100：0 的比分轻而易举打败了之前的 AlphaGo。除了围棋，它还精通国际象棋等其他棋类游戏，可以说是真正的棋类"天才"。此外在这一年，深度学习相关技术也在医疗、金融、艺术、无人驾驶等多个领域取得了显著的成果。本章将详细介绍深度学习的基础框架以及一些经典的深度神经网络结构。

■ 5.1   神经网络

5.1.1   人脑神经网络

众所周知，人类大脑是人体最复杂的器官，由神经元、神经胶质细胞、神经干细胞和血管等组成。其中，神经元（neuron），也叫神经细胞（nerve cell），是携带和传输信息的细胞，是人脑神经系统中最基本的单元。人脑神经系统是一个非常复杂的组织，包含近 860 亿个神经元，每个神经元有上千个突触和其他神经元相连接。而早在 1904 年，生物学家就已经发现了神经元的结构。典型的神经元结构大致可分为细胞体和细胞突起，具体结构如下：

（1）细胞体（soma）是神经元的主体，相当于一个信息处理器，对来自其他神经元的信号进行求和，并产生神经脉冲输出信号，对应生理活动激活或抑制。

（2）细胞突起是由细胞体延伸出来的细长部分，又可分为树突和轴突。

树突（dendrite）可以接收刺激并将神经信号传入细胞体。每个神经元可以有一或多个树突。也就是说树突主要起感受器的作用，并且可以接收一个或多个输入。

轴突（axon）可以把自身的激活状态从细胞体传送到另一个神经元或其他组织。每个神经元只有一个轴突，也就是说轴突主要起传输的作用，并且只有一个输出。

神经元可以接收其他神经元的信息，也可以发送信息给其他神经元。神经元之间没有物理连接，中间留有 20nm 左右的缝隙。神经元之间靠突触（synapse）进行互联来传递信息，形成一个神经网络，即神经系统。突触可以理解为神经元之间的链接"接口"，将一个神经元的激活状态传到另一个神经元。一个神经元可被视为一种只有两种状态的细胞：激活和抑制。神经元的状态取决于从其他的神经细胞收到的输入信号量及突触的强度（抑制或加强）。当信号量总和超过了某个阈值时，细胞体就会激活，产生电脉冲。电脉冲沿着轴突并通过突触传递到其他神经元。

人的脑神经细胞经过视觉、听觉、运动、嗅觉、味觉、触觉以及想象等刺激会生长出树突，通过这些树突，与其他脑神经细胞形成网络。在某一方面知识越是丰富，大脑中相应的神经网络越密集，信息传递和加工的速度也越快。人的习惯（包括坏习惯）在大脑中也有相应神经网络。神经网络一经形成是不可以被删除的。幸运的是，可以通过虚拟的方法重建好习惯的神经网络。在信息进入坏习惯之前导入好习惯的神经网络。通过这种方法可以达到克服坏习惯以及忘记某些不愿记起的往事的目的。人的大脑中有 1000 亿个神经细胞，每个神经细胞可以长出 2000 至数万个树突与其他神经细胞连接。人脑这种复杂的结构也为其带来了很大的潜能。

5.1.2　人工神经网络

人工神经网络（artificial neural network，ANN）是基于生物学中神经网络的基本原理，在理解和抽象了人脑结构和外界刺激响应机制后，以网络拓扑知识为理论基础，模拟人脑的神经系统对复杂信息的处理机制的一种数学模型。该模型以并行分布的处理能力、高容错性、智能化和自学习等能力为特征，将信息的加工和存储结合在一起，以其独特的知识表示方式和智能化的自适应学习能力，引起各学科领域的关注。它实际上是一个由大量简单元件相互连接而成的复杂网络，具有高度的非线性，能够进行复杂的逻辑操作和非线性关系实现的系统。

人工神经网络是一种运算模型，由大量的节点（或称神经元）相互连接构成。每个节点代表一种特定的输出函数，称为激活函数（activation function）。每两个节点间的连接代表通过该连接传递的信号的加权值，称为权重（weight），神经网络就是通过这种方式来模拟人类的记忆。网络的输出则取决于网络的结构、网络的连接方式、权重和激活函数。而网络自身通常都是对自然界某种算法或者函数的逼近，也可能是对一种逻辑策略的表达。神经网络的构筑理念是受到生物的神经网络运作启发而产生的。人工神经网络则是把对生物神经网络的认识与数学统计模型相结合，借助数学统计工具来实现。另外，在人工智能学的人工感知领域，通过数学统计学的方法，使神经网络能够具备类似于人的决定能力和简单的判断能力，这种方法是对传统逻辑学演算的进一步延伸。

　　人工神经网络中，神经元处理单元可表示不同的对象，例如特征、字母、概念，或者一些有意义的抽象模式。网络中处理单元的类型分为三类：输入单元、输出单元和隐含层单元。输入单元接收外部世界的信号与数据；输出单元实现系统处理结果的输出；隐含层单元是处在输入单元和输出单元之间，不能由系统外部观察的单元。神经元间的连接权重反映了单元间的连接强度，信息的表示和处理体现在网络处理单元的连接关系中。人工神经网络是一种非程序化、适应性、大脑风格的信息处理，其本质是通过网络的变换和动力学行为得到一种并行分布式的信息处理功能，并在不同程度和层次上模仿人脑神经系统的信息处理功能。

　　人工神经网络是一种应用类似于大脑神经突触连接结构进行信息处理的数学模型，它是在人类对自身大脑组织结合和思维机制的认识理解基础之上模拟出来的，它是根植于神经科学、数学、思维科学、人工智能、统计学、物理学、计算机科学以及工程科学的一门技术。

　　人工神经网络是由存储在网络内部的大量神经元通过节点连接权组成的一种信息响应网状拓扑结构，它采用了并行分布式的信号处理机制，因而具有较快的处理速度和较强的容错能力。它具有如下特点：

　　（1）人工神经网络模型用于模拟人脑神经元的活动过程，其中包括对信息的加工、处理、存储和搜索等过程。

　　（2）人工神经网络是一种旨在模仿人脑结构及其功能的信息处理系统。

　　人工神经网络从两个方面模拟大脑：

　　（1）人工神经网络获取的知识是从外界环境中学习得来的。

　　（2）内部神经元的连接强度，即突触权重，用于储存获取的知识。

　　人工神经网络系统由大量神经元连接形成的拓扑结构组成，这些神经元能够处理人类大脑不同部分之间的信息传递依赖于这些庞大的神经元数目和它们之间的联系，人类的大脑能够收到输入信息的刺激，由分布式并行处理的神经元相互连接进行非线性映射处理，从而实现复杂的信息处理和推理任务。

　　了解了什么是人工神经网络后，我们进一步学习感知机的概念。

　　感知机是由美国人 Frank Rosenblatt 在 1957 年提出来的，这个概念对神经网络有着深远的影响，可以说是神经网络的起源。

　　感知机可以接收多个输入信号，但只输出一个信号，其输出信号只有 0 或 1 两种取值，如图 5.1 所示，这里有两个输入信号（ x_1 和 x_2 ），输入信号分别附有权重（w_1 和 w_2），经过神经元后，神经元会计算 $w_1x_1 + w_2x_2$，只有当这个值超过某个界限值时，才会输出 1。

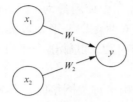

图 5.1　感知机（一）

具体的数学表达式为

$$y = \begin{cases} 0, & w_1x_1 + w_2x_2 \leqslant \theta \\ 1, & w_1x_1 + w_2x_2 > \theta \end{cases} \tag{5.1}$$

我们将上式做适当变化，把 θ 移至左边，变为 $-\theta$，给予它新的符号 b 表示，在神经网络里 b 叫作偏置，变化后的式子如式（5.2）所示：

$$y = \begin{cases} 0, & b + w_1x_1 + w_2x_2 \leqslant 0 \\ 1, & b + w_1x_1 + w_2x_2 > 0 \end{cases} \tag{5.2}$$

前面的感知机说到有一个"门槛值"，在上式中也就是关于是否大于 0 的判断，我们令 $h(x)$ 表示门槛值，令 $a = b + w_1x_1 + w_2x_2$，那么 $y = h(a)$，将图转化为如图 5.2 的形式。

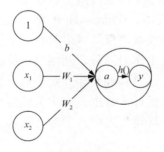

图 5.2　感知机（二）

这种关于"门槛"的判断，我们把它称为激活函数，它的引用连接了感知机和神经网络，为二者搭建了桥梁。

常用的激活函数有以下几种形式：

（1）阈值函数：该函数通常也称为阶跃函数。当激活函数采用阶跃函数时，人工神经元模型即 MP 模型。此时神经元的输出取 1 或 0，反映了神经元的激活或抑制。

（2）线性函数：该函数可以在输出结果为任意值时作为输出神经元的激活函

数，但是当网络复杂时，线性激活函数大大降低网络的收敛性，故一般较少采用。

（3）对数 S 形函数：对数 S 形函数的输出介于 0～1 之间，常被要求为输出在 0～1 的信号选用。它是神经元中使用最为广泛的激活函数。

（4）双曲正切 S 形函数：双曲正切 S 形函数类似于被平滑的阶跃函数，形状与对数 S 形函数相同，以原点对称，其输出介于-1～1 之间，常常被要求为输出在-1～1 的信号选用。

神经网络的学习形式：在构造神经网络时，其神经元的传递函数和转换函数就已经确定了。在网络的学习过程中是无法改变转换函数的，因此如果想要改变网络输出的大小，只能通过改变加权求和的输入来达到。由于神经元只能对网络的输入信号进行响应处理，想要改变网络的加权输入只能修改网络神经元的权重参数，因此神经网络的学习就是改变权重矩阵的过程。

神经网络的工作过程：神经网络的工作过程包括离线学习和在线判断两部分。在学习过程中，各神经元进行规则学习和权重参数调整，进行非线性映射关系拟合以达到训练精度；判断阶段则是训练好的稳定的网络读取输入信息通过计算得到输出结果。

神经网络的学习规则：神经网络的学习规则是修正权重的一种算法，分为联想式和非联想式学习、有监督学习和无监督学习等。下面介绍几个常用的学习规则。

（1）误差修正型规则：是一种有监督的学习方法，根据实际输出和期望输出的误差进行网络连接权重的修正，最终网络误差小于目标函数达到预期结果。误差修正型规则包括 δ 学习规则、Widrow-Hoff 学习规则、感知器学习规则和误差反向传播学习规则等，它的权重调整与网络的输出误差有关。

（2）竞争型规则：无监督学习过程，网络仅根据提供的一些学习样本进行自组织学习，没有期望输出，通过神经元相互竞争对外界刺激模式响应的权利进行网络权重的调整来适应输入的样本数据。对于无监督学习的情况，事先不给定标准样本，直接将网络置于"环境"之中，学习（训练）阶段与应用（工作）阶段成为一体。

（3）Hebb 型规则：利用神经元之间的活化值（激活值）来反映它们之间连接性的变化，即根据相互连接的神经元之间的活化值（激活值）来修正其权重。在 Hebb 型规则中，学习信号简单地等于神经元的输出。Hebb 型规则代表一种纯前馈、无导师学习。该规则至今在各种神经网络模型中起着重要作用。典型的应用如利用 Hebb 型规则训练线性联想器的权矩阵。

（4）随机型规则：在学习过程中结合了随机、概率论和能量函数的思想，根据目标函数（即网络输出均方差）的变化调整网络的参数，最终使网络目标函数达到收敛值。

5.1.3 神经网络发展历史

神经网络的发展过程有以下"三起两落"。

起点：McCulloch 和 Pitts 发表的神经网络开山大作 "A Logical Calculus of the Ideas Immanent in Nervous Activity" [92]，提出了神经元计算模型。人工智能出现之初，科学家分成了两个派别，一派是写实的符号派，认为一定要通过逻辑和符号系统实现人工智能；另一派是写意的仿生派，通过模仿人脑来实现人工智能是完全可行的神经网络就是仿生派的产物。生物神经元有轴突、神经元、树突，神经元可视为一个只有激活和抑制两种状态的细胞，在计算机上也就是 1 和 0，激活状态在不同的神经元之间传递。神经元计算模型可以说是神经网络理论的基础，所以这篇论文被称为开山大作。

1958 年，第一起——Rosenblatt[93]提出感知器，并提出一种接近于人类学习过程的学习算法。

1969 年，第一落——Marvin 等[94]出版《感知机》，指出了感知机的两大缺陷，无法处理异或问题和计算能力不足。往后十多年，神经网络的研究一直没有太大进展。

1986 年，第二起——Hinton 等[95]将重新改进的反向传播算法引入多层感知机，神经网络重新成为热点。反向传播算法是神经网络中极为重要的学习算法，直到现在仍然占据着重要地位。

1995～2006 年，第二落——计算机性能仍然无法支持大规模的神经网络训练，支持向量机和线性分类器等简单的方法反而更流行。

2006 年，第三起——随着大规模并行计算和 GPU 的发展，计算能力大大提高，在此支持下，神经网络迎来第三次高潮。

■ 5.2 前馈神经网络

5.2.1 前馈神经网络介绍

前馈神经网络（feedforward neural network，FNN）就是多层感知机（multilayer perceptron，MLP），也就是包含多个隐含层的神经网络，是典型的深度学习模型。它的特点是层与层之间是全连接的，方向单一不会形成环。前馈神经网络的目的是近似表示某个函数 f，例如分类器，$y = f(x)$ 将输入 x 映射到一个类别 y。为了获得最佳的函数近似，前馈神经网络定义了函数 $y = f(x;\theta)$，并且不断地学习 θ 的值。

前馈神经网络之所以被称为网络，是因为它们通常用许多不同函数复合在一起来表示。该模型与一个有向无环图相关联，而图描述了函数是如何复合在一起的。神经网络从左至右依次为输入层、隐含层和输出层。前馈网络的输入层为最前面的层，输出层是最后一层，中间既不是输入也不是输出的层叫作隐含层。

在前馈神经网络中，不同的神经元属于不同的层，每一层的神经元可以接收到前一层的神经元信号，并产生信号输出到下一层。第 0 层叫作输入层，最后一层叫作输出层，中间的叫作隐含层，整个网络中无反馈，信号从输入层到输出层单向传播，可用一个有向无环图表示[96]。

前馈神经网络也称为多层感知机。但是多层感知机的叫法并不准确，因为前馈神经网络其实是由多层逻辑回归模型（连续的非线性模型）组成，而不是由多层感知机模型（非连续的非线性模型）组成。图 5.3 为简单的前馈神经网络图。

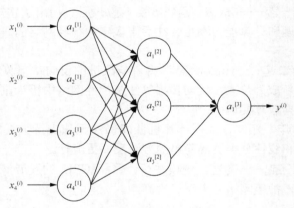

图 5.3　3 层前馈神经网络

图 5.3 所示前馈神经网络由 3 层神经元构成，一般情况下，输入层不算入总层数中。前馈神经网络指网络结构由神经元及其连接的有向无环图构成的一类神经网络。从更高的连接层次的角度看，由于神经元按照层次排列，每个层次之间的连接方式可抽象成为类似的几种，所以也可以看成由多个连接层栈式堆叠而成的神经网络。

深度神经网络的应用一般可分为生成性任务和判别性任务两种。生成性深度网络一般被用来抽取对象数据（比如视觉数据）中的高阶关系特征以及它们所属于的类型，使用贝叶斯规则可将这类网络转换为判别性结构。由于生成性深度网络并不关心数据的类别标签，因此这类网络常被用来做非监督学习。在这类网络中，深度能量模型最为普遍。栈式去噪自编码网络是其中一种典型代表。

另外一种常用的深度能量模型是深度玻尔兹曼机（deep Boltzmann machine，DBM），而将 DBM 的隐含层数量减少为 1，就得到了受限玻尔兹曼机（restricted Boltzmann machine，RBM）。RBM 主要的优点是通过组合多个不同的 RBM，上一层次的 RBM 输出可作为一种特征提取的结果，作为下一层次 RBM 的训练数据，这就构成了 FNN 中的一种重要门类——深度信念网络（deep belief network，DBN）。判别性深度网络一般是用来直接进行模式分类或者在 FNN 的末端作为分类器。

现在，深度神经网络在声音识别以及图像识别等研究领域均取得了巨大的成功。因而，研究人员也开始尝试利用深度网络强大的特征抽取能力来提高基于协同过滤的推荐算法的推荐质量[97]。

5.2.2　反向传播算法

当使用神经网络接收输入 x 并产生输出 y 时，信息通过网络向前流动。输入数据 x 提供最初始的信息，然后传播到每一层的隐含层单元，最终产生输出数据 y，称为前向传播（forward propagation）。在神经网络训练过程中，当信息传播到网络的最后一层时，神经网络的输出结果与真实的结果之间存在一定程度的误差，反向传播算法利用每个输入值的已知的期望输出计算误差并从输出层向隐含层反向传播，直至传播到输入层。在误差信息反向传播的过程中，神经网络可以利用误差更新网络内部的各种参数，不断地迭代这个训练过程直至神经网络收敛之后训练结束。

反向传播经常被误解为用于多层神经网络的整个学习过程。但是，反向传播仅仅指用于梯度计算的方法，而随机梯度下降等使用由反向传播算法计算出的梯度来进行学习。下面详细讲解神经网络是如何利用反向传播进行训练学习的。

图 5.4 为一个三层神经网络，其中各层分别为输入层、隐含层和输出层。首先，部分符号定义如下：

（1）$W_{jk}^{(l)}$ 表示第 $l-1$ 层的第 k 个神经元连接到第 l 层的第 j 个神经元的权重；

（2）$b_j^{(l)}$ 表示第 l 层的第 j 个神经元的偏执；

（3）$z_j^{(l)}$ 表示第 l 层的第 j 个神经元的输入值，计算公式为 $z_j^{(l)} = \sum_k w_{jk}^{(l)} a_k^{(l-1)} + b_j^{(l)}$；

（4）$a_j^{(l)}$ 表示第 l 层的第 j 个神经元的输出，计算公式为 $a_j^{(l)} = \sigma\left(\sum_k w_{jk}^{(l)} a_k^{(l-1)} + b_j^{(l)}\right)$；

（5）σ 为激活函数，通常情况下为 sigmoid 函数。

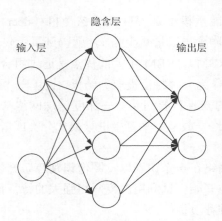

图 5.4   三层神经网络

反向传播算法从整体上分为两步：前向传播和反向传播。下面详细讲解该算法过程。前向传播是信息从输入层开始单向向前传播，经过隐含层，最后到输出层，得到整个网络的输出。也就是说，神经网络中第 n 层的输出将会作为第 $n+1$ 层的输入。对于输入层来说 $a^{(1)} = x$，其中 x 为输入数据，一个 $n{\times}1$ 的列向量。对于隐含层来说，$a^{(l)} = \sigma(W^{(l)}a^{(l-1)} + b^{(l)})$，输出层则为 a^l。利用上文中提到的计算公式，可以进行神经网络前向传播的计算。

接下来是反向传播的过程。损失函数 J 表征的是利用神经网络计算得到的输出值与真实值之间的误差，其值越小表示模型性能越好。即

$$J(W,b;x,y) = \frac{1}{2} \| h_{w,b}(x) - y \|^2 \tag{5.3}$$

在神经网络的训练过程中利用梯度下降法按照下列公式对参数 W 和 b 进行更新：

$$W_{ij}^{(i)} = W_{ij}^{(i)} - \alpha \frac{\partial}{\partial W_{ij}^{(i)}} J(W,b) \tag{5.4}$$

$$b_i^{(i)} = b_i^{(i)} - \alpha \frac{\partial}{\partial b_i^{(i)}} J(W,b) \tag{5.5}$$

式中，α 表示学习率，更新中最为重要的就是利用反向传播求偏导。

$\frac{\partial}{\partial W_{ij}^{(l)}} J(W,b;x,y)$ 和 $\frac{\partial}{\partial b_i^{(l)}} J(W,b;x,y)$ 是样本数据 (x,y) 的损失函数 $J(W,b;x,y)$ 的偏导数。当计算出该偏导数后，很容易能得到所有训练样本数据的损失函数 $J(W,b;x,y)$ 的偏导数。计算结果如下所示：

$$\frac{\partial}{\partial W_{ij}^{(l)}} J(W,b;x,y) = \left(\frac{1}{m} \sum_{i=1}^{m} \frac{\partial}{\partial W_{ij}^{(l)}} J(W,b;x^{(i)},y^{(i)}) \right) + \lambda W_{ij}^{(l)} \tag{5.6}$$

$$\frac{\partial}{\partial b_i^{(l)}} J(W,b;x,y) = \frac{1}{m}\sum_{i=1}^{m} \frac{\partial}{\partial b_i^{(l)}} J(W,b;x^{(i)},y^{(i)}) \tag{5.7}$$

下面总结前文给出反向传播的整个算法过程细节。

（1）进行前馈传导计算，根据前向传播的公式，依次计算 $L_2,L_3,\cdots$ 直到输出层 L_{n_l} 的激活值。

（2）对于第 n_l 层的每个输出单元 i，利用下面公式计算残差：

$$\delta_i^{(n_l)} = \frac{\partial}{\partial z_i^{(n_l)}} J(W,b;x,y) = \frac{\partial}{\partial z_i^{(n_l)}} \frac{1}{2}\|y - h_{W,b}(x)\|^2$$

$$= \frac{\partial}{\partial z_i^{(n_l)}} \frac{1}{2}\sum_{j=1}^{S_{n_l}}(y_j - a_j^{(n_l)})^2 = \frac{\partial}{\partial z_i^{(n_l)}} \frac{1}{2}\sum_{j=1}^{S_{n_l}}(y_j - f(z_j^{(n_l)})^2$$

$$= -(y_i - f(z_i^{(n_l)})) \cdot f'(z_i^{(n_l)}) = -(y_i - a_i^{(n_l)}) \cdot f'(z_i^{(n_l)}) \tag{5.8}$$

（3）对于 $l = n_l - 1, n_l - 2,\cdots,3,2$，利用公式得到第 l 层的第 i 个节点的残差：

$$\delta_i^{(l)} = (\sum_{j=1}^{S_{l+1}} W_{ji}^{(l)} \delta_i^{(l+1)}) f'(z_i^{(l)}) \tag{5.9}$$

（4）计算所需的偏导数，计算公式如下：

$$\frac{\partial}{\partial W_{ij}^{(l)}} J(W,b;x,y) = a_j^{(l)} \delta_i^{(l+1)} \tag{5.10}$$

$$\frac{\partial}{\partial b_i^{(l)}} J(W,b;x,y) = \delta_i^{(l+1)} \tag{5.11}$$

以上就是反向传播的关键步骤，其中激活函数 f 常用 sigmoid 函数，这是因为其导数为 $f'(z_i^{(l)}) = a_i^{(l)}(l - a_i^{(l)})$，计算方便[98]。

5.2.3　随机梯度下降法

随机梯度下降（stochastic gradient descent，SGD）是一个几乎在所有的深度学习算法都要用到的算法。机器学习算法中的损失函数通常可以分解成数据集中的每个样本损失函数的总和。例如，训练数据的负条件对数似然可以写成

$$J(\theta) = E_{x,y\sim p_{\text{data}}} L(x,y,\theta) = \frac{1}{m}\sum_{i=1}^{m} L(x^{(i)},y^{(i)},\theta) \tag{5.12}$$

式中，L 是每个样本的损失函数，$L(x,y,\theta) = -\log p(y\,|\,x;\theta)$。

对于这些相加的损失函数，梯度下降需要计算：

$$\nabla_\theta J(\theta) = \frac{1}{m} \sum_{i=1}^{m} \nabla_\theta L(x^{(i)}, y^{(i)}, \theta)$$ （5.13）

这个运算的计算代价是 $O(m)$。随着训练集的激增，计算一步梯度需要消耗相当长的时间。

随机梯度下降的核心是：梯度是期望。期望可以使用小规模的样本近似估计。在算法的每一步，从训练集中均匀抽出一个小的批量样本。批量样本的大小 m 通常是一个比较小的数字，从一到几百不等。重要的是，随着样本数据的增加，m 通常是固定的。梯度的估计可以表示为

$$g = \frac{1}{m} \nabla_\theta \sum_{i=1}^{m} L(x^{(i)}, y^{(i)}, \theta)$$ （5.14）

在训练神经网络时，通常会使用来自批量样本的数据。然后，随机梯度下降法使用如下的梯度下降估计，其中 ε 是学习率：

$$\theta \leftarrow \theta - \varepsilon g$$ （5.15）

随机梯度下降法的应用非常广泛，它是在大规模数据集上训练大量线性模型的主要方法。对于固定大小的模型，每一步随机梯度下降更新的计算量不取决于训练集的大小 m。模型达到收敛所需要的时间通常会随着训练数据集的增大而增加。然而，当 m 趋向于无限大时，模型最终会在随机梯度下降抽样训练集上的每个样本收敛前达到最优测试误差。继续增加 m 不会延长达到模型最优测试误差的时间。可以认为用 SGD 训练模型的渐近代价是关于 m 的函数的 $O(1)$ 数量级[98]。

5.2.4 优化算法

神经网络的学习目的是找到使损失函数的值尽可能小的参数，也就是寻求最优参数的问题，SGD 虽然能使用，但还不是一个"卓越"的方法，本节主要介绍一些深度学习里常见的优化算法。

1. Momentum

Momentum 是在随机梯度下降法的基础上，增加了动量（momentum）的技术。其核心是通过优化相关方向的训练和弱化无关方向的振荡，来加速 SGD 训练。Momentum 能够在一定程度上缓解随机梯度下降法收敛不稳定的问题，并且有一定的摆脱陷入局部最优解的能力，其中 μ 是动量因子。

$$m_t = \mu \cdot m_{t-1} + g_t$$ （5.16）

$$\Delta\theta_t = -\eta \cdot m_t \tag{5.17}$$

它具有以下特点：

（1）下降初期时，使用上一次参数更新，下降方向一致，乘上较大的 μ 能够进行很好的加速。

（2）下降中后期时，在局部最小值来回振荡的时候，梯度趋于 0，μ 使得更新增幅增大，跳出陷阱。

（3）在梯度改变方向的时候，μ 能够减少更新。

总之，Momentum 能够在相关方向加速 SGD，抑制振荡，从而加快收敛。

2. AdaGrad

通常，我们在每一次更新参数时，对于所有的参数使用相同的学习率。而 AdaGrad 算法的思想是：每一次更新参数时（一次迭代），不同的参数使用不同的学习率。AdaGrad 算法的公式为

$$G_t = G_{t-1} + g_t^2 \tag{5.18}$$

$$\theta_{t+1} = \theta_t - \frac{\alpha}{\sqrt{G_t} + \varepsilon} \cdot g_t \tag{5.19}$$

从公式中我们能发现 AdaGrad 算法的优缺点如下：

（1）优点。对于梯度较大的参数，G_t 相对较大，则 $\frac{\alpha}{\sqrt{G_t} + \varepsilon}$ 较小，意味着学习率会变得较小。而对于梯度较小的参数，则效果相反。这样就可以使得参数在平缓的地方下降得稍微快些，不至于徘徊不前。

（2）缺点。由于是累积梯度的平方，到后面 G_t 累积得比较大，会导致梯度 $\frac{\alpha}{\sqrt{G_t} + \varepsilon} \to 0$，导致梯度消失。

在凸优化中，AdaGrad 算法具有一些令人满意的理论性质。但是，在实际使用中已经发现，对于训练深度神经网络模型而言，从训练开始时累积梯度平方会导致学习率过早过量地减少。AdaGrad 算法在某些深度学习模型上效果不错，但不是全部。

3. Adam

Adam 是一种可以替代传统随机梯度下降过程的一阶优化算法，它能基于训练数据迭代地更新神经网络权重。Adam 最开始是由 OpenAI 的 Kingma 和多伦多大学的 Ba 在 2015 年的论文 "Adam: a Method for Stochastic Optimization"[99] 中提出的。

Adam 与经典的随机梯度下降法是不同的。随机梯度下降保持一个单一的学习率（称为 alpha），用于所有的权重更新，并且在训练过程中学习率不会改变。每一个网络权重（参数）都保持一个学习率，并随着学习的展开而单独地进行调整。该算法从梯度的第一次和第二次矩的预算来计算不同参数的自适应学习率。

4. L1 和 L2 正则化

在理解正则化之前，先了解什么是过拟合，理论上来说，只要参数足够多，而且参数之间的关系足够复杂，模型就可以拟合任意的函数，如果连噪声也都拟合了，这就是过拟合。

既然模型的参数构建出的函数过于复杂，那就把参数减掉一些，让一部分参数不起作用。这个思想就能产生很多防止过拟合的方法。但是回到数学的角度上，模型的学习过程是最小化损失函数的过程。我们可以给模型加一个约束，这个约束通过损失来呈现，一旦学出来的模型过于复杂，就让模型产生较大的损失。我们可以通过参数的范数来解决这个问题。

这个时候就需要使用 1 范数来近似了，就得到了 L1 正则化 $\|w\|_1 = \sum |w_i|$，对所有参数的绝对值求和。直观来想，如果参数的绝对值之和比较大，也说明参数很复杂，如果让参数的 1 范数变得足够小，那么过拟合就没有那么严重了。这样模型的总损失就变成了 $J(w,b) = J_0(W,b) + \lambda \|w\|_1$，这样在让 1 范数变小的时候，自然就会有许多的参数被下降到 0 了。也就起到了正则化的作用。同时有足够多的参数值变成 0，这就是一个稀疏的模型，所以 L1 正则化具有模型稀疏的特点。

但是 1 范数使用绝对值，绝对值函数在 $w_i = 0$ 点是一个不可导点，如果众多参数中有一个为 0，这个时候就没法求梯度了，所以会给梯度下降带来阻力，需要使用其他技巧来优化，这样 L1 正则化的一个弊端就出来了，那就是优化得慢。

范数之间有等价性，1 范数可以正则化，2 范数可以正则化算是一个比较自然的事情（L2 正则化并不是矩阵的 2 范数，而是矩阵的 F 范数），L2 范数使用平方项的话，函数就是处处可导的，这样对于 2 范数做梯度下降就容易一些。所以相对于 L1 正则化，L2 正则化收敛得更加快一点。

L2 对参数约束，也能够使得部分参数变得小一点，起的影响就小，使得模型不是非常复杂，但是 2 范数的约束，可以让参数变得更小，可能参数小到一定程度，产生的影响已经被忽略了，这个参数就不是 2 范数的主要影响因素了，这时该参数就不会继续减小。所以 L2 正则化能够得到比较小的参数，小到可以被忽略，但是无法小到 0，也就不具有稀疏性。

使用 L2 正则化的时候，求导之后做梯度下降，参数的变化可以看成每次在原来的基础上乘一个小于 1 的因子，这样可以理解为 L2 正则化让参数衰减，所以 L2 正则化又称为权重衰减（weight decay）。

有人说，L1 正则化相当于一个菱形（参数的范数）和椭圆（损失函数的等高线）求最先交上的点，然后比较大概率地落到菱形的角上，使用 L2 正则化相当于圆（参数的范围）和椭圆求最先交上的点，事实上，这个观点是错误的。但是作为帮助理解记忆还是可以的。为什么 L1 范数比 L2 范数更容易得到稀疏性，这是由梯度下降算法和范数的特点决定的，具体原因这里不展开。

5. Dropout 正则化

我们知道，典型的神经网络其训练流程是将输入通过网络进行正向传导，然后将误差进行反向传播。Dropout 就是针对这一过程之中，随机地删除隐含层的部分单元，进行上述过程。

综合而言，上述过程的步骤如下：

（1）随机删除网络中的一些隐藏神经元，保持输入输出神经元不变；

（2）将输入通过修改后的网络进行前向传播，然后将误差通过修改后的网络进行反向传播；

（3）对于另外一批的训练样本，重复上述操作（1）。

从 Hinton 的原文以及后续的大量实验论证发现，Dropout 可以比较有效地减轻过拟合的发生，一定程度上达到了正则化的效果。论其原因而言，主要可以分为两个方面。

（1）达到了一种投票的作用。对于全连接神经网络而言，我们用相同的数据去训练 5 个不同的神经网络可能会得到多个不同的结果，可以通过一种投票机制来决定多票者胜出，因此相对而言提升了网络的精度与鲁棒性。同理，对于单个神经网络而言，如果将其进行分批，虽然不同的网络可能会产生不同程度的过拟合，但是将其共用一个损失函数，相当于对其同时进行了优化，取了平均，因此可以较为有效地防止过拟合的发生。

（2）减少神经元之间复杂的共适应性。当隐含层神经元被随机删除之后，使得全连接网络具有了一定的稀疏化，从而有效地减轻了不同特征的协同效应。也就是说，有些特征可能会依赖于固定关系的隐含节点的共同作用，而通过 Dropout 的话，它强迫一个神经单元和随机挑选出来的其他神经单元共同工作，达到好的效果。消除减弱了神经元节点间的联合适应性，增强了泛化能力。由于每次用输入网络的样本进行权重更新时，隐含节点都是以一定概率随机出现，因此不能保证每两个隐含节点每次都同时出现，这样权重的更新不再依赖于有固定关系隐含节点的共同作用，阻止了某些特征仅仅在其他特定特征下才有效果的情况。

总体而言，Dropout 是一个超参，需要根据具体网络，具体的应用领域进行尝试。

5.2.5 权重初始值的合理设置

在深度学习中，神经网络的权重初始化（weight initialization）方法对模型的收敛速度和性能有着至关重要的影响。也就是，神经网络其实就是对权重参数 w 的不停迭代更新，以期达到较好的性能。在深度神经网络中，随着层数的增多，在梯度下降的过程中，极易出现梯度消失或者梯度爆炸。因此，对权重 w 的初始化则显得至关重要，一个好的权重初始化虽然不能完全解决梯度消失和梯度爆炸的问题，但是对于处理这两个问题是有很大帮助的，并且十分有利于模型性能和收敛速度。在本小节中，我们主要讨论两种权重初始化方法。

1. 把 w 初始化为 0

在线性回归和逻辑回归中，基本上都是把参数初始化为 0，我们的模型也能够很好地工作。然而在神经网络中，把 w 初始化为 0 是不可以的。这是因为如果把 w 初始化 0，那么每一层的神经元学到的东西都是一样的（输出是一样的），而且在反向传播的时候，每一层内的神经元也是相同的，因为它们的梯度相同。

2. 对 w 随机初始化

目前常用的就是随机初始化，即 w 随机初始化。一般初始化值会乘以一个 0.01，因为要把 w 随机初始化到一个相对较小的值，如果 x 很大的话，w 又相对较大，会导致 z 非常大，这样如果激活函数是 sigmoid，就会导致 sigmoid 的输出值为 1 或者 0，然后会导致一系列问题（比如 cost function 计算的时候，log 里是 0，这样会导致一些问题，梯度消失或爆炸、训练速度变慢等）。

随机初始化也有缺点，np.random.randn()其实是一个均值为 0、方差为 1 的高斯分布中采样。当神经网络的层数增多时，会发现越往后面层的激活函数（使用 tanh）的输出值几乎都接近于 0，因此会导致梯度消失。

1）Xavier 初始化

Xavier 初始化是 Glorot 等[100]为了解决随机初始化的问题提出来的另一种初始化方法，就是尽可能地让输入和输出服从相同的分布，这样就能够避免后面层的激活函数的输出值趋向于 0。

虽然 Xavier 初始化在处理 tanh 激活函数时效果良好，但在处理当前神经网络中最常用的 ReLU 激活函数时，效果仍然有限。

2）He 初始化

为了解决上面的问题，He 等[101]提出了一种针对 ReLU 的初始化方法，一般称作 He 初始化，效果比 Xavier 初始化好很多。

现在神经网络中，隐含层常使用 ReLU，权重初始化常用 He 初始化这种方法。

■ 5.3　自编码器

自编码器是一种能够通过无监督学习，学到输入数据高效表示的人工神经网络。输入数据的这一高效表示称为编码（codings），其维度一般远小于输入数据，使得自编码器可用于降维。更重要的是，自编码器可作为强大的特征检测器（feature detectors），应用于深度神经网络的预训练。此外，自编码器还可以随机生成与训练数据类似的数据，被称作生成模型（generative model）。比如，可以用人脸图片训练一个自编码器，它可以生成新的图片。

自编码器通过简单学习将输入复制到输出来工作。这一任务（就是输入训练数据，再输出训练数据的任务）听起来似乎微不足道，但通过不同方式对神经网络增加约束，可以使这一任务变得极其困难。比如，可以限制内部表示的尺寸（这就实现降维了），或者对训练数据增加噪声并训练自编码器使其能恢复原有。这些限制条件防止自编码器机械地将输入复制到输出，并强制它学习数据的高效表示。简而言之，编码（就是输入数据的高效表示）是自编码器在一些限制条件下学习恒等函数（identity function）的副产品。自编码结构如图 5.5 所示。

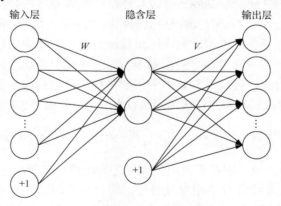

图 5.5　自编码结构图

针对图 5.5 所示的自编码，首先通过编码方式对原始数据特征进行非线性提取，得到隐含层的输入，再由隐含层解码对非线性特征进行还原，还原得到的特征理论上是原始特征的非线性近似。假设有容量为 m、维度为 p 的无标签数据样本，记为 $X = \{X_1, X_2, \cdots, X_m\}$，含有 p 个神经元的输入层与输出层，以及包含 h 个神经元的隐含层。在该网络中，将输入层和隐含层之间的权重矩阵表示为 $W^{(1)} = (w_{kj}^{(1)})_{p \times h}$，其中权重矩阵的每一个元素 $w_{kj}^{(1)}$ 意味着输入层第 j 个神经元与隐含层第 k 个神经元之间的权重参数；$W^{(2)} = (w_{kj}^{(2)})_{p \times h}$ 矩阵表示自编码网络中隐含层和输出层之间的权重，该矩阵中的每一个元素 $w_{kj}^{(2)}$ 代表输出层的第 j 个节点与隐含层第 k 个节点之间的权重参数。偏置参数向量 $b^{(1)} = (b_1^{(1)}, b_2^{(1)}, \cdots, b_h^{(1)})$，其中 $b_k^{(1)}$ 表示隐含层第 k 个神经元对应的偏置参数；偏置参数向量 $b^{(2)} = (b_1^{(2)}, b_2^{(2)}, \cdots, b_p^{(2)})$，其中 $b_j^{(2)}$ 表示输出层第 j 个神经元对应的偏置参数。网络结构确定后，选取 sigmoid 函数作为激活函数，即 $f(x) = \dfrac{1}{1 + \exp(-x)}$，其导数为 $f'(x) = f(x)(1 - f(x))$。当设计矩阵为 $X_{m \times p}$ 时，隐含层的输出矩阵为 $H_{h \times m} = f(W^{(1)} \cdot X^{\mathrm{T}} + b^{(1)})$；接着将隐含层的输出作为输入，得到输出层的估计为 $\hat{X}_{m \times p} = f(W^{(2)} \cdot H + b^{(2)})^{\mathrm{T}}$。因此，通过自编码容量为 m、维度为 p 的输入矩阵经过非线性变换 $\hat{X} = f(W^{(2)} \cdot f((W^{(1)} \cdot X^{\mathrm{T}} + b^{(1)}) + b^{(2)})^{\mathrm{T}}$ 得到输出 $\hat{X}$，这里 $\hat{X}$ 是对输入矩阵的估计。

根据不同的网络结构或者给自编码加上不同的约束可以衍生出许多不同的自编码器。下面将详细介绍三种经典的自编码结构。

5.3.1　稀疏自编码器

稀疏自编码器（sparse autoencoder）是在自编码网络拓扑结构的基础上施加稀疏性约束，构建一个输入层与输出层具有相同神经元个数的单隐含层前馈神经网络，以实现对输入变量的重构。为训练出稀疏自编码网络中的权重参数，首先需要在平方损失函数的基础上加一些正则项，以避免过拟合现象的发生并使得网络具有稀疏性；然后求出各权重参数关于正则化损失函数的偏导函数；最后利用误差反向传播优化算法训练得到最优的网络权重参数。稀疏自编码的损失函数如下：

$$J_{\mathrm{SAE}}(W, b) = \frac{1}{2m} \left\| \hat{X} - X \right\|_2^2 + \frac{\lambda}{2} W^{(1)} + W^{(2)2}_2 + \beta \sum_{j=1}^{h} \mathrm{KL}(\rho \,\|\, \hat{\rho}_j) \qquad (5.20)$$

式（5.20）中的第二项是正则项，也称之为权重衰减项，λ 为权重衰减参数，用于控制式（5.20）中各项的相对重要性。将权重衰减项加入到损失函数中的目的是减小权重的幅度，防止模型出现过拟合现象。为了使单隐含层的自编码网络结构具有稀疏性，我们在训练网络的损失函数中加入了稀疏性惩罚因子，即

$$\mathrm{KL}(\rho \,\|\, \hat{\rho}_k) = \rho \log \frac{\rho}{\hat{\rho}_k} + (1 - \rho) \log \frac{1 - \rho}{1 - \hat{\rho}_k} \qquad (5.21)$$

式（5.20）中的超参数 β 用于控制稀疏性惩罚因子，ρ 为稀疏性系数，一般为一个接近于零的数值。稀疏性惩罚因子的目标就是使隐含层单元的输出接近于 $\hat{\rho}_k = \rho$。令 $a(x)$ 表示隐含层的输出值，$a_k(x)$ 表示第 k 个隐含单元的输出值，其中 $k = 1,2,\cdots,h$。进一步，令

$$\hat{\rho}_k = \frac{1}{m}\sum_{i=1}^{m}a_k(x_i) \tag{5.22}$$

式（5.22）表示隐含层第 k 个神经元的平均输出值。稀疏性要求 $\hat{\rho}_k = \rho$，因此 ρ 和 $\hat{\rho}_k$ 满足式（5.22）。当 $\hat{\rho}_k = \rho$ 时，$\mathrm{KL}(\rho\|\hat{\rho}_k) = 0$，且 $\mathrm{KL}(\rho\|\hat{\rho}_k) = 0$ 的值大于零，随着 $\hat{\rho}_k$ 与 ρ 之间差异的增大而单调递增。因此当 $\hat{\rho}_k = \rho$ 时，惩罚因子 $\beta\sum_{k=1}^{h}\mathrm{KL}(\rho\|\hat{\rho}_k)$ 取最小值。最小化该项可以使得 $\hat{\rho}_k$ 最大限度接近 ρ。总之，稀疏性惩罚项使得隐含层的输出接近设定数值，当设定数值接近零时，隐含层的输出大多数为零，只有少部分比设定数值大，且不为零，这就达到了隐含层输出值稀疏性的目的[102]。

5.3.2 降噪自编码器

降噪自编码器（denoising autoencoder）就是在自编码器的基础之上，为了防止过拟合问题而对输入的数据（网络的输入层）加入噪声，使学习得到的编码器参数具有较强的鲁棒性，从而增强模型的泛化能力。降噪自编码是 Vincent 等[103] 在 2008 年的论文 "Extracting and Composing Robust Features with Denoising Autoencoders" 中提出的。降噪自编码的结构如图 5.6 所示，其中 x 是原始的输入数据，降噪自编码以一定概率把输入层节点的值置为 0，从而得到含有噪声的模型输入 $\tilde{x}$。这和 Dropout 很类似，不同的是 Dropout 是隐含层中的神经元置为 0。使用这个受损的数据 $\tilde{x}$ 去计算 y，计算 z，并将 z 与原始 x 做误差迭代，这样，网络就学习了这个破损的数据。

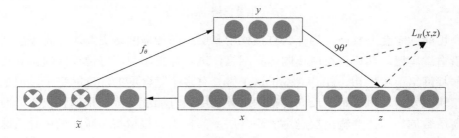

图 5.6 降噪自编码结构图

这个破损的数据是很有用的，原因有二：其一，通过与非破损数据训练的对比，破损数据训练出来的权重噪声比较小。降噪因此得名。原因不难理解，因为

擦除的时候不小心把输入噪声给去掉了。其二，破损数据一定程度上减轻了训练数据与测试数据的代沟。由于部分数据被去除，因而这些破损数据一定程度上接近于测试数据（训练和测试数据肯定有相似之处，也有不同之处，我们通常会保留相同之处，舍弃不同之处）。降噪自编码与人的感知机理论类似，比如人眼看物体时，如果物体某一小部分被遮住了，人依然能够将其识别出来。人在接收到多模态信息时（如声音、图像等），少了其中某些模态的信息有时也不会造成太大影响。自编码器的本质是学习一个相等函数，即网络的输入和重构后的输出相等，这种相等函数的表示有个缺点就是当测试样本和训练样本不符合同一分布，即相差较大时，效果不好，而降噪自编码器在这方面的处理有所进步。

5.3.3　堆叠自编码器

堆叠自编码器（stack autoencoder）是由一系列去噪自编码器堆叠而成，每个去噪自编码器的中间层（即编码层）作为下一层的输入层，这样一层一层堆叠起来，构成一个深层网络，这些网络组成堆叠降噪自编码器的表示部分。这部分通过无监督学习，逐层进行培训，每一层均可以还原加入随机噪声后的输入信号，而此时在每个降噪自编码器中间层即编码层的输出信号，可以视为原始输入信号的某种表示，是对原始输入信号的某种简化表示。当将所有降噪自编码器堆叠形成的网络训练完成之后，再把最后一层的中间层即编码接入逻辑回归网络，作为其输入层，这样就形成了一个新的多层反向传播网络，隐含层之间的权重就是前面利用降噪自编码器逐层训练时所得到的权重矩阵。然后将这个网络视为一个标准的反向传播网络，利用反向传播算法，进行监督学习，最后达到我们希望的状态。堆叠自编码的结构如图 5.7 所示。

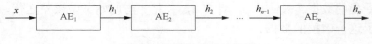

图 5.7　堆叠自编码结构图

可能读者会有疑问，为什么直接就用多层反向传播网络呢？这样先逐层训练降噪自编码器，然后再组成反向传播网络，进行监督学习，好像很麻烦。其实反向传播网络诞生之初，就有人基于这个做具有多个隐含层的深度网络了。但是人们很快就发现，可以基于反向传播网络并利用随机梯度下降法来调整权重，但是随着层数的加深，离输出层越远的隐含层，其权重调整量将递减，最后导致这种深度网络学习速度非常慢，直接限制了其使用，因此在深度学习崛起之前，深层网络基本没有实际成功的应用案例。从堆叠自编码器来看，首先通过逐层非监督学习方式训练独立的降噪自编码器，可以视为神经网络自动发现问题域的特征的过程，通过自动特征提取，来找到解决问题的最优特征。而降噪自编码器的训练可以视为已经对多层反向传播网络进行了初步训练，最后的监督学习是对网络权重的微调优化。这样可以较好地解决深度反向传播网络学习收敛速度慢的问题，使其具有实用价值。

5.4 深度信念网络

5.4.1 玻尔兹曼机

玻尔兹曼机（Boltzmann machine，BM）是一种生成式随机神经网络，由 Hinton 和 Sejnowski 在 1986 年提出[95]，玻尔兹曼机由一些可见单元（对应可见变量，亦即数据样本）和一些隐含层单元（对应隐含层变量）构成，可见变量和隐含层变量都是二元变量，其状态取 0 或 1，状态 0 表示该神经元处于抑制状态，状态 1 表示该神经元处于激活状态。玻尔兹曼机能够学习数据中复杂的规则，具有强大的无监督学习能力。

玻尔兹曼机是一种对称连接的网络，其实它就是图论中的完全图，任意单元都相互连接，像神经元一样的单元会对是否开启或关闭做出随机的决策。最开始玻尔兹曼机只是用来描述只有二值变量的模型，但现在的很多模型，如均值-协方差 RBM 也含有实值变量。

总的来说，玻尔兹曼机的三个性质分别如下。

（1）二值输出：每个随机变量可以用一个二值的随机变量表示。

（2）全连接：所有节点之间是全连接的。

（3）权重对称：每两个变量之间的相互影响是对称的。

玻尔兹曼机中每个变量 X 的联合概率由玻尔兹曼分布得到，即

$$p(x) = \frac{1}{Z} \exp(\frac{-E(x)}{T}) \tag{5.23}$$

式中，Z 为配分函数；能量函数 $E(x)$ 的定义为

$$E(x) \triangleq E(X = x) = -(\sum_{i<j} w_{ij} x_i x_j + \sum_i b_i x_i) \tag{5.24}$$

其中，w_{ij} 是两个变量之间的连接权重，$x_i, x_j \in \{0,1\}$ 表示状态，b_i 是变量 x_i 的偏置。

在玻尔兹曼机中配分函数 Z 通常难以计算，因此联合概率分布 $p(x)$ 一般通过马尔可夫链蒙特卡罗（Markov chain Monte Carlo，MCMC）方法来近似，生成一组服从 $p(x)$ 分布的样本。这里介绍基于吉布斯采样的样本生成方法。

1. 全条件概率

吉布斯采样需要计算每个变量 x_i 的全条件概率 $p(x_i | x_{\backslash i})$，其中 $x_{\backslash i}$ 表示除了 x_i 外其他变量的取值。对于玻尔兹曼机中的一个变量 x，当给定其他变量 $x_{\backslash i}$ 时，全条件概率公式 $p(x_i | x_{\backslash i})$ 为

$$p(x_i | x_{\backslash i}) = \sigma \left(\frac{\sum_j w_{ij} x_j + b_i}{T} \right) \qquad (5.25)$$

$$p(x_i = 0 | x_{\backslash i}) = 1 - p(x_i = 1 | x_{\backslash i}) \qquad (5.26)$$

式中，$\sigma(\cdot)$ 为 sigmoid 函数。

2. 吉布斯采样

玻尔兹曼机的吉布斯采样过程为：随机选择一个变量 X，然后根据其全条件概率 $p(x_i | x_{\backslash i})$ 来设置其状态，即以 $p(x_i = 1 | x_{\backslash i})$ 的概率将变量 X_i 设为 1，否则全为 0。在固定温度 T 的情况下，在运行足够时间之后，玻尔兹曼机会达到热平衡。此时，任何全局状态的概率服从玻尔兹曼分布 $p(x)$，只与系统的能量有关，与初始状态无关。

要使得玻尔兹曼机达到热平衡，其收敛速度和温度 T 相关。当系统温度非常高 $T \to \infty$ 时，$p(x_i | x_{\backslash i}) \to 0.5$，即每个变量状态的改变十分容易，每一种系统状态都是一样的，从而很快可以达到热平衡。当系统温度非常低 $T \to 0$ 时，如果 $\Delta E_i(x_{\backslash i}) > 0$，则 $p(x_i | x_{\backslash i}) \to 1$，如果 $\Delta E_i(x_{\backslash i}) < 0$，则 $p(x_i | x_{\backslash i}) \to 0$，即

$$x_i = \begin{cases} 1, & \sum w_{ij} x_j + b_i \geq 0 \\ 0, & \text{其他} \end{cases} \qquad (5.27)$$

这时，玻尔兹曼机退化为一个 Hopfield 网络。Hopfield 网络是一种确定性的动力系统，每次的状态更新都会使系统的能量降低；而玻尔兹曼机是一种随机性动力系统，每次的状态更新则以一定的概率使得系统的能力上升。

3. 能量最小化与模拟退火

要使得动力系统达到热平衡，温度 T 的选择十分关键。一个比较好的折中方法是让系统刚开始在一个比较高的温度下运行达到热平衡，然后逐渐降低直到系统在一个比较低的温度下达到热平衡。这样我们就能够得到一个能量全局最小的分布，这个过程被称为模拟退火（simulated annealing）。模拟退火是一种寻找全局最优的近似方法。

玻尔兹曼机有一个简单的学习算法，是 Hinton 等[104]在 1983 年提出的，此学

习算法可以发现训练数据中表示复杂规律的特征。此算法在有很多层特征检测器的网络中很慢，但在 RBM 中很快，RBM 只有一个隐含层，也就是只有一层特征检测器，特征检测器就是隐含层中像人脑神经元一样的单元门。

多个隐含层的学习可以通过组合 RBM 高效地实现，即用一个 RBM 的特征激活程度（feature activations）作为下一个 RBM 的训练数据。这种组合就像是堆叠，很多描述 DBN 的文献也常用 stack 一词。

玻尔兹曼机和循环神经网络相比，区别体现在以下几点。

（1）循环神经网络本质是学习一个映射关系，因此有输入层和输出层的概念，而玻尔兹曼机的用处在于学习一组数据的"内在表示"，因此其没有输出层的概念。

（2）循环神经网络各节点连接为有向环，而玻尔兹曼机各节点连接成无向完全图。

玻尔兹曼机常被用于解决两种不同的计算问题：

一是搜索问题（search problem），这种问题中，连接的权重是固定的，它们一起表示一个代价函数。玻尔兹曼机的随机动态性就允许它去采样出一个代价函数取值低的二元状态向量。实际上，这在 DBN 的训练中就是权重固定对隐含层单元采样的操作。

二是学习问题（learning problem），这时，我们会给玻尔兹曼机一组二元状态向量作为输入，二元状态向量就是一个元素要么取 0 要么取 1 的向量，玻尔兹曼机要努力去学习以很高的概率生成这些向量。这说明玻尔兹曼机学习的目的就是以高概率去重现自己接收到的所有输入数据，学习到的参数就是连接的权重和每个隐含层单元的偏置。

具体怎么实现以高概率生成训练数据呢？还是要建立一个代价函数 cost function 去量化问题，努力训练找到使代价函数最小化的权重和偏置。学习问题中，需要多次更新权重，每次更新很小，且每次更新都要解决多个搜索问题，就是在 DBN 或者 RBM 的学习训练中需要对隐含层和显层单元反复采样，所以学习问题中也需要执行搜索问题。

5.4.2 受限玻尔兹曼机

玻尔兹曼机的训练过程非常耗时。为此，Salakhutdinov 等[105]进一步提出了一种受限玻尔兹曼机（RBM），其在玻尔兹曼机的基础上，通过去除同层变量之间的所有连接极大地提高了学习效率。受限玻尔兹曼机的结构如图 5.8 所示。

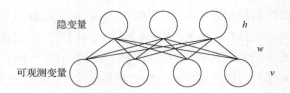

图 5.8　受限玻尔兹曼机结构图

玻尔兹曼机中的变量也分为隐变量和可观测变量，分别用可见层和隐含层来表示这两组变量。同一层中的节点之间没有连接，而不同层一个层中的节点与另一层中的所有节点连接，这和两层的全连接神经网络结构相同。

一个受限玻尔兹曼机由 m_1 个可观测变量和 m_2 个隐变量组成，其定义如下：

（1）可观测随机向量 $v = (v_1, \cdots, v_{m_1})^\mathrm{T}$。

（2）隐藏的随机向量 $h = (h_1, \cdots, h_{m_2})^\mathrm{T}$。

（3）权重矩阵 $W \in R^{m_1 \times m_2}$，其中每个元素 w_{ij} 为可观测变量 v_i 和隐变量 h_i 之间边的权重。

（4）偏置 $a \in R^{m_1}$ 和 $b \in R^{m_2}$，其中 a_i 为每个可观测变量 v_i 的偏置，b_i 为每个隐变量 h_i 的偏置。

受限玻尔兹曼机的能量函数定义为

$$E(v,h) = \frac{1}{Z}\exp(-E(v,h)) = \frac{1}{Z}\exp(a^\mathrm{T}v)\exp(b^\mathrm{T}h)\exp(v^\mathrm{T}Wh) \tag{5.28}$$

受限玻尔兹曼机的联合概率分布 $p(v,h)$ 定义为

$$p(v,h) = \frac{1}{Z}\exp(-E(v,h)) = \frac{1}{Z}\exp(a^\mathrm{T}v)\exp(b^\mathrm{T}h)\exp(v^\mathrm{T}Wh) \tag{5.29}$$

式中，$Z = \sum_{v,h}\exp(-E(v,h))$ 为配分函数。

受限玻尔兹曼机的联合概率分布 $p(v,h)$ 一般也通过吉布斯采样的方法来近似，生成一组服从 $p(v,h)$ 分布的样本。

1.　全条件概率

吉布斯采样需要计算每个变量 V_i 和 H_i 的全条件概率。受限玻尔兹曼机中同层的变量之间没有连接。由无向图的性质可知，在给定可观测变量时，隐变量之间相互条件独立，同样在给定隐变量时，可观测变量之间也相互条件独立，即有

$$p(v_i \mid v_{\backslash i}, h) = p(v_i \mid h) \tag{5.30}$$

$$p(h_j \mid v, h_{\backslash j}) = p(h_j \mid v) \tag{5.31}$$

式中，$v_{\backslash i}$ 表示除变量 V_i 外其他可观测变量的取值；$h_{\backslash j}$ 为除变量 H_j 外其他隐变量

的取值。因此，V_i 的全条件概率只需要计算 $p(v_i|h)$，而 H_i 的全条件概率只需要计算 $p(h_i|v)$。

在受限玻尔兹曼机中，每个可观测变量和隐变量的条件概率为

$$p(v_i = 1|h) = \sigma(a_i + \sum_j w_{ij} h_j) \tag{5.32}$$

$$p(v_j = 1|v) = \sigma(b_j + \sum_i w_{ij} v_i) \tag{5.33}$$

式中，σ 为 sigmoid 函数。

2. RBM 中的吉布斯采样

受限玻尔兹曼机的采样过程如下：

（1）给定或随机初始化一个可观测的向量 v_0，计算隐变量的概率，并从中采样一个隐向量 h_0。

（2）基于 h_0，计算可观测变量的概率，并从中采样一个个可观测的向量 v_t。

（3）重复 t 次后，获得 (v_t, h_t)。

（4）当 $t \rightarrow \infty$ 时，(v_t, h_t) 的采样服从 $p(v, h)$ 分布。

3. 对比散度算法

由于玻尔兹曼机的特殊结构，因此可以使用一种比吉布斯采样更高效的学习算法，即对比散度（contrastive divergence，CD）。对比散度算法仅需 k 步吉布斯采样。为了提高效率，对比散度算法用一个训练样本作为可观测向量的初始值，然后交替对可观测向量和隐向量进行吉布斯采用，不需要等到收敛，只需要 k 步就行了。这就是 CD-k 算法，通常，$k=1$ 就可以学得很好。

从 RBM 的结构可以发现，在给定隐含层单元的状态时，可见层单元之间是条件独立的；反之，在给定可见层单元的状态时，各隐含层单元之间也条件独立。因此，尽管仍然无法有效计算 RBM 所表示的分布，但是通过吉布斯采样能够得到 RBM 所表示的分布的随机样本。但是吉布斯采样通常需要使用较大的采样步数，使得 RBM 的训练效率仍不高。考虑到这种情况，Hinton[106]提出了一种对比散度算法，对比散度算法同样利用吉布斯采样过程（即每次迭代包括从可见层更新隐含层，以及从隐含层更新可见层）来获得随机样本，但是只需迭代 k（通常 $k=1$）次就可获得对模型的估计，而不需要像吉布斯采样一样直到可见层和隐含层达到平稳分布。

RBM 是推荐系统中最早被应用的神经网络模型，当前的应用主要是通过对用户的评分数据进行重构学习到用户的隐表示，从而实现对未知评分的预测。应用场景主要是用户评分预测[5]。

5.4.3 深度信念网络概述

Hinton 等[107]在 2006 年提出了一种深度信念网络（DBN），其是一种由多层非线性变量连接组成的生成式模型。在 DBN 中，靠近可见层的部分是多个贝叶斯信念网络，离可见层最远的部分则是一个 RBM。DBN 的结构可以看作由多个受限玻尔兹曼机层叠构成,网络中前一个RBM的隐含层视为下一个RBM的可见层。这样，在 DBN 的训练过程中，每一个 RBM 都可以使用上一个 RBM 的输出单独训练，因此与传统的神经网络相比，DBN 的训练更加简单。同时，通过这种训练方法，DBN 也能够从无标记数据获取深层次的特征表示。

DBN 网络的训练可采用一种贪婪逐层算法。首先，由最底层 RBM 开始，通过对比散度算法从原始观测数据中学习第一层隐含层单元的状态，然后将参数保存，将隐含层单元的状态作为下一层 RBM 的输入，按照这种方式继续训练，直到整个深层结构训练完成。DBN 当前在推荐系统中应用较少，由于 DBN 在建模一维数据上比较有效，因此被应用在音乐推荐中提取音乐的特征表示。当前的应用场景仅限于音乐推荐[5]。

对于在深度神经网络应用传统的反向传播算法的时候，DBN 遇到了以下问题：

（1）需要为训练提供一个有标签的样本集；

（2）学习过程较慢；

（3）不适当的参数选择会导致学习收敛于局部最优解。

先不考虑最后构成一个联想记忆（associative memory）的两层，一个 DBN 的连接是通过自顶向下的生成权重来指导确定的，RBM 就像一个建筑块一样，相比传统和深度分层的 sigmoid 信念网络，它能易于连接权重的学习。

最开始的时候,通过一个非监督贪婪逐层方法去预训练获得生成模型的权重，非监督贪婪逐层方法被 Hinton 证明是有效的，并被其称为对比分歧（contrastive divergence）。

在这个训练阶段，在可见层会产生一个向量 v，通过它将值传递到隐含层。反过来，可见层的输入会被随机地选择，以尝试去重构原始的输入信号。最后，这些新的可见层激活单元将前向传递重构隐含层激活单元，获得 h（在训练过程中，首先将可视向量值映射给隐含层单元，然后可见单元由隐含层单元重建；这些新可见单元再次映射给隐含层单元，这样就获取新的隐含层单元。执行这种反复步骤叫作吉布斯采样）。这些后退和前进的步骤就是我们熟悉的吉布斯采样，而隐含层激活单元和可见层输入之间的相关性差别就作为权重更新的主要依据。

DBN 的训练时间会显著减少，因为只需要单个步骤就可以接近最大似然学习。增加进网络的每一层都会改进训练数据的对数概率，我们可以理解为越来越接近能量的真实表达。这个有意义的拓展和无标签数据的使用，是任何一个深度学习应用的决定性的因素。

在最高两层，权重被连接到一起，这样更低层的输出将会提供一个参考的线索或者关联给顶层，这样顶层就会将其联系到它的记忆内容。而我们最关心的，最后想得到的就是判别性能，如分类任务里面。

在预训练后，DBN 可以通过利用带标签数据用反向传播算法去对判别性能做调整。在这里，一个标签集将被附加到顶层（推广联想记忆），通过一个自下向上的、学习到的识别权重获得一个网络的分类面。这个性能会比单纯的反向传播算法训练的网络好。这可以很直观地解释 DBN 的反向传播算法只需要对权重参数空间进行一个局部的搜索，相比前向神经网络来说，训练要快，而且收敛的时间也少。

DBN 在训练模型的过程中主要分为两步。

（1）分别单独无监督地训练每一层 RBM 网络，确保特征向量映射到不同特征空间时，都尽可能多地保留特征信息。

（2）在 DBN 的最后一层设置反向传播网络，接收 RBM 的输出特征向量作为它的输入特征向量，有监督地训练实体关系分类器。而且每一层 RBM 网络只能确保自身层内的权重对该层特征向量映射达到最优，并不是对整个 DBN 的特征向量映射达到最优，所以反向传播网络还将错误信息自顶向下传播至每一层 RBM，微调整个 DBN 网络。

上述训练模型中，第（1）步在深度学习的术语称为预训练，第（2）步称为微调。最上面有监督学习的那一层，根据具体的应用领域可以换成任何分类器模型，而不必是反向传播网络。

DBN 的灵活性使得它的拓展比较容易。一个拓展就是卷积 DBNs（convolutional deep belief network，CDBN）。DBN 并没有考虑图像的二维结构信息，因为输入是简单地将图像矩阵展开为一维向量。而 CDBN 就是考虑到了这个问题，它利用邻域像素的空域关系，通过一个称为卷积 RBM 的模型区达到生成模型的变换不变性，而且可以容易地变换到高维图像。DBN 并没有明确地处理对观察变量的时间联系的学习上，虽然目前已经有这方面的研究，如堆叠时间 RBM，以此为推广，引入了序列学习被称为时间卷积机器，这种序列学习的应用为语音信号处理问题带来了一个备受期待的未来研究方向。

目前，和 DBN 有关的研究包括堆叠自编码器，它是通过堆叠自编码器来替换传统 DBN 里面的 RBM。这就使得可以通过同样的规则来训练产生深度多层神经网络架构，但它缺少层的参数化的严格要求。与 DBN 不同，自编码器使用判别模型，这样的结构很难输入采样空间，就使得网络更难捕捉它的内部表达。但是，降噪自编码器却能很好地避免这个问题，并且比传统的 DBN 更优。它通过在训练过程添加随机的污染并堆叠产生场泛化性能。训练单一的降噪自编码器的过程和 RBM 训练生成模型的过程一样。

■ 5.5　深度生成模型

最早出现的生成模型是玻尔兹曼机和受限玻尔兹曼机。受限玻兹曼机不仅在降维、分类、协同过滤、特征学习和主题建模中得到应用，同时 Bengio 还表明在2006 年深度学习最开始的进程中，RBM 也可以应用于第一阶段的深度神经网络。随后在 20 世纪 90 年代出现了 Helmholtz 机和 sigmoid 信念网络。Hinton 于 2006 年提出深度信念网络（DBN），是第一批成功应用深度架构训练的非卷积模型之一，它在 MNIST 数据集上表现超过内核化支持向量机，尽管现在与其他无监督或生成学习算法相比，DBN 大多已经失去了青睐并很少使用，但它们在深度学习历史中的重要作用仍应该得到承认。除了用于分类任务之外，深度生成模型还被用于回归任务、可视物体识别、语音识别、降维、信息获取、自然语言处理、机器人等各个应用领域。2014 年，Goodfellow 等[108]提出生成对抗网络（generative adversarial network，GAN）之后，又出现了基于 GAN 的改进结构，比如基于深度卷积网络的生成对抗网络等。2016 年，Google 的 DeepMind 研究实验室公布了用于语音合成的深度生成网络 Wavenet，其生成的语音效果更加逼真，2017 年Google 将该技术产品化。

深度生成模型基本都是以某种方式寻找并表达（多变量）数据的概率分布。有基于无向图模型（马尔可夫模型）的联合概率分布模型，另外就是基于有向图模型（贝叶斯模型）的条件概率分布。前者的模型是构建隐含层（hidden layer）和可见层（visible layer）的联合概率，然后去采样。基于有向图的则是寻找隐含层和可见层之间的条件概率分布，也就是给定一个随机采样的隐含层，模型可以生成数据。生成模型的训练是一个非监督过程，输入只需要无标签的数据。除了可以生成数据，还可以用于半监督学习。比如，先利用大量无标签数据训练好模型，然后利用模型去提取数据特征（即从数据层到隐含层的编码过程），之后用数据特征结合标签去训练最终的网络模型。另一种方法是利用生成模型网络中的参数去初始化监督训练中的网络模型，当然，两个模型需要结构一致。由于实际中更多的数据是无标签的，因此非监督和半监督学习非常重要，生成模型也非常重要。深度生成模型能学习到高层的特征表达，因此广泛应用于视觉物体识别、信息获取、分类和回归等任务。深度生成模型蕴含以下三个重要原则：

（1）在一层中可以学习多层次的表征；

（2）可以完全采用无监督学习；

（3）一个单独的微调步骤可以用于进一步提高最后模型的生成或者识别效果[109]。

具体的（深度）生成模型有：玻尔兹曼机、受限玻尔兹曼机、深度信念网络、深度玻尔兹曼机、sigmoid 信念网络（sigmoid belief network）、可微生成器网络（differentiable generator network）、变分自编码器（variational autoencoder，VAE）、生成对抗网络、生成矩匹配网络（generative moment matching network）、卷积生成网络（convolutional generative network）、自回归网络（auto-regressive network）、线性自回归网络（linear auto-regressive network）、神经自回归网络（neural auto-regressive network）、神经自回归分布估计（neural auto-regressive density estimator，NADE）、生成随机网络（generative stochastic network，GSN）等。

然而，深度生成模型发展到现在遇到了以下瓶颈：

（1）为了证明新发明的生成模型比之前存在的模型更能捕获一些分布，研究者通常需要将一个生成模型与另一个生成模型比较。但是往往不能实际评估模型下数据的对数概率，仅可以评估一个近似。在这些情况下，重要的是思考和沟通清楚正在测量什么。

（2）评估生成模型的评估指标往往是自身困难的研究问题，可能很难确定模型是否被公平比较。

（3）预处理的变化会导致生成式建模的不同，甚至非常小和微妙的变化也是完全不可接受的。对输入数据的任何更改都会改变要捕获的分布，并从根本上改变任务。

（4）因为从数据分布生成真实样本是生成模型的目标之一，所以实践者通常通过视觉检查样本来评估生成模型。在最好的情况下，这不是由研究人员本身，而是由不知道样品来源的实验受试者完成，这可能会造成非常差的概率模型产生非常好的样本的结果。

（5）由于样本的视觉质量不是可靠的标准，所以当计算可行时，通常还评估模型分配给测试数据的对数似然。但是在某些情况下，似然性似乎不可能测量我们真正关心的模型的任何属性。

生成模型有许多不同的用途，因此指标的选择必须与模型的预期用途相匹配。生成式建模中较重要的研究课题之一不仅仅是如何提升生成模型，事实上还包括了设计新的技术来衡量我们的进步。下面将介绍一些经典的深度生成模型。

5.5.1　变分自编码

在讨论变分自编码器前，有必要先讨论清楚它与自编码器的区别是什么，它究竟是干什么用的。在 5.3 节中我们介绍过自编码器，自编码器是一种数据压缩方式，它把一个数据点 x 有损编码为低维的隐向量 z，通过 z 可以解码重构回 x。这是一个确定性过程，我们实际无法拿它来生成任意数据，因为要想得到 z，就必须先用 x 编码。变分自编码器可以用来解决这个问题，它可以直接通过模型生成隐向量 z，并且生成的 z 既包含了数据信息又包含了噪声，因此用各不相同的 z 可以生成无穷无尽的新数据。所以问题的关键就是怎么生成这种 z。我们更加具体地描述一下需求。我们要生成和原数据相似的数据，那当然得有一个模块能够学习到数据的分布信息，这个被称为编码器。这个编码器获得了数据分布信息，应该融入一些随机性，所以引入了高斯噪声。这两部分信息融合后，应该由另一个模块解码生成新的数据，所以又需要一个解码器。如此下来，就出现了变分自编码器的大致结构，如图 5.9 所示。

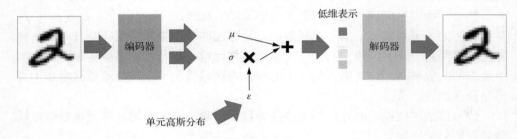

图 5.9　变分自编码器结构图

在对变分自编码器有一个基本的了解后，我们可以来看看它究竟是怎么做的。但问题又来了，变分自编码器既涉及神经网络，又涉及概率模型，我们将从神经网络和概率模型两个角度对变分自编码器进行介绍。

从神经网络角度，以神经网络语言描述的话，变分自编码器包含编码器、解码器和损失函数三部分。编码器将数据压缩到隐向量 z 中。解码器根据隐向量 z 重建数据。编码器是一个神经网络，它的输入是数据点 x，输出是隐向量 z，它的参数是 θ，因此编码器可以表示为 $q_\theta(z|x)$。为了更具体地说明，假设 x 是 784 维的黑白图片向量。编码器需要将 728 维的数据 x 编码到隐向量 z，而且 z 的维度要比 784 小很多，这就要求编码器必须学习将数据有效压缩到此低维空间的方法。此外，假设 z 是服从高斯分布的，编码器输出 z 的过程实际上可以分解成两步：

（1）首先编码器输出高斯分布的参数（均值、方差），这个参数对于每个数据点都是不一样的。

（2）将噪声与该高斯分布融合并从中采样获得 z。

解码器也是一个神经网络，它的输入是隐向量 z，输出是数据的概率分布，它的参数是 ϕ，因此解码器可以表示为 $q_\theta(z|x)$。还是以上面例子讲解，假设每个

像素取值是 0 或者 1，一个像素的概率分布可以用伯努利分布表示。因此解码器输入 z 之后，输出 784 个伯努利参数，每个参数表示图中的一个像素是取 0 还是取 1。原始 784 维图像 x 的信息是无法获取的，因为解码器只能看到压缩的隐向量 z。这意味着存在信息丢失问题。变分自编码器的损失函数是带正则项的负对数似然函数。因为所有数据点之间没有共享隐向量，因此每个数据点的损失 l_i 是独立的，总损失 $\mathcal{L} = \sum_{i=1}^{N} l_i$ 是每个数据点损失之和。而数据点 x_i 的损失 l_i 可以表示为

$$l_i(\theta, \phi) = -\mathbb{E}_{z \sim p\theta(z|x_i)}[\log_{p_\phi}(x_i|z)] + \mathrm{KL}(p_\theta(z|x_i) \| p(z)) \qquad (5.34)$$

第一项是重构损失，目的是让生成数据和原始数据尽可能相近。第二项 KL 散度是正则项，它衡量了两个分布的近似程度。重构损失是为了保证压缩数据的准确性，在变分自编码器中，$p(z)$ 被指定为标准正态分布，也就是 $p(z) = \mathrm{Normal}(0,1)$。那正则项的存在就是要让 $p_\theta(z|x_i)$ 也接近正态分布。如果没有正则项，模型为了减小重构损失，会不断减小随机性，也就是编码器输出的方差，没有了随机性变分自编码器也就无法生成各种数据了。因此，变分自编码器需要让编码的 z，即 $\rho_\theta(z|x_i)$ 接近正态分布。如果编码器输出的 z 不服从标准正态分布，将会在损失函数中对编码器施加惩罚。

从概率模型的角度重新看变分自编码器。在最后，我们仍然会回到神经网络。变分自编码器可以用图 5.10 概率图模型表示。

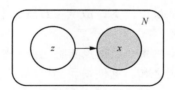

图 5.10　变分自编码器概率图模型

隐向量 z 从先验分布 $p(z)$ 中采样得到，然后数据点 x 从以 z 为条件的分布 $p(x|z)$ 中产生。整个模型定义了数据和隐向量的联合分布 $p(x|z) = p(x|z)p(z)$，对于手写数字而言，$p(x|z)$ 就是伯努利分布。上面所说的是根据隐向量 z 重构数据 x 的过程，但我们如何得到数据 x 对应的隐向量 z 呢？或者说如何计算后验概率 $p(x|z)$。根据贝叶斯定理：

$$p(z|x) = \frac{p(x|z)p(z)}{p(x)} \qquad (5.35)$$

考虑分母 $p(x)$，它可以通过 $p(x) = \int p(x|z)p(z)\mathrm{d}z$ 计算。但不幸的是，该积分需要指数时间来计算，因为需要对所有隐变量进行计算。没办法直接求解，就只能

近似该后验分布了。假设我们使用分布 $q_\lambda(z|x)$ 来近似后验分布，λ 是一个参数。在变分自编码器里，后验分布是高斯分布，因此 λ 就是每个数据点隐向量的均值和方差 $\lambda_{x_i} = (\mu_{x_i}, \sigma_{x_i}^2)$。这也说明了每个数据点的后验分布是不一样的，我们实际上是要求 $q_\lambda(z|x_i)$，要得到每个数据点所对应的 λ_{x_i}。那么怎么知道用分布 $q_\lambda(z|x)$ 近似真实的后验分布 $p(z|x)$ 到底好不好呢？可以用 KL 散度来衡量：

$$\mathrm{KL}(q_\lambda(z|x) \| p(z|x)) = \mathbb{E}_q[\log q_\lambda(z|x)] - \mathbb{E}_q[\log p(x|z)] + \log p(x) \quad (5.36)$$

现在的目标就变成了找到使得 KL 散度最小的参数 λ^*。最优的后验分布就可以表示为

$$q_{\lambda^*}(z|x) = \arg\min_\lambda \mathrm{KL}(q_\lambda(z|x) \| p(z|x)) \quad (5.37)$$

但是这依然无法进行计算，因为仍然会涉及 $p(x)$，还需要继续改进。接下来就要引入函数：

$$\mathrm{ELBO}(\lambda) = \mathbb{E}_q[\log p(x|z)] - \mathbb{E}_q[\log q_\lambda(z|x)] \quad (5.38)$$

将 ELBO 与上面的 KL 散度计算公式结合，得到

$$\log p(x) = \mathrm{ELBO}(\lambda) + \mathrm{KL}(q_\lambda(z|x) \| p(z|x)) \quad (5.39)$$

由于 KL 散度始终是大于等于 0 的，而 $\log p(x)$ 是一个定值，这意味着最小化 KL 散度等价于最大化 ELBO。ELBO（evidence lower bound）让我们能够对后验分布进行近似推断，可以从最小化 KL 散度中解脱出来，转而最大化 ELBO。而后者在计算上是比较方便的。

在变分自编码器模型中，每个数据点的隐向量 z 是独立的，因此 ELBO 可以被分解成所有数据点对应项之和。这使得我们可以用随机梯度下降来进行学习，因为各个最小批（mini-batch）之间独立，只需要最大化一个 mini-batch 的 ELBO 就可以了。每个数据点的 ELBO 表示如下：

$$\mathrm{ELBO}_i(\lambda) = \mathbb{E}_{z \sim q_\lambda(z|x_i)}[\log p(x_i|z)] - \mathrm{KL}(q_\lambda(z|x_i) \| p(z)) \quad (5.40)$$

现在可以再用神经网络来进行描述了。使用一个推断网络（或编码器）$q_\theta(z|x)$ 建模 $q_\lambda(z|x)$，该推断网络输入数据 x 然后输出参数 λ。再使用一个生成网络（或解码器）$p_\phi(x|z)$ 建模 $p(x|z)$，该生成网络输入隐向量和参数，输出重构数据分布。θ 和 ϕ 是推断网络和生成网络的参数。此时可以使用这两个网络来重写上述 ELBO：

$$\mathrm{ELBO}_i(\theta, \phi) = \mathbb{E}_{z \sim q_\theta(z|x_i)}[\log p_\phi(x_i|z)] - \mathrm{KL}(q_\theta(z|x_i) \| p(z)) \quad (5.41)$$

可以看到，$\mathrm{ELBO}_i(\theta, \phi)$ 和我们之前从神经网络角度提到的损失函数就差一个

符号，即 $\text{ELBO}_i(\theta,\phi) = -l_i(\theta,\phi)$。一个需要最大化，一个需要最小化，所以本质上是一样的。我们仍然可以将 KL 散度看作正则项，将期望看作重构损失。但是概率模型清楚解释了这些项的意义，即最小化近似后验分布 $q_\lambda(z\,|\,x)$ 和模型后验分布 $p(x\,|\,z)$ 之间的 KL 散度。

5.5.2　对抗网络的生成

2014 年，Goodfellow 等[108]启发自博弈论中的二人零和博弈，开创性地提出了生成对抗网络。生成对抗网络包含一个生成模型和一个判别模型。其中，生成模型负责捕捉样本数据的分布，而判别模型一般情况下是一个二分类器，判别输入是真实数据还是生成的样本。这个模型的优化过程是一个"二元极小极大博弈"问题，训练时固定其中一方（判别网络或生成网络），更新另一个模型的参数，交替迭代，最终，生成模型能够估测出样本数据的分布。生成对抗网络的出现对无监督学习、图片生成的研究起到极大的促进作用。生成对抗网络已经从最初的图片生成，被拓展到计算机视觉的各个领域，如图像分割、视频预测、风格迁移等。

生成对抗网络包含一个生成模型 G 和一个判别模型 D，其结构[110]如图 5.11 所示。生成对抗网络的目的是学习到训练数据的分布 p_g，为了学习该分布，首先定义一个输入噪声变量 $p_z(z)$，接下来将其映射到数据空间 $G(z;\theta_g)$，这里的 G 就是一个以 θ_g 作为参数的多层感知网络构成的生成模型。此外，定义一个判别模型 $D(X;\theta_d)$ 用来判断输入的数据是来自生成模型还是训练数据，D 的输出为 x 是训练数据的概率。最后训练 D 使其尽可能准确地判断数据来源，训练 G 使其生成的数据尽可能符合训练数据的分布。需要说明的是，D 和 G 的优化必须交替进行，因为在有限的训练数据情况下，如果先将 D 优化完成会导致过度拟合，从而模型不能收敛。

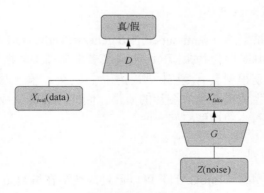

图 5.11　生成对抗网络结构图

生成对抗网络的衍生有很多种，介绍如下。

1. 条件生成对抗网络

条件生成对抗网络（conditional generative adversarial net，CGAN）是生成对抗网络的一个扩展，条件生成对抗网络可以根据输入条件不同生成相应类型的图片。它的生成模型和判别模型都基于一定的条件 y。这里的 y 可以是任何的额外信息，例如，类别标签或者数据属性等。这样生成模型 G 就有两个输入：$p_z(z)$ 和 y。一般情况下，$p_z(z)$ 和 y 以隐藏节点连接的方式结合在一起。因此，该二元极小极大问题的目标函数就变为

$$\min_G \max_D V(D, G) = \mathbb{E}_{x \sim p_{\text{danual}}}[\log D(x \mid y)] + \mathbb{E}_{z \sim p_z(z)}[\log(1 - D(G(z \mid y)))] \quad (5.42)$$

2. 深度卷积生成对抗网络

深度卷积生成对抗网络将卷积神经网络（convolutional neural network，CNN）引入生成模型和判别模型当中，使得生成性能有了质的提升，以至于后来很多工作都在该网络的基础上进行改进。该网络结构的几个设计要点如下：

（1）将卷积网络中的池化层用相应步长的卷积层代替；

（2）在生成模型和判别模型中都使用了批归一化层；

（3）去掉了网络中的全连接层；

（4）在生成模型中采用 ReLU 激活函数；

（5）在判别模型中采用 LeakyReLU 激活函数。

深度卷积生成网络相对于一般的生成对抗网络而言具有更强大的生成能力，同时训练起来更加稳定、容易，生成样本更加多样化。深度卷积生成网络生成的图片足以以假乱真，但缺点是生成图像分辨率比较低（64×64），这也是目前各种生成对抗网络及其变体所具有的共同问题，因此，如何生成高质量、高分辨率图像将会是一个热门研究方向。

3. 半监督生成对抗网络

半监督生成对抗网络（semi-supervised generates adversarial network，SGAN）的判别模型不仅仅判断图像的来源（G 生成或者来自训练数据），同时判断图像的类别，这样使得判别模型具有更强的判别能力。另外，输入网络的类别信息也在一定程度上提高了生成模型生成图片的质量，因此半监督生成对抗网络的性能要比普通的生成对抗网络的性能略好一些。

4. 信息生成对抗网络

信息生成对抗网络（InfoGAN）可以通过改变潜在编码 c 的值来控制生成图片的属性，例如生成不同倾斜度或者粗细的数字。它在一般的生成对抗网络的基

础上增加了一个潜在编码 c，其中 c 可以包含多种变量，比如在 MNIST 中，c 可用一个值来表示类别，一个高斯分布的值来表示手写体的粗细。网络中生成模型的输入 $p_z(z)$ 和 y，输出为 $G(z,c)$。为了避免网络没有监督使用 c，信息生成对抗网络在优化的目标函数中增加了一项 $I(c;G(z,c))$，用来表示共同信息的程度。因此该网络的目标函数为

$$\min_G \max_D V(D,G) = \mathbb{E}_{x \sim p_{anuw}}[\log D(x)] + \mathbb{E}_{z \sim p_z(z)}[\log(1 - D(G(z,c)))] - \lambda I(c;G(z,c))$$

$$（5.43）$$

■ 5.6　卷积神经网络

　　虽然早在 1996 年 IMB 的深蓝计算机就击败了世界围棋冠军加里卡斯帕罗夫，但是直到现在为止，计算机也很难完成一些看似很简单的任务，比如检测出图片中的动物或者识别语言等。为何这些工作在我们人类看来毫不费力？原因是感知主要发生在我们的意识之外，在大脑专门的视觉、听觉和其他感官模块中。当感知信息到达意识时，它已经被高层次的特征修饰过了。例如，当你看见一张小狗的照片时，你不能选择不看小狗，或者忽视它的可爱。你不能解释你是如何识别一只可爱的小狗，这对你来说只是显而易见的事情。所以，不能相信我们的主观经验：感知根本不是微不足道的事情。要了解它，我们必须着眼于感知模块是如何运作的。卷积神经网络[111]起源于对大脑的视觉皮层的研究，从 20 世纪 80 年代起被用于图像识别。在过去几年中，由于计算机计算能力提高，可用训练数据数量的增加，卷积神经网络已经在一些复杂的视觉任务中实现了表现出色，广泛用于图片搜索服务、自动视频分类系统、自动驾驶汽车等。此外，不局限于视觉感知，卷积神经网络也成功用于其他任务，如语音识别、自然语言处理（NLP）与推荐系统。

5.6.1　卷积的意义

　　在信号处理中，卷积有一个很重要的定理——卷积定理。这个定理应用非常广泛，在信号处理中有着举足轻重的地位。它的意义在于可以将时域中复杂的卷积运算转换为频域中简单的相乘运算，即

$$(f \cdot g)(t) \Leftrightarrow F(w)G(w)$$

$$（5.44）$$

　　要理解卷积定理，还需要先知道傅里叶变换。傅里叶变换是将时域中的数据转换到频域中的一种方法，它将函数分解为一系列不同频率的三角函数的叠加，可以将它理解为从另一个维度去观察数据。曾有人这样比喻傅里叶变换：如果把

图像比作一道做好的菜，那么傅里叶变换可以找出这道菜的具体配料及各种配料的用量，不管这道菜的具体制作过程如何，它都可以清晰地分辨出来。将图像和卷积核都变换到频域中，变换后卷积核作为一个滤波器，对变换后的频域图像进行处理，当卷积核对应的滤波器是一个低通滤波器时，进行图像处理时会过滤掉一些较高的频率，如果将经过滤波器后的频域图像变换回像素空间，我们就会看到一些细节丢失了，这是因为高额对应着剧烈变化的区域，也就是图像的边缘、细节等。

5.6.2 卷积神经网络组成

1. 卷积层

卷积神经网络中每层卷积层（convolutional layer）都是由若干卷积单元组成，每个卷积单元的参数都是通过反向传播算法优化得到的。卷积运算的目的是提取输入的不同特征，第一层卷积层可能只能提取一些低级的特征如边缘、线条和角等层级，更多层的网络能从低级特征中迭代提取更复杂的特征。卷积层由一组滤波器组成，滤波器可以视为二维数字矩阵。

可以将滤波器与输入图像进行卷积来产生输出图像，那么什么是卷积操作呢？以图像数据为例，具体的步骤如下：

（1）在图像的某个位置上覆盖滤波器；

（2）将滤波器中的值与图像中的对应像素的值相乘；

（3）把上面的乘积加起来，得到的和是输出图像中目标像素的值；

（4）对图像的所有位置重复此操作。

2. 线性整流层

线性整流层（rectified linear units layer，ReLU layer）[100]使用线性整流（ReLU）$f(x) = \max(0, x)$ 作为这一层神经的激活函数。它可以增强判定函数和整个神经网络的非线性特性，而本身并不会改变卷积层。

事实上，其他的一些函数也可以用于增强网络的非线性特性，如双曲正切函数 $f(x) = \tanh(x)$、$f(x) = |\tanh(x)|$ 或者 sigmoid 函数 $f(x) = (1 + e^{-x})^{-1}$。相比其他函数来说，ReLU 函数更受青睐，这是因为它可以将神经网络的训练速度提升数倍，而并不会对模型的泛化准确度造成显著影响。

3. 池化层

池化（pooling）是卷积神经网络中另一个重要的概念，它实际上是一种形式的降采样。有多种不同形式的非线性池化函数，而其中"最大池化"（max pooling）是最为常见的。它是将输入的图像划分为若干个矩形区域，对每个子区域输出最大值。直觉上，这种机制能够有效的原因在于，在发现一个特征之后，它的精确位置远不及它和其他特征的相对位置的关系重要。池化层会不断地减小数据的空间大小，因此参数的数量和计算量也会下降，这在一定程度上也控制了过拟合。通常来说，卷积神经网络的卷积层之间都会周期性地插入池化层。

池化层通常会分别作用于每个输入的特征并减小其大小。最常用的池化层形式是每隔 2 个元素从图像划分出 2×2 的区块，然后对每个区块中的 4 个数取最大值。这将会减少 75% 的数据量。

除了最大池化之外，池化层也可以使用其他池化函数，如平均池化、L2 范数池化等。平均池化的使用曾经较为广泛，但是最近由于最大池化在实践中的表现更好，平均池化已经不太常用。

4. 损失函数层

损失函数层（loss layer）用于决定训练过程如何来"惩罚"网络的预测结果和真实结果之间的差异，它通常是网络的最后一层。各种不同的损失函数适用于不同类型的任务。例如，softmax 交叉熵损失函数常常被用于在 k 个类别中选出一个，而 sigmoid 交叉熵损失函数常常用于多个独立的二分类问题，欧几里得损失函数常常用于结果取值范围为任意实数的问题。

5.6.3　卷积神经网络特点

卷积神经网络具有以下三个特点：局部连接、权重共享、层次化表达。

1. 局部连接

由于图像通常具有局部相关性，因此卷积计算每次只在与卷积核大小对应的区域进行，也就是说输入和输出是局部连接的。如果使用多层感知机来处理图像，一种简单的思路是将多维的输入图像变换为一个向量并作为多层感知机的输入，对于大小为 224×224×3 的图像，拉平为一个向量作为输入将会需要 150528 个神经元。如果第一个隐含层神经元数量为 32，那么将会引入 480 万个参数，这么大的参数量会带来两个问题：第一，计算复杂度高；第二，有过拟合的风险。如果使用 3×3 的卷积核，输出的通道数为 32，引入的参数量在 1000 以下，远远小于多层感知机需要的参数。卷积操作与生物学上的一些概念很类似，在神经系统中，神经元通常只响应一部分的刺激信号，比如视网膜受到光的刺激，向视觉皮层传递信号，通常只有一部分视觉皮层神经元会响应这个信号，这种机制称为局部感知。对于卷积来说也是这样的，连续使用两层 3×3 卷积时，它的输出仅与 5×5 大小的输入区域有关，在深度卷积神经网络中，有效的感知区域通常比输入区域更小。

2. 权重共享

卷积神经网络的第二个特征是权重共享。在图像中，不同的区域使用相同的卷积核参数，一方面减少了参数量，另一方面带来了平移不变性。平移不变性指的是不管输入如何平移，总能够得到相同的输出。比如，对于左右两只完全相同的眼睛，使用相同的卷积核，在眼睛对应的区域进行卷积，都能够输出相同的结果，这是由权重共享机制带来的。另外，池化也带来了一些平移不变性，如最大池化，因为它是对感知域的信息使用最大值进行聚合，当输入在感知域内变化时，池化层的输出也不会改变。

3. 层次化表达

卷积神经网络的第三个特征是可以学到层次化的表达。卷积神经网络通过卷积层堆叠得到，一直都是对前一层进行变换，提取的特征从低层次到高层次，逐渐变得抽象，低层次的卷积一般是提取简单的特征信息，如颜色、边缘等，它的感知也相对较小，对应的都是局部性特征；中间层次的卷积得到的特征开始变得抽象，如纹理结构；高层次的卷积得到的特征更加抽象，如图像的语义，由于它的感知域更大，因此它是更加全局性的特征。高层次的特征是在低层次特征的基础上得到的，通常来说，低层次的特征更加通用，高层次的特征与具体的任务关联性更强。

5.6.4　卷积神经网络架构

典型的卷积神经网络架构堆叠几个卷积层（每个卷积层通常有一个 ReLU 层），然后是一个池化层，接着是另外的几个卷积层（ReLU 作为激活函数），之后是另一个池化层，以此类推。在经过网络处理的过程中，图像变得越来越小，但是由于卷积层它会变得越来越深（即具有更多的特征）。在模型的顶部，一般添加了由几个全连接层组成的常规前反馈神经网络，最后的层输出预测（输出估计类概率的 softmax 层）。

1. LeNet-5 架构

LeNet-5[111]可能是最广为人知的卷积神经网络架构。如前文所述，它是 Yann LeCun 在 1998 年创建的，并被广泛用于手写数字识别（MNIST）。它由表 5.1 所示的各层组成，需要注意如下几点：

（1）MNIST 图像是（28×28）像素的，但是它们被零填充到（32×32）像素，并且在输入到网络之前进行了归一化处理。网络的其余部分都不再使用任何填充，这就是图片在经过网络处理的过程中尺寸不断缩小的原因。

（2）池化层比平常稍微复杂：每个神经元计算输入值，然后将结果乘以一个可学习系数（每个特征图一个）并添加一个可学习偏置参数（同样，每个特征图一个），最终应用激活函数。

（3）大多数 C3 图中的神经元只连接到 S2 图中的 3~4 个神经元而不是所有的 6 个 S2 特征图。

（4）输出层有一些特殊：每个神经元输出其输入向量和权重向量之间的欧几里得距离的平方，而不是计算输入和权重向量之间的点乘。每个输出衡量该图片属于某个特定类的可能性。在这里交叉熵代价函数是很重要的，因为它可以很大程度上减少不良预测，产生更大的梯度并且因此更快地收敛。

表 5.1 LeNet-5 架构

层	类型	尺寸	像素	卷积核	步幅	激活函数
OUT	全连接	—	10	—	—	RBF
F6	全连接	—	84	—	—	tanh
C5	卷积	120	1×1	5×5	1	tanh
S4	平均池化	16	5×5	2×2	2	tanh
C3	卷积	16	10×10	5×5	1	tanh
S2	平均池化	6	14×14	2×2	2	tanh
C1	卷积	6	28×28	5×5	1	tanh
In	输入	1	32×32	—	—	—

2. AlexNet 架构

AlexNet 架构以大比分赢得 2012 年的 ILSVRC 竞赛：其 top-5 错误率是 17%，远优于第二名的 26%。这个架构是由 Alex Krizhevsky（算法以他的名字命名）、Ilya Sutskever 和 Geoffrey E. Hinton 提出的[112]。它和 LeENet-5 架构很相似，只是比 LeNet-5 更大更深。它直接将卷积层堆叠到其他层之上，而不是在每个卷积层之上堆叠池化层。表 5.2 显示了 AlexNet 架构。

为了缓解过度拟合，模型提出者使用了两种正则化技术，首先，在训练期间输出层 F8 和 F9 使用淘汰策略（淘汰率为 50%）；其次，使用改变光照条件、各种偏移、水平翻转等来随机移动训练数据。

在对 C1 层和 C3 层的 ReLU 之后，AlexNet 同样立即使用了具有竞争性的归一化步骤，该步骤称为本地响应归一化（local response normalization，LRN）。这种形式的归一化能够使最强烈的激活来抑制同一位置但在不同特性图中的神经元（这种竞争性活动特性已经在生物神经元中被观察到）。这种特性鼓励不同特征图变得专业化、推动它们分离并迫使它们去探索新的功能，最终改进泛化。

表 5.2   AlexNet 架构

层	类型	尺寸	像素	卷积核	步幅	激活函数
OUT	全连接	—	1000	—	—	softmax
F9	全连接	—	4096	—	—	ReLU
F8	全连接	—	4096	—	—	ReLU
C7	卷积	256	13×13	3×3	1	ReLU
C6	卷积	384	13×13	3×3	1	ReLU
C5	卷积	384	13×13	3×3	1	ReLU
S4	最大池化	256	13×13	3×3	2	—
C3	卷积	256	27×27	5×5	1	ReLU
S2	最大池化	96	27×27	3×3	2	—
C1	卷积	96	55×55	11×11	4	ReLU
In	输入	3	224×224	—	—	—

3. GoogLeNet 架构

GoogLeNet 架构[113]是由来自 Google 研究部的 Cristian Szegedy 等开发的，将 top-s 错误率降到 7% 而赢得了 2014 年的 ILSVRC 竞赛。这一显著的性能很大程度上源于它的网络比以前的卷积神经网络更深。这是通过一个称为初始化模块（inception modules）的子网使之成为可能，该模块使 GoogLeNet 比以前的架构更加有效地使用参数，GoogLeNet 实际具有的参数数量只是 AlexNet 的 1/10（大约是 600 万个参数，而不是 AlexNet 的 6000 万个）。图 5.12 显示了架构的初始化模块。

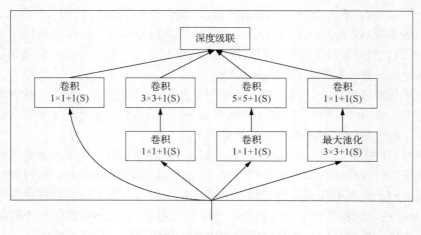

图 5.12   初始化模块

符号"3×3+2(S)"表示该层使用 3×3 内核,步幅为 2,SAME 填充。输入信号首先被复制并传送到四个不同的层。所有的卷积函数使用 ReLU 激活函数。第二组卷积层使用了不同的内核大小(1×1、3×3 和 5×5),这样使它们能够捕捉到不同尺寸的图像模式。还需注意的是,每层都是步长为 1,填充为 SAME,所以它们的输出都和其输入有着相同的高和宽。

我们详细说明一下:

(1)采用不同大小的卷积核意味着不同大小的感受野(receptive field)。

(2)采用 1×1、3×3、5×5 的 conv,主要是方便对齐。设定步长 stride=1 后,只需要分别设定 padding=2,1,0,就能得到相同的尺寸,这样可以得到相同维度的特征,然后可以将特征拼接到一起。

(3)由于池化在多个地方都表现出有效性,因此也嵌入了池化层。

(4)网络越到后面特征越抽象,且每个特征涉及的感受野也更大,随着层数的增加,3×3 和 5×5 卷积的比例也要增加。

GoogLeNet 架构中使用不同大小的卷积核和池化层的设计优点:代替人工确定卷积层中的过滤器类型或者确定是否需要创建卷积层和池化层,即不需要人为地决定使用哪个过滤器,是否需要池化层等,由网络自行决定这些参数,可以给网络添加所有可能值,将输出连接起来,网络自己学习它需要什么样的参数。缺点:由于所有的卷积核都是在上一层的输出情况下去做,那么 5×5 的卷积核所需计算量就会非常大,特征图的厚度很大。

GoogLeNet 的卷积神经网络架构包括 9 个初始化模块,其中每个模块包含 3 层。每个卷积层和每个池化层输出的特征图的数量显示在内核尺寸之前,所有卷积层都有 ReLU 激活函数。

4. ResNet 架构

残差网络(residual network,ResNet)[114]的提出对深度学习来说又是一大飞跃,它在 ILSVRC 2015 和 COCO 2015 上取得了非常好的成绩,并再次刷新了 ImageNet 的历史。它首次将深度网络的深度增加到了上百层并成功地进行了训练,后来的很多网络结构都受到了它的启发。ResNet 可以说是目前最流行的网络结构之一。网络的深度对模型的性能来说很重要,随着网络层数的增加,模型可以进行更加复杂的特征模式提取,所以直观上我们会觉得模型越深,效果会越好。但是通过实验发现,随着网络的加深,训练集的准确率反而下降了,在训练集和测试集上,56 层的网络比 20 层网络的效果更差,这不是因为模型过拟合了,这个问题称为模型退化问题(degradation problem),它是优化困难导致的。残差网络从网络结构上进行改进以解决上述问题，它在一个块的输入和输出之间引入一条直接的通路，这条通路称作跳跃连接（skip connection）。

■ 5.7　循环神经网络

循环神经网络（recurrent neural network，RNN）是一类以序列（sequence）数据为输入，在序列的演进方向进行递归（recursion）且所有节点（循环单元）按链式连接的递归神经网络（recursive neural network）。循环结构的神经网络克服了传统机器学习方法对输入和输出数据的许多限制，使其成为深度学习领域中一类非常重要的模型。

RNN 及其变体网络已经被成功应用于多种任务，尤其是当数据中存在一定时间依赖性的时候。语音识别、机器翻译、语言模型、文本分类、词向量生成、信息检索等都需要一个模型能够将具有序列性质的数据作为输入进行学习。在传统的神经网络中，我们认为所有的输入（和输出）彼此之间是互相独立的。但是对于很多任务而言，这个观点并不合适。循环神经网络之所以称之为循环，就是因为其对于序列中每个元素都执行相同的任务，输出依赖于之前的计算。另一种思考循环神经网络的方法是，循环神经网络的记忆可以捕获迄今为止已经计算过的信息。理论上，循环神经网络可以利用任意长度序列的信息。虽然 RNN 在设计之初的目的就是学习长期的依赖性，但是大量的实践也表明，标准的 RNN 往往很难实现信息的长期保存。Bengio[115]提出标准 RNN 存在梯度消失和梯度爆炸的困扰。这两个问题都是由 RNN 的迭代性引起的，因此，RNN 在早期并没有得到广泛的应用。

为解决长期依赖的问题，Hochreiter 等[116]提出了长短期记忆（long-short time memory，LSTM）模型，用于改进传统的循环神经网络模型。LSTM 也成为在实际应用中最有效的序列模型。相较于 RNN 的隐含层单元，LSTM 的隐含层单元的内部结构更加复杂，信息在沿着网络流动的过程中，通过增加线性干预使得 LSTM 能够对信息有选择地添加或者减少。RNN 存在多种优秀的变体结构，比如在实践中广泛流行的门控循环单元（gated recurrent unit，GRU）。LSTM 和 GRU 都是通过添加内部的门控机制来维持长期依赖的。它们的循环结构只对所有的过去状态存在依赖关系，相应地，当前的状态也可能和未来的信息存在依赖。Schuster 等[117]提出了双向循环神经网络（bidirectional RNN，BRNN），BRNN 能够在两个时间方向上学习上下文，BRNN 包含两个不同的隐含层，在两个方向上分别对输入进行处理。Graves 等[118]使用双向长短期记忆（bidirectional LSTM，BLSTM）网络在音素识别上取得了优异结果。近几年，出现了很多基于 RNN 的变体结构并被应用在各个领域中。

5.7.1　简单循环神经网络

RNN 是深度学习领域中一类特殊的内部存在自连接的神经网络，可以学习复杂的向量到向量的映射。关于 RNN 的研究最早是由 Hopfield 提出的 Hopfield 网络模型，其拥有很强的计算能力并且具有联想记忆功能。但因其实现较困难而被后来的其他人工神经网络和传统机器学习算法所取代。简单循环网络（simple recurrent network，SRN）被认为是目前广泛流行的 RNN 的基础版本，之后不断出现的更加复杂的结构均可认为是其变体或者扩展。RNN 已经被广泛用于各种与时间序列相关的任务中[119]。

1. RNN 的网格结构

RNN 的使用目的是处理序列数据。在传统的神经网络模型中，从输入层到隐含层再到输出层，层与层之间是全连接的，每层之间的节点是无连接的，但是这种普通的神经网络对于很多问题却无能为力。例如，当预测句子的下一个单词是什么，一般需要用到前面的单词，因为一个句子中前后单词并不是独立的。RNN 之所以称为循环神经网络，即一个序列当前的输出与前面的输出也有关。具体的表现形式为网络会对前面的信息进行记忆并应用于当前输出的计算中，即隐含层之间的节点不再无连接而是有连接的，并且隐含层的输入不仅包括输入层的输出还包括上一时刻隐含层的输出。理论上，RNN 能够对任何长度的序列数据进行处理。但是在实践中，为了降低复杂性往往假设当前的状态只与前面的几个状态相关，图 5.13 便是一个典型的 RNN，展示了一个循环神经网络展开为全网络。通过展开，可以简单地认为写出了全部的序列。例如，输入序列是一个有 5 个词的句子，那么这个网络就会展开为 5 层的神经网络，其中网络的一层对应序列的一个词。

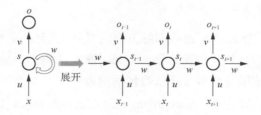

图 5.13　循环神经网络

（1） x_t 是 t 时刻的输入。例如， x_1 可以是一个 one-hot 向量，对应句子中第二个词。

（2） s_t 是 t 时刻的隐含层状态，它是网络的记忆。s_t 基于上一时刻的隐含层状态和当前时刻的输入进行计算，其公式如下：

$$s_t = f(U_{x_t} + W_{s_{t-1}}) \tag{5.45}$$

函数 f 通常是非线性的，如 tanh 或者 ReLU。s_{t-1} 被要求为计算第一个隐状态，通常被初始化为全 0。

（3） o_t 是 t 时刻的输出。例如，如果我们想预测句子 a 的下一个词，它将会是一个词汇表中的概率向量：

$$o_t = \text{soft max}(V_{s_t}) \tag{5.46}$$

2. RNN 的输出

传统的神经网络，也称为前馈神经网络（feed-forward neural network，FNN），通过学习得到的映射关系，可以将输入向量映射到输出向量，从而使得输入向量和输出向量相互关联；RNN 是前馈神经网络在时间维度上的扩展。对于 FNN，它接受固定大小的向量作为输入并产生固定大小的输出，这样对于输入的限制就很大；然而，无论是输入序列的长度还是输出序列的长度，RNN 并没有这个限制。

3. 循环神经网络的训练

循环神经网络的训练算法也是反向传播算法，主要包含如下三个步骤：

（1）前向计算每个神经元的输出值；

（2）反向计算每个神经元的误差项的值；

（3）计算每个权重系数的梯度。

最后利用随机梯度下降法对权重系数进行更新，并得出权重系数的梯度。

4. RNN 的梯度消失和梯度爆炸

在实际应用中，RNN 常常面临训练方面的难题，尤其随着模型深度不断增加，使得 RNN 并不能很好地处理长距离的依赖。雅可比矩阵的乘积往往会以指数级增大或者减小，其结果是使得长期依赖特别困难。

通常使用时序反向传播（backpropagation through time，BPTT）算法来训练 RNN，对于基于梯度的学习需要模型参数 θ 和损失函数 L 之间存在闭式解，根据估计值和实际值之间的误差来最小化损失函数，那么在损失函数上计算得到的梯度信息可以传回给模型参数并进行相应修改。假设对于序列 $x_1, x_2, \cdots, x_t$，通过 $s_t = F_\theta(s_{t-1}, x_t)$ 将上一时刻的状态 s_{t-1} 映射到下一时刻的状态 s_t。T 时刻损失函数 L_T 关于参数的梯度为

$$\nabla_\theta L_T = \frac{\partial L_T}{\partial \theta} = \sum_{t \leqslant T} \frac{\partial L_T}{\partial s_T} \frac{\partial s_T}{\partial s_t} \frac{\partial F_\theta(s_{t-1}, x_t)}{\partial \theta} \tag{5.47}$$

根据链式法则，将雅可比矩阵 $\dfrac{\partial s_T}{\partial s_t}$ 分解，如下式所示：

$$\frac{\partial s_T}{\partial s_t} = \frac{\partial s_T}{\partial s_{T-1}} \frac{\partial s_{T-1}}{\partial s_{T-2}} \cdots \frac{\partial s_{t+1}}{\partial s_t} = f_T' f_{T-1}' \cdots f_1' \tag{5.48}$$

循环网络若要可靠地存储信息，$|f_T'| < 1$，也意味着当模型能够保持长距离依赖 z 时，其本身也处于梯度消失的情况下。随着时间跨度增加，梯度 $\nabla_\theta L_T$ 也会以指数级收敛于 0。当 $|f_T'| > 1$ 时，发生梯度爆炸的现象，网络也陷入局部不稳定。

5.7.2 基于门控的循环神经网络

1. 长短期记忆（LSTM）神经网络

LSTM 是一种 RNN 的特殊类型，可以学习长期依赖信息。LSTM[116]由 Hochreiter 和 Schmidhuber 提出，并被 Alex Graves 进行了改良和推广。在很多问题中，LSTM 都取得了巨大的成功，并得到了广泛的使用。LSTM 通过刻意设计来避免长期依赖问题。记住长期的信息在实践中是 LSTM 的默认行为，而非需要付出很大代价才能获得的能力。所有 RNN 都具有一种重复神经网络模块的链式的形式。在标准的 RNN 中，这个重复的模块只有一个非常简单的结构，例如一个 tanh 层。LSTM 也具有这种链状结构，但是重复模块具有不同的结构，其可以解决 RNN 中的梯度消失/爆炸问题。

一个普通的使用 tanh 函数的 RNN 可以表示为图 5.14，可以看到 A 在 $t-1$ 时刻的输出值 h_{t-1} 被复制到了 t 时刻，与 t 时刻的输入 x_t 整合后经过一个带权重和偏置的 tanh 函数后形成输出，并继续将数据复制到 $t+1$ 时刻……

与图 5.14 朴素的 RNN 相比，单个 LSTM 单元拥有更加复杂的内部结构和输入输出，如图 5.15 所示。在图中，每一个带有"+"和"×"的圆形代表对向量做出的操作（pointwise operation，对位操作），而带有"σ"和"tanh"的矩形代表一个神经网络层，上面的字符代表神经网络所使用的激活函数。

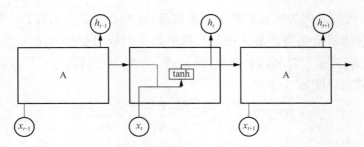

图 5.14　使用 tanh 的 RNN

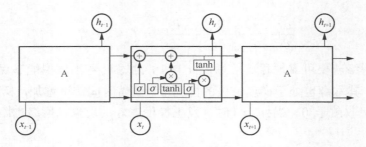

图 5.15　使用 tanh 的 LSTM

1）LSTM_1 遗忘门

对于上一时刻 LSTM 中的单元状态来说，一些"信息"可能会随着时间的流逝而"过时"。为了不让过多记忆影响神经网络对现在输入的处理，我们应该选择性遗忘一些在之前单元状态中的分量——这个工作就交给了"遗忘门"。

每一次输入一个新的输入，LSTM 会先根据新的输入和上一时刻的输出决定遗忘掉之前的哪些记忆——输入和上一步的输出会整合为一个单独的向量，然后通过 sigmoid 神经层，最后点对点地乘在单元状态上。因为 sigmoid 函数会将任意输入压缩到区间(0,1)中，我们可以非常直观地得出这个门的工作原理——如果整合后的向量的某个分量在通过 sigmoid 层后变为 0，那么显然单元状态在对位相乘后对应的分量也会变成 0，换句话说，"遗忘"了这个分量上的信息；如果某个分量通过 sigmoid 层后为 1，单元状态会"保持完整记忆"。不同的 sigmoid 输出会带来不同信息的记忆与遗忘。通过这种方式，LSTM 可以长期记忆重要信息，并且记忆可以随着输入进行动态调整。

式（5.49）可以用来描述遗忘门的计算，其中 f_t 就是 sigmoid 神经层的输出向量：

$$f_t = \sigma(W_f \cdot (h_{t-1}, x_t) + b_f) \tag{5.49}$$

2）LSTM_2 & 3 记忆门

记忆门是用来控制是否将在 t 时刻的数据并入单元状态中的控制单位。首先，用 tanh 函数将现在的向量中的有效信息提取出来，然后使用 sigmoid 函数来控制这些记忆要放"多少"进入单元状态。这两者结合起来，可以首先从当前输入中提取有效信息：

$$C'_t = \tanh(W_c \cdot (h_t - 1, x_t) + b_c) \tag{5.50}$$

然后，对提取的有效信息做出筛选，为每个分量做出评分（0～1），评分越高的最后会有越多的记忆进入单元状态：

$$i_t = \sigma(W_i \cdot (h_{t-1}, x_t) + b_i) \tag{5.51}$$

3）LSTM_4 输出门

输出门是 LSTM 单元用于计算当前时刻的输出值的神经层。输出层会先将当前输入值与上一时刻输出值整合后的向量 (h_{t-1}, x_t) 用 sigmoid 函数提取其中的信息，接着会将当前的单元状态通过 tanh 函数压缩映射到区间$(-1, 1)$中。将经过 tanh 函数处理后的单元状态与 sigmoid 函数处理、整合后的向量点对点地乘起来就可以得到 LSTM 在 t 时刻的输出。

2. 门控循环单元（GRU）网络

LSTM 还拥有许多的变体，其中最常用的就是 GRU。和 LSTM 一样，GRU 是循环神经网络的一种，也是为了解决长期记忆和反向传播中的梯度等问题而提出来的。相比 LSTM，使用 GRU 能够达到相似的效果，并且更容易进行训练，能够很大程度上提高训练效率，因此很多时候会更倾向于使用 GRU。

GRU 是 LSTM 的一种简化，将 C（细胞状态）与 h（隐状态）合二为一，拥有更好的效率，在某些任务上也有更好的效果。模型的结构如图 5.16 所示。

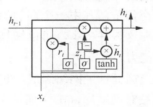

图 5.16　使用 tanh 的 GRU

GRU 的前向传播公式：

$$z_t = \sigma(W_z \cdot (h_{t-1}, x_t)) \tag{5.52}$$

$$r_t = \sigma(W_r \cdot (h_{t-1}, x_t)) \tag{5.53}$$

$$\tilde{h}_t = \tanh(W \cdot (r \odot h_{t-1}, x_t)) \tag{5.54}$$

$$h_t = (1 - z_t) \odot h_{t-1} + z_t \odot \tilde{h}_t \tag{5.55}$$

式中，$\odot$ 为逐元素乘法。

5.7.3　深层循环神经网络

循环神经网络可以看作可深可浅的网络，一方面，如果把循环网络按时间展开，长时间间隔的状态之间的路径很长，循环网络可以看作一个非常深的网络；另一方面，如果考虑同一时刻网络输入到输出之间的路径，这个网络是非常浅的。

可以增加循环神经网络的深度，从而增强循环神经网络的能力。增加循环神经网络的深度主要是增加同一时刻网络输入到输出之间的路径，比如增加隐状态到输出，以及输入到隐状态之间的路径的深度。

1.　堆叠循环神经网络

堆叠循环神经网络（stacked recurrent neural network，SRNN）指把多个循环网络堆叠起来。第 l 层网络的输入是第 $l-1$ 层网络的输出。定义 $h_t^{(l)}$ 为 t 时刻第 l 层的隐状态：

$$h_t^{(l)} = f(U^{(l)}h_{t-1}^{(l)} + W^{(l)}h_t^{(l-1)} + b^{(l)}) \tag{5.56}$$

式中，$U^{(l)}$、$W^{(l)}$、$b^{(l)}$ 为权重矩阵和偏置向量；$h_t^{(0)} = x_t$。

2.　双向循环神经网络

在有些任务中，一个时刻的输出不仅和过去时刻的信息有关，也和后续时刻的信息有关。例如，给定一个句子，其中一个词的词性由它的上下文决定，即包含左右两边的信息。因此，在这些任务中，可以增加一个按照时间的逆序来传递信息的网络层，增强网络的能力。

双向循环神经网络由两层循环神经网络组成，它们的输入相同，只是信息传递的方向不同。假设第 1 层按时间顺序，第 2 层按时间顺序，在时刻 t 时的隐状态定义为 $h_t^{(1)}$ 和 $h_t^{(2)}$，则

$$h_t^{(1)} = f(U^{(1)}h_{t-1}^{(1)} + W^{(1)}x_t + b^{(1)}) \tag{5.57}$$

$$h_t^{(2)} = f(U^{(2)}h_{t+1}^{(2)} + W^{(2)}x_t + b^{(2)}) \tag{5.58}$$

$$h_t = h_t^{(1)} \oplus h_t^{(2)} \tag{5.59}$$

式中，$\oplus$ 为向量拼接操作。

■ 5.8　图神经网络

神经网络的成功促进了模式识别和数据挖掘的研究。许多机器学习任务，比如对象检测、机器翻译和语音识别，曾经严重依赖手工制作的工程特征集进行特征提取。然而，最近已经彻底转向使用不同的端到端深度学习范式，如卷积神经网络、循环神经网络和自编码器等。深度学习在许多领域的成功部分归功于快速发展的计算资源（如 GPU）、大训练数据的可用性，以及深度学习从欧几里得数据（如图像、文本和视频）中提取潜在表示的有效性。

尽管深度学习在欧几里得空间中的数据方面取得了巨大的成功，但许多实际应用场景中的数据是从非欧几里得空间生成的，同样需要进行有效的分析。例如，在电子商务中，一个基于图的学习系统能够利用用户和产品之间的交互来做出非常准确的推荐。图数据的复杂性对现有的机器学习算法提出了重大挑战，这是因为图数据是不规则的。每个图都有一个大小可变的无序节点，图中的每个节点都有不同数量的相邻节点，导致一些重要的操作（如卷积）在图像上很容易计算，但不再适合直接用于图域。此外，现有机器学习算法的一个核心假设是实例彼此独立。然而，对于图数据来说情况并非如此，图中的每个实例（节点）通过一些复杂的链接信息与其他实例（邻居）相关联，这些信息可用于捕获实例之间的相互依赖关系。近年来，人们对深度学习方法在图数据上的扩展越来越感兴趣。在深度学习的成功推动下，研究人员借鉴了卷积网络、循环网络和深度自编码器的思想，定义和设计了用于处理图数据的神经网络结构，由此一个新的研究热点——图神经网络（graph neural network，GNN）应运而生。

研究人员对图数据扩展深度学习方法的兴趣越来越大。在深度学习的卷积神经网络、循环神经网络和自编码器的推动下，过去几年里，处理复杂图形数据的重要操作的新泛化和定义得到了迅速发展。例如，图卷积可以从二维卷积中推广出来，时序图网络可以将图数据按照一定时序信息进行处理等。接下来，我们将介绍图神经网络的类型与性质。

5.8.1　图结构

1. 图结构的定义

图神经网络所处理的数据为在欧几里得空间中特征表示为不规则网络的图结构数据，这里定义基本的图结构为 $G = (V, E, A)$，图 G 中数据节点 $v_i \in V$，连接节

点 $e_{ij} = (v_i, v_j) \in E$，其映射到高维特征空间 $f^G \rightarrow f^*$ 所得到的邻接矩阵通过 $A_{N \times N}$ 来表示，其中 $A_{ij} = \omega_{ij}$，ω_{ij} 表示邻接矩阵 $A_{N \times N}$ 中的元素。

2. 图结构的种类

有向图是指在图结构中，连接节点之间的边包含指向性关系，即节点之间的关联包含了方向的传递性关系，对于图神经网络而言，这种传递关系和深度学习神经网络神经元中信号传递的结构近似，有向图的输入是各个节点所对应的参数。针对单向图的处理方式，Niepert 等[120]提出了适用于有向图的无监督判断不同节点标签方式的理论。而就可能存在的双向关系，Kampffmeyer 等[121]在利用知识图谱解决零样本学习的方法中提出了通过双向权重对应的双向邻接矩阵表示双向关系，从而实现给神经网络传递更多的信息。

权重图是指图结构中的边包含权重信息，可以有效地描述节点之间相互作用的可靠程度，定量地表现关系的连接程度。对于权重图的处理，Duan 等[122]提出了通过对动态权重有向图进行归一化处理，利用节点之间的关联关系权重动态实现了信息挖掘的方法。

边信息图是对于存在不同结构边的图结构，节点之间的关联关系可以包含权重、方向以及异构的关系，比如在一个复杂的社交网络图中，节点之间的关联关系既可以是单向的关注关系，也可以是双向的朋友关系。

5.8.2 图神经网络的分类

1. 图卷积网络

图卷积网络将卷积运算从传统数据（如图像）推广到图数据。其核心思想是学习一个函数映射，通过该映射图中的节点可以聚合它自己的特征与它的邻居特征来生成节点的新表示。图卷积网络是许多复杂图神经网络模型的基础，包括基于自编码器的模型、生成模型和时空网络等。图 5.17 直观地展示了图神经网络学习节点表示的步骤。

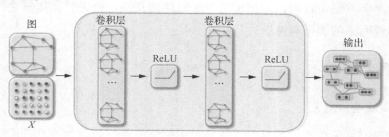

图 5.17　多层图卷积

图卷积网络（graph convolutional network，GCN）方法又可以分为两大类：基于频谱（spectral-based）和基于空间（spatial-based）。基于频谱的方法从图信号处理的角度引入滤波器来定义图卷积，其中图卷积操作被解释为从图信号中去除噪声。基于空间的方法将图卷积表示为从邻域聚合特征信息，当图卷积网络的算法在节点层次运行时，图池化模块可以与图卷积层交错，将图粗化为高级子结构。如图 5.18 所示，这种架构设计可用于提取图的各级表示和执行图分类任务。

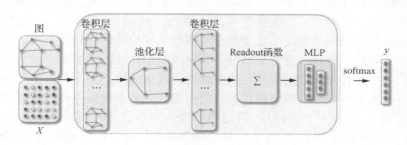

图 5.18　图分类

下面分别简单介绍基于频谱的图卷积网络和基于空间的图卷积网络。

在基于频谱的图卷积网络中，图被假定为无向图，无向图的一种鲁棒数学表示是正则化拉普拉斯矩阵，即 $L = I_n - D^{-1/2}AD^{-1/2}$。其中，$A$ 为图的邻接矩阵，D 为对角矩阵且 $D_{ij} = \sum_j (A_{i,j})$，正则化拉普拉斯矩阵具有实对称半正定的性质。利用这个性质，正则化拉普拉斯矩阵可以分解为 $L = U \wedge U^T$，$U = (u_0, u_1, \cdots, u_{n-1}) \in R^{N \times N}$ 是由 L 的特征向量构成的矩阵，对角线上的值为 L 的特征值。正则化拉普拉斯矩阵的特征向量构成了一组正交基。

在图信号处理过程中，一个图的信号 $x \in R^N$ 是一个由图的各个节点组成的特征向量。对图 X 的傅里叶变换由此被定义为 $F(x) = U^T x$，傅里叶逆变换则为 $F^{-1}(\hat{x}) = U^T \hat{x}$，其中 $\hat{x}$ 为傅里叶变换后的结果。为了更好地理解图的傅里叶变换，从它的定义我们可以看出，它确实将输入图信号投影到正交空间，在正交空间中，基由正则化拉普拉斯矩阵的特征向量构成。转换后得到的信号的元素是新空间中图信号的坐标，因此原来的输入信号可以表示为 $x = \sum_i \hat{x}_i u_i$，正是傅里叶逆变换的结果。由此来定义对输入信号 X 的图卷积操作：

$$x * Gg = F^{-1}(F(x) \odot F(g)) = U(U^T x \odot U^T g) \tag{5.60}$$

式中，g 是我们定义的滤波器。假如我们定义这样一个滤波器：

$$g_\theta = \text{diag}(U^T g) \tag{5.61}$$

那么图卷积操作可以简化表示为

$$x * Gg_\theta = U^\mathrm{T} g_\theta U^\mathrm{T} x \qquad (5.62)$$

基于频谱的图卷积网络都遵循这样的模式，它们之间关键的不同点在于选择的滤波器不同。基于频谱的图卷积网络方法的一个常见缺点是：它们需要将整个图加载到内存中以执行图卷积，这在处理大型图时是不高效的。

与深度学习中卷积神经网络对图像的像素点进行卷积运算类似，基于空间的图卷积网络通过计算中心单一节点与邻节点之间的卷积，来表示邻居节点间信息的传递和聚合，作为特征域的新节点表示。Scarselli 等[123]提出了一种利用基于相同图卷积结构的循环函数递归地实现空间图卷积神经网络的收敛方法，该方法可以支持节点和边上分别包含特定属性契合传统卷积神经网络基本思想的方法。图结构数据中节点存在极多的关系导致参数数量过多的情况下，引入基础分解和块对角分解两种方式可以有效解决过拟合的问题。关系图卷积神经网络可以有效地应用在以节点为中心的实体分类问题和以边为中心的链接预测问题上。Atwood 等[124]提出的基于图结构的传播卷积神经网络通过传播卷积的方式，扩散性地扫描图结构中的每一个顶点，替代了一般图卷积神经网络基于矩阵特征的卷积形式，基于图结构的传播卷积神经网络的参数是根据搜索深度而不是节点在图结构中的位置决定的，可以用于节点、边以及图结构等多种分类任务，但由于计算转移概率的时间复杂度较高，并不适用于大规模的图结构数据。Zhuang 等[125]在传播和邻接矩阵两种卷积结构的基础上提出了一种双路图卷积神经网络的方法，通过半监督图卷积[126]的和转移概率的正逐点互信息（pointwise mutual information，PPMI）矩阵作为卷积运算邻接矩阵来更好地提升模型的信息抽取效果。

2. 图注意力网络

注意力机制已经被广泛地应用到了基于序列的任务中，它的优点是能够放大数据中最重要的部分的影响。这个特性已经被证明对许多任务有用，如机器翻译和自然语言理解。如今融入注意力机制的模型数量正在持续增加，图神经网络也受益于此，它在聚合过程中使用注意力整合多个模型的输出，并生成面向重要目标的随机行走。在本节中，我们将讨论注意力机制如何在图结构数据中使用。

图注意力网络（graph attention network，GAT）是一种基于空间的图卷积网络，它的注意力机制是在聚合特征信息时，将注意力机制用于确定节点邻域的权重。GAT 的图卷积运算定义为

$$h_i^t = \sigma(\sum_{j \in N_i} \alpha(h_i^{t-1}, h_j^{t-1}) W^{t-1} h_j^{t-1}) \qquad (5.63)$$

式中，$\alpha(\cdot)$ 是一个注意力函数，它自适应地控制相邻节点 j 对节点 i 的贡献。为了学习不同子空间中的注意力权重，GAT 还可以使用多注意力：

$$h_i^t = \sum_{k=1}^{K} \sigma(\sum_{j \in N_i} \alpha_k(h_i^{t-1}, h_j^{t-1}) W^{t-1} h_j^{t-1}) \qquad (5.64)$$

Zhang 等[127]提出了一种通过卷积子网络来控制分配权重的自我注意力机制，基于循环门控单元用于解决流量速度预测的问题。Lee 等[128]提出了结合 LSTM 的利用注意力机制进行图节点分类的方法。Abu-El-Haija 等[129]提出了一种注意力游走的方法，将图注意力机制应用到节点嵌入中。

3. 图自编码器

自编码器（autoencoder）是深度神经网络中常用的一种无监督学习方式，对于图结构数据而言，自编码器可以有效处理节点表示问题。最早的图自编码器（graph autoencoder，GAE）是由 Tian 等[130]提出的稀疏自编码器（sparse autoencoder，SAE），通过将图结构的邻接矩阵表示为原始节点特征，利用自编码器将其降低成低维的节点表示。其中稀疏自编码的问题被转化为反向传播的最优解问题，即最小化原始传输矩阵和重建矩阵之间的最优解问题。在结构深度网络中，也将损失函数表达为邻接矩阵的形式，证明了两个具有相似邻节点的节点有相似的潜在特征表示[131]。结构深度网络引入了类似拉普拉斯特征映射来替代目标函数。变分图自编码器（variational graph autoencoder，VGAE）将卷积神经网络应用到图自编码器结构，对于非概率变体的图自编码器，定义由随机隐变量 z_i 组成的矩阵 Z，那么编码器可以表示为 $Z = \text{GCN}(X, A)$。结合结构深度网络嵌入的方法，Zhu 等[132]提出了利用高斯分布来进行节点表示的方法，并选择"推土机"（earth-mover，EM）距离 E_{ij} 作为目标损失函数，能够有效地反映它们之间的距离信息特征。

4. 门控图神经网络

目前基于门控机制的递归神经网络机制下的图神经网络结构的研究也很多，例如基于门控循环单元（GRU）的门控图神经网络（grated graph neural network，GGNN）[133]，通过门控循环单元控制网络传播过程中固定步数 T 的迭代循环来实现门控图神经网络的结构，通过节点 v 来建立邻节点之间的聚合信息，然后通过循环门控单元 z 和 r 实现递归过程更新每个节点的隐状态。Tai 等[134]提出了基于子节点的树状长短期记忆网络 Tree-LSTM 用于处理图神经网络中的语义表示问题。门控图神经网络除了基于门控循环单元和 LSTM 的基础模型外还有很多变种，You 等[135]利用分层循环递归网络分别生成新的节点和节点对应的边，从而将图递归神经网络应用于图生成的问题；Peng 等[136]提出了利用不同的权重矩阵，来表示不同标签的图长短神经网络结构；Ma 等[137]将时间感知 LSTM 与图神经网络结合，利用 LSTM 来更新两个关联节点和对应的邻居节点的表示，提出了动态图神经网络（图 5.19），更好地处理传播效应。

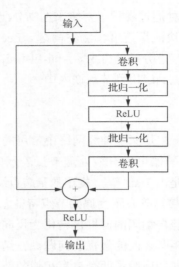

图 5.19　动态图神经网络

跳跃连接的引入使得信息的流通更加顺畅，表现在以下两个方面：一是在前向传播时，将输入与输出的信息进行融合，能够更有效地利用特征；二是在反向传播时，总有一部分梯度通过跳跃连接反传到输入上，这缓解了梯度消失的问题。此外，研究表明深度残差网络结构上可以看作多个浅层结构的集成[138]，而使用跳跃连接的网络在损失函数的曲面上更平滑，训练优化更加容易，得到的模型泛化性能更好[139]。基于残差网络的思想，出现了很多改进模型，比如将跳跃连接用到极致的 DenseNet[140]，融合了残差结构的 Inception-ResNet[141]。

■ 5.9　强化学习

5.9.1　强化学习介绍

根据不同的反馈方式，机器学习可以分为监督学习、非监督学习、强化学习三大类。其中监督学习近年来相关研究较多且主要集中在深度学习领域，深度学习利用大量的有标签训练数据对神经网络进行训练，使得神经网络具备某些特定的能力，如分类、回归等，目前已经在计算机视觉、自然语言处理、语音识别等方面取得了很好的效果。但现实中很多问题无法提供大量的有标签数据，如机器人路径规划、自主驾驶、玩游戏等，这些涉及决策优化以及空间搜索的问题，深度学习并不擅长，但强化学习却可以有效地解决这些问题，因此，近年来关于强化学习的研究越来越受到重视。

　　人工智能中的很多应用问题需要算法在每个时刻做出决策并执行动作。对于围棋，每一步需要决定在棋盘的哪个位置放置棋子，以最大的可能战胜对手；对于自动驾驶算法，需要根据路况来确定当前的行驶策略以保证安全地行驶到目的地；对于机械手，要驱动手臂运动以抓取到设定的目标物体。这类问题有一个共同的特点：要根据当前的条件做出决策和动作，以达到某一预期目标。解决这类问题的机器学习算法称为强化学习（reinforcement learning，RL）。虽然传统的强化学习理论在过去几十年中得到了不断完善，但还是难以解决现实世界中的复杂问题。

　　强化学习是一类特殊的机器学习算法，借鉴于行为主义心理学。与有监督学习和无监督学习的目标不同，算法要解决的问题是智能体（agent，即运行强化学习算法的实体）在环境中怎样执行动作以获得最大的累计奖励。例如，对于自动行驶的汽车，强化学习算法控制汽车的动作，保证安全行驶到目的地。对于围棋，算法要根据当前的棋局来决定如何走子，以赢得这局棋。对于第一个问题，环境是车辆当前行驶状态（如速度）、路况这样的参数构成的系统的抽象，奖励是我们期望得到的结果，即汽车正确地在路面上行驶，到达目的地而不发生事故。很多控制、决策问题都可以抽象成这种模型。和有监督学习类似，强化学习也有训练过程，需要不断地执行动作，观察执行动作后的效果，积累经验形成一个模型。与有监督学习不同的是，这里每个动作一般没有直接标定的标签值作为监督信号，系统只给算法执行的动作一个反馈，这种反馈一般具有延迟性，当前的动作所产生的后果在未来才会完全体现。另外，未来还具有随机性，例如，下一时刻路面上有哪些行人、车辆在运动，下一个棋子之后对手会怎么下，都是随机的而不是确定的。当前下的棋子产生的效果，在一局棋结束时才能体现出来。

　　强化学习应用广泛，被认为是通向强人工智能/通用人工智能的核心技术之一。所有需要做决策和控制的地方都有它的身影。典型的包括游戏与博弈，如打星际争霸、Atari 游戏。所有这些问题都有一个特点，即智能体需要观察环境和自身的状态，然后决定要执行的动作，以达到想要的目标。智能体是强化学习的动作实体。对于自动驾驶的汽车，环境是当前的路况；对于围棋，状态是当前的棋局。在每个时刻，智能体和环境有自己的状态，如汽车的当前位置和速度，路面上的车辆和行人情况。智能体根据当前状态确定一个动作，并执行该动作。之后它和环境进入下一个状态，同时系统给它一个反馈值，对动作进行奖励或惩罚，以迫使智能体执行期望的动作。

1. 强化学习的基本原理

　　强化学习的基本思想是智能体在与环境交互的过程中，根据环境反馈得到的奖励不断调整自身的策略以实现最佳决策，主要用来解决决策优化类的问题。其基本要素有策略（policy）、奖赏函数（reward function）、值函数（value function）、环境模型（environment）[142]，学习过程可以描述如图 5.20 所示。

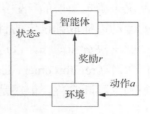

图 5.20　强化学习过程

智能体感知当前状态 s_t，从动作空间 A 中选择动作 a_t 执行；环境根据智能体做出的动作来反馈相应的奖励 r_{t+1}，并转移到新的状态 s_{t+1}，智能体根据得到的奖励来调整自身的策略并针对新的状态做出新的决策。强化学习的目标是找到一个最优策略 π^*，使得智能体在任意状态和任意时间步骤下，都能够获得最大的长期累积奖赏：

$$\pi^* = \arg\max_{\pi} E_{\pi}\{\sum_{k=0}^{\infty} \gamma^k r_{t+k} \mid s_t = S\}, \ \forall s_t \in S, \forall t \geqslant 0 \tag{5.65}$$

式中，π 表示智能体的某个策略；$\gamma \in [0,1]$ 为折扣因子；k 为未来时间步骤；S 为状态空间。

2. 马尔可夫决策过程

强化学习要解决的问题可以抽象成马尔可夫决策过程（Markov decision process，MDP）。马尔可夫决策过程的特点是系统下一时刻的状态由当前时刻的状态决定，与更早的时刻无关。强化学习与马尔可夫决策过程不同的是，在强化学习马尔可夫决策过程中智能体可以执行动作，从而改变自己和环境的状态，并且得到惩罚或奖励。强化学习马尔可夫决策过程可以表示成一个五元组：

$$\{S, A, P_a, R_a, \gamma\} \tag{5.66}$$

式中，S 和 A 分别为状态和动作的集合。假设 t 时刻状态为 s_t，智能体执行动作 a，下一时刻进入状态 s_{t+1}。这种状态转移与马尔可夫模型类似，不同的是下一时刻的状态由当前状态以及当前采取的动作决定，是一个随机性变量，这一状态转移的概率为

$$P_a(s, s') = P(s_{t+1} = s' \mid s_t = s, a_t = a) \tag{5.67}$$

这是当前状态为 s 时，动作 a 下一时刻进入状态 s' 的条件概率。下一时刻的状态与更早时刻的状态和动作无关，状态转换具有马尔可夫性。有一种特殊的状态称为终止状态（也称为吸收状态），到达该状态之后不会再进入其他后续状态。对于

围棋，终止状态是一局的结束。执行动作之后，智能体会收到一个即时回报：

$$R_a(s, s')　　　　　　(5.68)$$

即时回报与当前状态、当前采取的动作以及下一时刻的状态有关。在每个时刻 t，智能体选择一个动作 a_t 执行，之后进入下一状态 s_{t+1}，环境给出回报值。智能体从某一初始状态开始，每个时刻选择一个动作执行，然后进入下一个状态，得到一个回报，如此反复：

$$s_0 \xrightarrow{a_0} s_1 \xrightarrow{a_1} s_2 \xrightarrow{a_2} s_3 \rightarrow \cdots　　　　(5.69)$$

问题的核心是执行动作的策略，它可以抽象成一个函数 π，定义了在每种状态时要选择执行的动作。这个函数定义了在状态 s 所选择的动作为

$$a = \pi(s)　　　　　　(5.70)$$

这是确定性策略。对于确定性策略，在每种状态下智能体要执行的动作是唯一的。另外还有随机性策略，智能体在一种状态下可以执行的动作有多种，策略函数给出的是执行每种动作的概率：

$$\pi(a \mid s) = p(a \mid s)　　　　　(5.71)$$

即按概率从各种动作中随机选择一种执行。策略只与当前所处的状态有关，与时间点无关，在不同时刻对于同一个状态所执行的策略是相同的。

强化学习的目标是要达到某种预期，当前执行动作的结果会影响系统后续的状态，因此需要确定动作在未来是否能够得到好的回报，这种回报具有延迟性。对于围棋，当前走的一步棋一般不会马上结束，但会影响后续的棋局，需要使得未来赢的概率最大化，而未来又具有随机性，这为确定一个正确的决策带来了困难。

选择策略的目标是按照这个策略执行后，在各个时刻的累计回报值最大化，即未来的预期回报最大。按照某一策略执行的累计回报定义为

$$\sum_{t=0}^{+\infty} \gamma^t R_{a_t}(s_t, s_{t+1})　　　　(5.72)$$

这里使用了带衰减系数的回报和。按照策略 π，智能体在每个 t 时刻执行的动作为

$$a_t = \pi(s_t)　　　　　　(5.73)$$

在每个 t 时刻执行完动作 a_t 得到的回报为

$$\gamma^t R_{a_t}(s_t, s_{t+1})　　　　(5.74)$$

式中，γ 称为折扣因子，是[0,1]的一个数。

使用折扣因子是因为未来具有更大的不确定性，所以回报值要随着时间衰减。

另外，如果不加上这种按照时间的指数级衰减会导致整个求和项趋向于无穷大。这里假设状态转移概率以及每个时刻的回报是已知的，算法要寻找最佳策略来最大化上面的累计回报。

如果每次执行一个动作进入的下一个状态是确定的，则可以直接用上面的累计回报计算公式。如果执行完动作后进入的下一个状态是随机的，则需要计算各种情况的数学期望。类似于在监督学习中需要定义损失函数来评价预测函数的优劣，在强化学习中也需要对策略函数的优劣进行评价。为此定义状态价值函数的概念，它是在某个状态 s 下，按照策略 π 执行动作，累计回报的数学期望，衡量的是按照某一策略执行之后的累计回报。状态价值函数的计算公式为

$$V_\pi(s) = \sum_{s'} p_{\pi(s)}(s,s')(R_{\pi(s)}(s,s') + \gamma V_\pi(s')) \tag{5.75}$$

这是一个递归的定义，函数的自变量是状态与策略函数，将它们映射成一个实数，每个状态的价值函数依赖于从该状态执行动作后能到达的后续状态的价值函数。在状态 s 时执行动作 $\pi(s)$，下一时刻的状态 s' 是不确定的，进入每个状态的概率为 $p_{\pi(s)}(s,s')$，当前获得的回报是 $R_{\pi(s)}(s,s')$，因此需要对下一时刻所有状态计算数学期望即概率意义上的均值，而总的回报包括当前的回报以及后续时刻的回报值之和，即 $V_\pi(s')$。这里，$R_{\pi(s)}$ 表示当前时刻获得的回报。如果是非确定性策略，还要考虑所有的动作，这种情况的状态价值函数计算公式为

$$V_\pi(s) = \sum_{a} \pi(a \mid s) \sum_{s'} p_a(s,s')(R_a(s,s') + \gamma V_\pi(s')) \tag{5.76}$$

对于终止状态，无论使用什么策略函数，其状态价值函数为 0。类似地可以定义动作价值函数。它是智能体按照策略 π 执行，在状态 s 时执行具体的动作 a 后的预期回报，计算公式为

$$Q_\pi(s,a) = \sum_{s'} p_a(s,s')(R_a(s,s') + \gamma V_\pi(s')) \tag{5.77}$$

动作价值函数除了指定初始状态 s 与策略 π 之外，还指定了在当前的状态 s 时执行的动作 a。这个函数衡量的是按照某一策略，在某一状态时执行各种动作的价值。这个值等于在当前状态 s 下执行一个动作后的即时回报 $R_a(s,s')$，以及在下一个状态 s' 时按照策略 π 执行所得到的状态价值函数 $V_\pi(s')$ 之和，此时也要对状态转移 $p_a(s,s')$ 概率求数学期望。状态价值函数和动作价值函数的计算公式称为贝尔曼（Bellman）方程，它们是马尔可夫决策过程的核心。

因为算法要寻找最优策略，所以需要定义最优策略的概念。状态价值函数定义了策略的优劣，因此我们可以根据此函数值对策略的优劣进行排序。对于两个不同的策略 π 和 π'，如果对于任意状态 s 都有

$$V_\pi(s) \geqslant V_{\pi'}(s) \tag{5.78}$$

则称策略 π 优于策略 π'。对于任意有限状态和动作的马尔可夫决策过程，都至少存在一个最优策略，它优于其他任何不同的策略。一个重要结论是，所有的最优策略有相同的状态价值函数和动作价值函数值。最优动作价值函数定义为

$$Q^*(s,a) = \max_{\pi} Q_{\pi}(s,a) \tag{5.79}$$

对于状态-动作对 (s,a)，最优动作价值函数给出了在状态 s 时执行动作 a，后续状态按照最优策略执行时的预期回报。找到了最优动作价值函数，根据它可以得到最优策略，具体做法是在每个状态时执行动作价值函数值最大的那个动作：

$$\pi^*(s) = \arg\max_{a} Q^*(s,a) \tag{5.80}$$

因此要通过寻找最优动作价值函数而得到最优策略函数。如果只使用状态价值函数，虽然能找到其极值，但并不知道此时所采用的策略函数。最优状态价值函数和最优动作价值函数都满足 Bellman 最优方程。对于状态价值函数，有

$$V^*(s) = \max_{a} \sum_{s'} (s,s')(R_a(s,s') + \gamma V^*(s')) \tag{5.81}$$

上式的意义是对任何一个状态 s，要保证一个策略 π 能使状态价值函数取得最大值，则需要本次执行的动作 a 所带来的回报与下一状态 s' 的最优状态价值函数值之和是最优的。对于动作价值函数，类似的有

$$Q^*(s,a) = \sum_{s'} p_a(s,s')(R_a(s,s') + \gamma \max_{a'} Q^*(s',a')) \tag{5.82}$$

其意义是要保证一个策略使得动作价值函数是最优的，则需要保证在执行完动作 a 之后，在下一个状态 s' 所执行的动作 a' 是最优的。对于任意有限状态和动作的马尔可夫决策过程，Bellman 最优方程有唯一解，且与具体的策略无关。可以将 Bellman 最优方程看成一个方程组，每个状态有一个方程，未知数的数量也等于状态的数量。

3. 强化学习算法的应用

强化学习是一种非常重要的机器学习方法，并且由于它不需要给定状态下给予指导信号即可通过与环境的交互学习，因此对求解一些复杂的优化问题起着重要的作用，有着广泛的应用前景。

1）自适应优化控制中的应用

强化学习在解决模型未知的复杂非线性系统最优控制问题中起着重要的作用。其与控制理论结合形成了自适应动态规划理论。而其中的倒立摆控制系统经常作为强化学习在控制中应用的典型案例，许多学者都喜欢选用倒立摆实验来验证自己提出的强化学习算法的可行性。

2）机器人路径规划和控制的应用

近年来，越来越多的学者把强化学习应用到智能机器人领域，因为依靠设计者的经验和知识是很难使机器人获得对复杂的不确定环境的良好适应性，借助强化学习能够使机器人在不断与环境交互过程中提高自学习能力，使机器人能够在不断地探索环境中，增强行为的选择能力。目前大多数机器人路径规划方法都是使用 Q 学习算法，利用静态图信息或历史数据让机器人能够学习未知环境的自主移动。斯坦福大学利用强化学习算法实现对小型无人直升机的控制，使得无人直升机能够自主飞出各种直升机的机动动作。

3）在人工智能上的应用

强化学习可以做到与模型无关性，并且可以通过不断交互学习提升自己的能力。强化学习的这些思想和特点为人工智能问题找到了一条新的路径。游戏比赛一直是人工智能研究的一个重要问题，越来越多的学者开始把强化学习理论应用到游戏比赛中。其中有代表性的工作是 Tesauro[143]把瞬时差分法应用于 TD-Gammon 程序，该程序经过训练可以达到大师级的水平；Silver 等[144]将强化学习应用到围棋中。除此之外，强化学习在角色扮演中也有着广泛的应用。

4．强化学习算法的问题

虽然强化学习的研究已经取得了很多研究成果，但仍面临着一些问题。现阶段的许多强化学习算法大部分都是基于离散状态和离散行为空间的算法研究，而对于高维、复杂的问题，随着问题规模的增加，复杂度会呈指数增长，会遇上维数灾难，并且被证明是 NP 问题。探索和利用的平衡问题也一直是强化学习研究的难点和热点，另外强化学习也有着学习效率低、收敛慢的问题，因此强化学习仍有许多可以改进的地方，有着很大的潜能。

（1）强化学习中存在着探索/利用冲突问题：探索和利用问题其实可以看作长期和短期效益的一种权衡，即智能体是倾向于探索未知的状态和动作空间来尽可能使将来获得一个很高的回报，还是抓紧眼前的利益，根据已获得的状态中挑选当前能获得的最高的回报。智能体一方面通过对环境的了解不断更改当前的策略，来获得最大奖赏值；另一方面为了不错过最优解，智能体需要去探索那些以前没有探索的空间，怎样在探索和利用之间权衡的两难境地，也就是探索/利用平衡问题。学者已经想了许多方法来解决这个问题，常用的一种策略是借助 ε-greedy 算法来解决平衡探索和利用的冲突问题。

（2）维数灾难：强化学习和动态规划很类似，强化学习也会面临动态规划中的维数灾难，已经被学者证明维数灾难是不可避免的，只能通过一些方法进行改进和优化。当强化学习遇到大规模、复杂、连续状态空间的任务时，问题会随空间规模的增大而呈指数级增长，会造成维数灾难。这和强化学习的计算方式有关，当问题规模不断增大时，对应的计算量和存储空间也会相应增大，并且增长得更快，以至于当问题规模非常大时，传统的基于查找表方法就会变得难以满足需求，学者开始借助值函数逼近的方法，结合神经网络、遗传算法等一些智能算法的泛性特点对强化学习进行改进。

（3）收敛速度过慢问题：由于智能体需要在未知的环境中不断探索，找到最优解的条件是每个状态都可能被访问到。当遇到大规模的问题时，刚开始对环境的信息了解得又比较少，智能体需要与环境进行很多次交互才有可能获得一点点有用的信息，甚至有可能都得不到有用的奖赏信息。这些因素必然会导致收敛速度缓慢，有的甚至最终无法收敛。因此，怎样使智能体快速地获得对环境的认知能力，加快学习系统的收敛也是一个待解决的问题。

5.9.2　基于值函数的学习方法

基于值函数的强化学习方法通过评估值函数，并根据值的大小来选择相应的动作。代表性算法包括 Q 学习、状态、行为奖励机制（state action reward state action，SARSA）以及与深度学习相结合的深度 Q 网络（deep q-network，DQN）算法。此类算法多通过动态规划（dynamic programming）或值函数估计（value function approximation）的算法获得最优价值函数，且为确保效率采用时间差分（temporal-difference，TD）学习算法进行单步或者多步更新，而不是蒙特卡罗回合更新方式。例如，异步策略（off-policy）的 Q 学习算法使用非探索策略计算时间差分误差（TD error），而同步策略（on-policy）的 SARSA 算法使用探索策略计算时间差分误差。基于价值的算法的样本利用率高、价值函数估值方差小，不易陷入局部最优。但是，此类算法只能解决离散动作空间问题，容易出现过拟合，且可处理问题的复杂度受限。同时，由于动作选取对价值函数的变化十分敏感，基于价值的算法收敛性较差。

在强化学习模型已知的情况下，选择动态规划法，在策略迭代和值迭代的过程中利用值函数来评估和改进策略。现实中大部分问题的模型是未知的。在模型未知的情况下，我们可以通过蒙特卡罗算法利用部分随机样本的期望来估计整体模型的期望，在计算值函数时，蒙特卡罗算法利用经验平均来代替随机变量的期望。蒙特卡罗算法虽然解决了模型未知的问题，但更新方式是回合制，学习效率很低。Sutton 等[142]提出了采用时间差分法来改善这个问题。时间差分法采用自举（bootstrapping）方法，在回合学习过程中利用后继状态的值函数来估计当前值函数，使得智能体能够实现单步更新或多步更新，从而极大地提高了学习效率。

1.　动态规划算法

动态规划（dynamic programming，DP）由 Bellman[145]于 1957 年提出，并证明了动态规划算法可以用来解决很广泛的问题。动态规划的主要思想是利用状态值函数搜索好的策略，文献[142]证明了动态规划算法就是利用值函数来搜索好的策略。动态规划算法是由 Bellman 方程转化而来，通过修正 Bellman 方程的规则，提高所期望值函数的近似值。常用算法有两种：值迭代（value iteration）和策略迭代（policy iteration）。

假设环境是一个有限马尔可夫集，对任意策略 π，如果环境的动态信息已知，即策略 π、T 函数和 R 函数已知，可以用值迭代算法来近似求解。则状态值函数更新规则如下：

$$V^{\pi}(s) = R(s, \pi(s)) + \gamma \sum_{s' \in S} T(s, \pi(s), s') V^{\pi}(s') \tag{5.83}$$

在任意策略 π 下的任意状态值函数 V 满足 Bellman 方程的两种形式。值迭代算法就是将 Bellman 方程转换成更新规则，利用 Bellman 方程求解 MDP 中所有状态值函数。则状态值函数 $V'(s)$ 满足 Bellman 最优方程，表示为

$$V^{*}(s) = \max_{a \in A}[R(s, a) + \gamma \sum_{s' \in S} T(s, a, s') V^{*}(s')] \tag{5.84}$$

由于值迭代算法直接使用可能转到的下一步 s' 的价值 $V(s')$ 来更新当前的 $V(s)$，因此算法不需要存储策略 π。值迭代是在保证算法收敛的情况下，缩短策略估计的过程，每次迭代只扫描（sweep）了每个状态一次。而策略迭代算法包含了一个策略估计的过程，策略估计需要扫描所有的状态若干次，其中巨大的计算量直接影响了策略迭代算法的效率。所以说，不管采用动态规划中的哪种算法都要用到两个步骤：策略估计和策略改进。

2. 蒙特卡罗算法

蒙特卡罗算法（Monte Carlo method，MCM）是一种模型无关（model free）的、解决基于平均样本回报的强化学习问题的学习方法[146]。它用于情节式任务（episode task），不需要知道环境状态转移概率函数 T 和奖赏函数 R，只需要智能体与环境从模拟交互过程中获得的状态、动作、奖赏的样本数据序列，由此找出最优策略。MCM 具有一个很重要的优点就是该方法对环境是否符合马尔可夫属性要求不高。

假定存在终止状态，任何策略都以概率 1 到达终止状态，而且是在有限时间步内到达目标。MCM 通过与环境交互过程中来评估值函数，从而发现最优（较优）策略的。MCM 总是通过平均化采样回报来解决强化学习问题。正是由于 MCM 的这个特点，要求要解决的问题必须是可以分解成情节（episode）。而 MCM 的状态值函数更新规则为

$$V(s_t) = V(s_{t+1}) + \alpha[R_t - V(s_t)] \tag{5.85}$$

式中，R_t 为 t 时刻的奖赏值；α $(0 < \alpha < 1)$ 为步长参数。MCM 只有在每个学习情

节到达终止状态并获得回报值时才能更新当前状态的值函数。所以相对那些学习
情节中包含较多步数的任务，对比 TD 学习算法，MCM 的学习速度就非常慢。这
也是 MCM 的一个主要缺点。

3. 时间差分学习算法

时间差分（TD）学习算法是一种与模型无关的算法，它是蒙特卡罗思想和动
态规划思想的结合，一方面可以直接从智能体的经验中学习，建立环境的动态
信息模型，不必等到最终输出结果产生之后，再修改历史经验，而是在学习过
程中不断逐步修改。正因为这个特点使得 TD 学习算法处理离散序列有很大的
优势。另一方面 TD 学习算法和动态规划一样，可以用估计的值函数进行迭代。

最简单的 TD 学习算法为 TD(0)，这是一种自适应的策略迭代算法。TD(0)是
由 Sutton 等[142]在 1998 年提出的，并且证明了当系统满足马尔可夫属性，α 绝对
递减条件下，TD 学习算法必然收敛。TD(0)是指智能体获得即时回报值仅向后退
一步，也就是说迭代仅仅修改了相邻状态的估计值，则 TD(0)算法的值函数更新
规则为

$$V(s_t) = V(s_t) + \alpha(r_{t+1} + \gamma V(s_{t+1}) - V(s_t)) \tag{5.86}$$

式中，α 称为学习因子或学习率（也称为步长参数，$0<\alpha<1$）；γ 称为折扣因子
（$0\leq\gamma\leq1$）。由于 TD(0)算法利用智能体获得即时回报值，修改相邻状态值函数
估计值，因此会出现收敛速度慢的情况。

Singh 等[147]对 TD(0)算法进行改进，将智能体获得的立即奖赏值由仅回退一
步扩展到可以回退任意步，形成了 TD(λ)算法。TD(λ)算法比 TD(0)算法具有更
好的泛化性能，$0\leq\lambda\leq1$ 是资格迹的衰减系数。TD(λ)算法是一个经典的函数估
计方法，每一个时间步的计算复杂度为 $O(n)$，其中 n 为状态特征的个数。当学习
因子α或者资格跟踪参数λ选得不合适时，TD(λ)算法甚至会发散。

4. Q 学习算法

1）Q 学习算法

Q 学习算法由 Watkins 于 1989 年在其博士学位论文 "Learning from Delayed
Rewards" [148]中首次提出，该算法是动态规划的有关理论及动物学习心理学的
有力相互结合，以求解具有延迟回报的序贯优化决策问题为目标。在 Q 学习算法
中，根据 TD 学习算法对马尔可夫决策过程的行为值函数进行迭代计算，其迭代
计算公式为

$$Q(s_t, a_t) = Q(s_t, a_t) + l(r(s_t, a_t) + \gamma \max_{a_{t+1}} Q(s_{t+1}, a_{t+1}) - Q(s_t, a_t)) \tag{5.87}$$

式中，(s_t, a_t) 为马尔可夫决策过程在 t 时刻的状态-行为对；s_{t+1} 为 $t+1$ 时刻的状态；
$r(s_t, a_t)$ 为 t 的回报；$l>0$ 为学习因子。

表格型 Q 学习算法的完整描述如下：

给定有限离散状态和行为空间马尔可夫决策过程的状态集 S 和行为集 A、折扣总回报目标函数、折扣因子为 γ；以表格形式存储的行为值函数估计值 $Q(s,a)$ 及行为选择策略 π。

（1）初始化行为值函数估计和学习因子 l，初始化马尔可夫决策过程的状态，令时刻 $t=0$。

（2）循环，直到满足停止条件为止。

① 对当前状态 s_t，根据行为选择策略决定 t 时刻的行为 a_t，并观测下一时刻的状态 s_{t+1}。

② 根据迭代公式更新当前状态-行为对的行为值函数的估计值 $Q(s_t,a_t)$。

③ 更新学习因子，令 $t=t+1$，返回 a。

2）多步 Q 学习算法

Q 学习算法在强化学习领域受到普遍关注，因此，针对该算法的改进也层出不穷。其中，Peng 等在 1996 年提出了增量式多步 Q 学习算法[149]，即 $Q(\lambda)$ 算法，它结合了 Q 学习和 TD(λ) 回报的思想，利用将来无限多步的信息更新当前 Q 函数。无论 Q 学习还是 $Q(\lambda)$ 算法都存在着问题：Q 学习利用了一步信息，更新的速度慢，预见能力不强，而 $Q(\lambda)$ 算法要对大量的状态-行为对学习，当状态-行为空间规模很大时计算量较大，学习效率不高。为了平衡这两个方面的问题，采用有限多步信息进行更新的思想，即多步 Q 学习算法。它利用 k 步的信息更新当前的 Q 值，具有多步预见能力，同时能降低计算复杂度。这里的预见能力是指智能体更新当前状态-行为对的 Q 值时，考虑了将来若干个状态-行为对的影响，反映了智能体对未来的思考，从而使当前决策更加理性。$k=1$ 时，它退化为 Q 学习算法，$k \to \infty$ 时又演变为 $Q(\lambda)$ 算法，因此它是这两种算法的结合，同时在形式上又是两种算法的统一。

5. Sarsa 学习（sarsa-learning）算法

Q 学习算法是一种异步策略的强化学习算法，是典型的与模型无关的算法，即其 Q 表的更新不同于选取动作时所遵循的策略。换句话说，Q 表在更新时计算了下一个状态的最大价值，但是取那个最大值时所对应的行动不依赖于当前策略。Sarsa 学习算法是一个学习马尔可夫决策过程策略的算法，它由 Rummery 和 Naranjan 提出，Singh 等证明了策略算法的收敛性[147]。

Sarsa 学习算法是由在更新时用到的五元组 (s,a,r,s',a') 而得名的。Sarsa 学习算法中行为值函数的迭代规则为

$$Q(s_t,a_t) \leftarrow Q(s_t,a_t) + \alpha(r_{t+1} + \gamma Q(s_{t+1},a_{t+1}) - Q(s_t,a_t)), \quad 0 \leqslant \alpha \leqslant 1 \quad (5.88)$$

显然，Sarsa 学习算法与 Q 学习算法的差别在于，Q 学习时使用后续状态的最大行为值来更新当前状态-行为值，而 Sarsa 学习算法使用实际的后续状态-行为值进行迭代。

6. 深度 Q 网络

在环境中交互学习的程序被称为智能体，智能体是利用深度 Q 网络进行学习、迭代及与环境交互的网络。深度 Q 网络是深度强化学习中的经典算法，有着开创性的地位和极大的沿用和深研价值。顾名思义，它结合了强化学习的 Q 学习算法和深度学习的神经网络，并可以通过一些改进缓解神经网络逼近函数不容易收敛和陷入局部最优的问题。深度 Q 网络是第一个在机器视觉的高维度状态空间和行动空间环境中获得明显效果的深度强化学习方法。研究表明，已训练成熟的深度 Q 网络模型可以于大部分 Atari 简单游戏中拿到比普通人类玩家还优秀的成绩，并在部分高难度游戏中的表现超过了职业型游戏玩家。

在模型逼近和模拟中，研究人员人为地构造了一个类似的游戏环境，环境会不断给予智能体图片或者其他未标注信息，让智能体猜测需要复现的分类器的分类，如果猜错了，环境给予惩罚，相反则给予奖励，最终使得智能体对分类器的行为"猜测"得越来越准，也就是一个函数逼近的过程。

相较于传统的 Q 学习算法，在其基础上主要有三处改进，分别是使用经验回放机制、固定目标网络、缩小误差项的范围。具体的改进如下：

（1）使用经验回放机制。每次经历过 t 个时间步的交互后，智能体得到的环境状态转移样本或交互记录 $e_t = (s_t, a_t, r_t, s_{t+1})$ 保存至记忆表中。决策网络训练时从记忆表中随机抽取或系统抽取一定数量的记忆样本，然后用随机梯度下降法训练网络迭代权重。在训练深度神经网络时，一般各个记忆样本之间保持相互独立性。所以采用随机选取的方法采集样本，去除了样本之间的关联性，默认了样本的独立性，进而增强了模型迭代时的稳定性、性能与效果。

（2）固定目标网络。在学习过程中，策略网络会不断逼近目标函数，除此之外，深度 Q 网络还额外加入了另一个神经网络来生成目标 Q 值，该网络的架构与策略网络一样，但权重会比策略网络滞后一定的时间步。设 $Q(s, a \mid \theta)$ 代表当前目标网络的输出，用来评估当前状态动作对应的值函数，即目标网络；策略网络会保持实时更新，每经过 t 个时间步，通过最小化策略网络输出 Q 值和目标 Q 值之间的均方误差来更新网络权重。在算法中使用目标网络后，一段时间内的目标 Q 值是保持恒定的，一定程度上降低了当前 Q 值和优化目标值之间的相关性，从而提高了算法的稳定性和性能。

（3）缩小误差项的范围。在不同的任务场景中，奖赏的量级可能是大不相同的。而太大的奖赏设置会导致梯度项过大，从而导致学习的不稳定。由于深度 Q

学习可以将目标值也就是动作价值固定在区间[-1,1]中，因此该机制使得反向传播的误差的大小处于合理的区间中。该技巧是深度 Q 学习为了增强模型稳定性的重要手段。

深度 Q 网络的学习流程见图 5.21，策略网络根据环境给出当前能带来最大收益的行为，将行为、状态、反馈存入记忆单元中，每经过 t 个时间步，策略网络从记忆单元中随机抽取部分记忆根据学习策略和目标网络 Q 值来进行训练学习，以此来进行实时更新。但目标网络往往会在更多时间步后才会从策略网络中复制权重进行更新，这样就可以有效缓解网络陷入局部最优的问题。

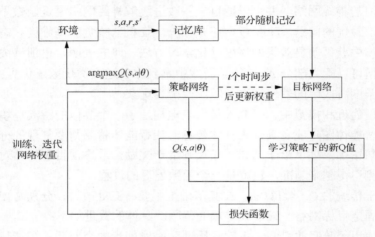

图 5.21   深度 Q 网络的学习流程

5.9.3   基于策略函数的学习方法

策略梯度方法：传统的基于值函数的强化学习算法通过估计一个定义在状态-行为对上的值函数，然后直接返回当前状态下最大函数值对应的动作作为策略输出，这有可能会导致所谓的"策略退化"现象。策略梯度方法通过直接在参数空间进行梯度上升去最大化累积期望奖赏以优化一个带参策略，避免了基于值函数参数化方法带来的策略退化现象。因此，近年来策略梯度方法吸引了越来越多研究者的关注，并被广泛应用在许多领域。

直接策略搜索方法是将策略进行参数化，优化参数使得策略的累计回报期望最大。与基于值函数参数化方法相比，策略参数化更简单、具有更好的收敛性且能较好地解决连续动作选取问题，主要包括经典策略梯度、置信域策略优化、确定性策略搜索三类。

经典策略梯度通过计算策略期望总奖赏关于策略参数的梯度来更新策略参数，通过多次迭代后最终收敛得到最优策略。在进行策略参数化时，一般通过使用神经网络来实现，在不断实验的过程中，高回报路径的概率会逐渐增大，低回报路径的概率则会逐渐减小。策略梯度的参数更新方程式为

$$\theta_{new} = \theta_{old} + \alpha \nabla_{\theta} J \qquad (5.89)$$

式中，α 为更新步长；J 为奖赏函数。

经典策略梯度最大的问题是选取合适的更新步长非常困难，而步长选取是否合适又直接影响学习的效果，不合适的步长都会导致策略越学越差，最终崩溃。为了解决更新步长的选取问题，Schulman 等[150]提出了信任区域策略优化（trust region policy optimization，TRPO）算法。TRPO 算法将新的策略所对应的奖励函数分解为旧策略所对应的奖励函数和其他项两个部分，只要新策略中的其他项满足大于等于零，便可以保证新策略所对应的奖励函数单调不减，策略就不会变差。经典策略梯度和 TRPO 算法采用的均是随机策略，相同的状态选取的动作可能不一样，这使得算法模型要达到收敛需要相对较多的实验数据。确定性策略利用异策略学习方式，执行策略采用随机策略来保证探索性，为了使状态对应的动作唯一，评估策略采取确定性策略，也称演员-评论家（actor-critic，AC）方法。这种方式所需要的采样数据较少，且能够实现单步更新，算法性能有较大提升。

第 6 章

基于深度学习的推荐系统应用

■ 6.1 深度学习在基于内容的推荐系统中的应用

　　基于深度学习的推荐系统通常将各类用户和项目相关的数据作为输入，利用深度学习模型学习到用户和项目的隐表示，并基于这种隐表示为用户产生项目推荐。一个基本的架构包含输入层、模型层和输出层。输入层的数据主要包括：用户的显式反馈（评分、喜欢、不喜欢）或隐式反馈数据（浏览、点击等行为数据）、用户画像（性别、年龄、喜好等）和项目内容（文本、图像等描述或内容）数据、用户生成内容（社会化关系、标注、评论等辅助数据）。在模型层，使用的深度学习模型比较广泛，包括自编码器、受限玻尔兹曼机、卷积神经网络、循环神经网络等。在输出层，利用学习到的用户和项目隐表示，通过内积、softmax、相似度计算等方法产生项目的推荐列表。

　　本书通过充分调研当前深度学习在推荐系统研究中的应用情况，根据推荐系统中利用的数据类型并结合传统推荐系统的分类，将当前的研究主要分为五个方向。

　　（1）深度学习在基于内容的推荐系统中的应用。利用用户的显式反馈或隐式反馈数据、用户画像和项目内容数据，以及各种类型的用户生成内容，采用深度学习方法来学习用户与项目的隐向量，并通过将与用户访问过的项目相似的项目推荐给用户。

　　（2）深度学习在协同过滤中的应用。利用用户的显式反馈或隐式反馈数据，采用深度学习方法学习用户或项目的隐向量，从而基于隐向量预测用户对项目的评分或偏好。

　　（3）深度学习在混合推荐系统中的应用。利用用户的显式反馈或隐式反馈数据、用户画像和项目内容数据，以及各种类型的用户生成内容产生推荐，模型层面主要是基于内容的推荐算法与协同过滤算法的组合。

　　（4）深度学习在基于社交网络的推荐系统中的应用。利用用户的显式反馈或隐式反馈数据、用户的社会化关系等各类数据，采用深度学习模型重点建模用户之间的社交关系影响，更好地发现用户对项目的偏好。

（5）深度学习在情景感知的推荐系统中的应用。利用用户的显式反馈或隐式反馈数据，以及用户的情境信息等各类数据，采用深度学习模型对用户情境进行建模，发现用户在特定情境下的偏好[5]。

6.1.1　基于多层感知机的方法

多层感知机（MLP）是一个经典模型，是传统推荐算法的神经扩展。MLP 由感知机学习算法（perceptron learning algorithm，PLA）推广而来，最主要的特点是具有多个神经元层，因此也称为深度神经网络（deep neural network，DNN）。MLP 简单高效，任何输入数据通过多层前馈神经网络都能得到任意期望的输出，因此它是很多高级模型的基础，能够运用到多个不同的领域。一种基于神经网络的矩阵分解模型，在用户和项目的历史交互上直接运用 MLP，来进行个性化推荐。在传统的协同过滤的基础上，研究人员提出了两种模型，一种是广义矩阵分解（generalized matrix factorization，GMF）模型，另一种是神经协同过滤（neural collaborative filtering，NCF）模型。神经协同过滤模型是在广义矩阵分解的基础上加上神经网络，用神经网络学习内积，从数据中学习任意函数，通过使用多层感知机去学习用户和项目之间的交互函数，提升了推荐效果。与此类似，神经网络矩阵分解（neural network matrix factorization，NNMF）模型基于用户和项目的隐式反馈信息（交互矩阵）进行建模，可以说是对传统协同过滤模型的改进。在推荐系统中，因子分解机（factorization machine，FM）能够对特征之间进行向量内积，实现特征之间的逐对组合。在 FM 的基础上，深度分解机（deep factorization machine，DeepFM）模型利用 FM 提取低阶组合特征，MLP 提取高阶组合特征，FM 和 MLP 共享输入和特征嵌入，使训练更快，推荐更精确。

下面介绍基于多层感知机的几种模型。

1. 深度结构化语义模型

考虑到传统的基于内容的推荐系统中，用户特征难以获取的问题，通过分析用户的浏览记录和搜索记录提取用户的特征，丰富用户的特征表示。可将深度结构化语义模型（deep structured semantic model，DSSM）进行扩展，有一种多视角深度神经网络（multi-view deep neural network，multi-view DNN）模型，该模型通过用户和项目两种信息实体的语义匹配来实现用户的项目推荐，是一种实用性非常强的基于内容的推荐算法。其基本思想是设置两类映射通路，分别通过深度学习模型将两类信息实体映射到同一个隐空间，在这个隐空间中通过余弦相似度计算两个实体的匹配度，然后根据匹配度产生推荐。在用户视角上，通过利用用户的搜索、浏览、下载、视频观看等历史记录作为输入 x_U ，通过深度学习模型学习用户的隐表示 y_U ；在项目视角上，通过利用项目的标题、类别、描述等信息作为输入 x_i ，通过深度学习模型学习项目的隐表示 y_i ，模型共包括一个用户视角和 N 个项目视角，其中 N 为所有项目的数量，用户视角的深度神经网络模型为 $f_U(x_U, W_U)$ ，第 i 个项目视角的深度神经网络模型为 $f_i(x_i, W_i)$ 。假设有 M 个样本 $\{(x_{u,j}, x_{a,j})\}_{0 \leqslant j \leqslant M}$ ， $(x_{u,j}, x_{a,j})$ 表示用户 u 和项目 a 之间的一次交互，通过拟合用户与项目的交互历史进行参数学习：

$$\arg \max_{W_U, W_1, \cdots, W_N} \sum_{j=1}^{M} \frac{e^{\cos(f_U(x_{U,j}, W_U), f_a(x_{a,j}, W_a)}}{\sum_{1 \leqslant a \leqslant N} e^{\cos(f_U(x_{U,j}, W_U), f_a(x_{a,j}, W_a)}} \qquad (6.1)$$

在模型训练完成之后，基于模型学习到的用户隐表示 y_U 和项目隐表示 y_i ，通过在隐空间中计算用户和项目的相似度，选择相似度最高的 k 个项目产生推荐[5]。

2. 深广学习模型

利用用户特征、情境特征和项目特征等多源异构数据，深广学习模型常用于实现手机 APP 推荐，该模型同时具有较强的记忆（memorization）能力和泛化（generalization）能力。记忆主要依靠统计方法，利用其相关性，通过关联学习分析历史记录中的共现现象，不具有泛化性且需要手动特征工程。泛化需要研究关联的传递性，通过探索更多的信息能够提升推荐的多样性。这种模型联合训练一个深广线性模型和一个深度神经网络来确保模型记忆能力和泛化能力的均衡。

类似于深广学习模型，深度神经网络也可以通过非线性方式建模用户与项目之间的复杂交互，NCF 算法将用户和项目的特征作为输入，利用多层神经网络学习构建用户与项目之间的交互函数。通过将 NCF 结构实例化，得到一种矩阵因子分解的泛化结构和一种多层感知机结构，分别建模用户与项目之间交互的线性和非线性特征，最后在 NCF 框架下组合以上两种结构，构建一种神经矩阵因子分解模型（neural matrix factorization model，NeuMF），在建模用户与项目的交互中组合了矩阵因子分解的线性特征和深度神经网络的非线性特征。

6.1.2   基于卷积神经网络的方法

卷积神经网络也是从传统神经网络衍生而来的产物，它们都由一系列神经元组成，但和传统神经网络的不同之处在于，卷积神经网络往往会关注输入的空间结构，这是因为在计算机图像领域常采用这样的方法。卷积神经网络符合这样的特点，即某一层的神经元与前一层的部分神经元相连接。这部分区域通过卷积和非线性变换又产生新的神经元。整个卷积神经网络可以用可微的端到端函数来反映，如 $f: x \rightarrow y$，其中 x 是原始图像，y 是类别标签的概率分布。卷积神经网络在调整配置网络参数时，一般使用损失函数。相较于传统神经网络，卷积神经网络所需要设置的参数更少，这对于网络层数较多的神经网络在训练时可以大大提高效率。在卷积神经网络中，网络层主要包含三种类别，分别是卷积层、池化层和全连接层。通过将这三种网络层以各种各样的方式组合就形成了基本的卷积神经网络结构。

下面对卷积神经网络中的三种网络层进行介绍。

（1）卷积层（convolutional layer）是整个卷积神经网络最关键的一层，主要负责对待分类目标的部分区域进行特征提取。一般每个卷积层都包含若干个卷积核（kernel）和偏移值，卷积核类似于一个权重矩阵，可以作为特征提取器进行目标特征的提取。每个不同的区域通过使用卷积核来计算并得到不同的特征。如果只有单一的卷积层，则提取到的特征也相对单一，不具有代表性，如简单的线条、边线等，但通过适当增加卷积层，就可以大大提高特征的提取能力，提取出更多复杂和难以发现的特征。

（2）池化层（pooling layer）也在卷积神经网络中扮演着重要的角色，也可以称为降采样层，主要是通过池化函数对分类目标进行特征选择，并且一般设置在卷积层与卷积层之间。目前普遍使用最大池化作为非线性池化函数，首先对输入的目标物进行区域划分，将每个子区域的最大值输出，这样可以不断缩小数据量的大小，减少参数和计算量，这能在一定程度上防止过拟合现象的发生。池化层一般对输入的特征单独运算，使用较多的形式是 2×2 的区域大小，通过对区域中的四部分取最大值，可以减少四分之三的运算量。

（3）全连接层（fully connected layer）一般位于卷积神经网络最后，全连接层将一层神经元分别输出到不同的区域空间，并且全连接层的输出是一个结果向量。全连接层的特别之处在于每一层的全部神经元都与其上一层的全部神经元连接，这样可以一步一步提取上一层每个神经元的特征，并把全部特征整合[151]。

卷积神经网络是一种前馈神经网络，它在其输入层应用卷积运算代替一般的矩阵乘法。它通过捕获全局和局部特征提高了模型效率和准确性。在标准多层神经网络模型中，卷积神经网络通常由一个或多个卷积层组成，然后由一个或多个全连接的层组成。近年来，卷积神经网络已成为图像、自然语言等领域的热门话题。与传统的多层感知机相比，卷积神经网络可以通过平均池化或者最大池化来减少模型中的神经元数量。此外，卷积神经网络的权重共享可以减少模型中的参数数量以及模型的复杂性，增强了模型的泛化能力。典型的基于卷积神经网络的模型一般主要有四个组件，即由输入层、卷积层、池化层和全连接层组成。这些层堆叠起来以形成卷积网络架构[152]。

卷积神经网络在特征提取方面有着特有的优势，因为基于卷积神经网络的架构有卷积和池化操作，可以很好地处理非结构化数据。DeepCoNN 模型是利用卷积神经网络进行用户评论或者项目评论的处理，从而抽取用户偏好和项目特征，最终进行评分预测。具体来说，该模型由两个并行的神经网络组成，一个网络用于建模用户，一个网络用于建模项目。预训练的用户评论和项目评论分别作为用户网络和项目网络的输入，并产生相应的评分作为输出。在第一层（表示为 Look-up层）中，用户或项目的评论文本被表示为单词嵌入的矩阵，以捕获评论文本中的语义信息。然后单词嵌入矩阵输入到基于卷积神经网格的模型当中，包括卷积层、最大池化层和全连接层，用于提取用户偏好和项目的特定特征。此外，在两个网络的顶部添加交互层，以使用户和项目的隐藏潜在因子相互交互。该层计算目标函数，该函数使用用户网络和项目网络产生的潜在因子来衡量评分预测的误差[152]。

相关案例如使用基于注意力的卷积神经网络来进行微博中的话题标签推荐[5]，将话题标签推荐作为一个多标记分类问题，卷积神经网络被作为一种特征提取手段来获取微博的特征，所构建的模型包括一个全局通道和一个局部注意力通道。全局通道由一个卷积层和一个池化层组成，局部注意力通道由一个注意力层和一个池化层组成。

还可利用多模信息来进行微博推荐。该工作考虑了文本和图像，分别采用卷积神经网络和 RNN 从图像和文本中提取特征，然后组合两个方面的特征进行标签推荐。同时，考虑到标签仅仅与图像和文本中的部分信息存在关联，该工作采用注意力机制来建模这种局部关联性。利用评论信息来进行推荐的问题，模型是一个基于注意力的卷积神经网络模型，其包含一个用户网络和一个项目网络，分别采用卷积神经网络从用户的所有评论和项目的所有评论中学习用户和项目的隐表示，同时采用注意力机制来建模评论中的不同部分与用户偏好和项目特征的关联度。采用动态注意力深度模型（dynamic attention deep model，DADM）来研究编辑的文章推荐问题，DADM 利用卷积神经网络来学习文章的语义信息，同时利用注意力机制来抓住编辑选择文章行为的动态性。

还能利用卷积神经网络做音乐推荐。用深度学习模型解决音乐推荐系统中的冷启动问题[5]。在音乐推荐中，协同过滤通常面临冷启动问题，即对于一些没有用户数据的音乐，往往不能够被推荐给用户。基于卷积神经网络的推荐算法首先利用用户的历史使用数据和音乐的音频信号数据，通过组合加权矩阵因子分解和卷积神经网络，将用户和音乐投影到一个共享的隐空间，从而能够学习到用户和歌曲的隐表示。对于新的歌曲，可以通过训练好的卷积神经网络从自身的音频信号中提取出歌曲的隐表示，从而能够在共享隐空间中通过计算用户与新音乐之间的关联性来为用户推荐音乐，从而帮助解决新项目的冷启动问题。

6.1.3　基于循环神经网络的方法

序列数据在很多领域都很常见，如自然语言处理、语音识别、股市预测、天气预测这些常见的预测模型中均存在不同的序列数据。一般最基本的序列模型仅仅对上一项和下一项进行预测，不需要隐式信息。例如，在时间序列的自回归模型中，该模型只对序列数据的不同项采取加权平均，并预测下一项，同时也没有采用隐式信息。但在真实状况下，隐式信息非常必要并且往往包含非常重要的信息，同时在序列模型中，节点之间常常通过隐含层来进行数据传输。一般情况下，序列模型常常都会包含隐式信息，这些信息会记录序列模型在不同时间的状态，这时就可以根据时间以及记录的信息实时预测下一项的变化。1986 年，Rumelhart 等[90]发展了神经网络，提出循环神经网络的概念。循环神经网络的实质是由序列模型发展演化而来。在过去的神经网络模型中，需要将数据输入到模型中并得到输出结果，但它们之间并没有直接的关联，且相互独立。例如，在天气预测领域，希望根据今天的天气预测明后两天的天气，这对于过去的神经网络模型显然是难以解决的问题。此外，RNN 有循环性，这是因为序列无时无刻都在执行相同的任务，并且每次都要根据当前的输入和上一次的隐状态来进行输出。RNN 的模型结构包括输入单元、输出单元和隐含层单元[151]。

相关技术介绍[151]如下。

1. 长短期记忆网络

长短期记忆（LSTM）引入了遗忘门、输入门等门控机制，更好地解决了梯度消失或爆炸的问题，因此广泛使用 LSTM 模型用于文本建模，特别是对于长文本的建模。

在 LSTM 单元中有三个门来保护和控制状态流。对于每个时间步 t，给定输入 x_t，当前单元状态 c_t，则隐状态 h_t 可以用前一单元状态 c_{t-1} 和隐状态 h_{t-1} 更新，更新公式如下：

$$\begin{bmatrix} i_t \\ f_t \\ o_t \end{bmatrix} = \begin{bmatrix} \sigma \\ \sigma \\ \sigma \end{bmatrix} (W[h_{t-1}; x_t] + b) \tag{6.2}$$

$$\hat{c}_t = \tanh(W_c[h_{t-1}; x_t] + b_c) \tag{6.3}$$

$$c_t = f_t \odot \hat{c}_{t-1} + i_t \odot \hat{c}_t \tag{6.4}$$

$$h_t = o_t \odot \tanh(c_t) \tag{6.5}$$

式中，i_t、f_t 和 o_t 分别为输入门、遗忘门和输出门，取值范围为[0,1]；σ 为 sigmoid 函数；$\odot$ 为元素乘法；隐状态 h_t 为 LSTM 单元在时间步 t 时刻的输出信息。

　　为了更好地利用输入信息,常见的方法是采用双向 LSTM 来模拟正向和反向的文本语义。对于文本序列 $[x_1, x_2, \cdots, x_T]$,正向 LSTM 从 x_1 到 x_T 读取序列,反向 LSTM 则从 x_T 到 x_1 读取序列。连接正向隐状态 $\vec{h}_t$ 和反向隐状态 $\overleftarrow{h}_t$,即 $h_t = \vec{h}_t \| \overleftarrow{h}_t$。$h_t$ 包含了以 x_t 为中心的整个文本序列的信息。本章使用双向 LSTM 来学习所有用户和项目的评论信息。具体来说,通过双向 LSTM 接收来自用户和项目的评论信息,然后把双向 LSTM 的输出 h_t 再输入到第 1 层注意力网络中。通过正向 LSTM 和反向 LSTM 的学习,使得双向 LSTM 可以更好地捕获每个词的上下文语义。

　　2.　隐语义模型

　　隐语义模型是一类基于矩阵分解技术的算法,并逐渐被一些评分预测模型所采用。对于其中最流行的一种隐语义模型,用户 u 预测项目 i 的评分 $\hat{r}_{u,i}$ 公式如下:

$$\hat{r}_{u,i} = \mu + b_u + b_i + q_u p_i^{\mathrm{T}} \qquad (6.6)$$

式中,评分预测 $\hat{r}_{u,i}$ 由四部分组成:全局平均数 μ、偏差项 b_u 和 b_i 以及用户与项目的交互 $q_u p_i^{\mathrm{T}}$,q_u 和 p_i 分别代表用户偏好和项目特征的 k 维向量。通过模型学习评论信息得到的用户偏好或者项目特征融入到隐语义模型来建模用户和项目交互。这种方式既考虑了评论中的信息又考虑了用户的评分,丰富了用户和项目之间的交互信息。

　　相关案例如基于注意力的 RNN。前面我们讨论过基于注意力的卷积神经网络模型。与其类似,注意力机制也被用于基于 RNN 的推荐算法中,基于注意力的 LSTM 来进行微博中的话题标签推荐,注意力机制与 RNN 结合的优势是能够抓住文本的序列特征,同时能够从微博中识别最具有信息量的词。模型首先利用 LSTM 来学习微博的隐状态 $(h_1, h_2, \cdots, h_N)$,同时采用主题模型来学习微博的主题分布。主题注意力的权重 a_j 通过微博第 j 个位置附近的词和微博的主题分布来计算。注意力层的输出 $\text{vec} = \sum_{j=1}^{N} a_j h_j$。

　　一些研究人员使用记忆网络(memory network)代替卷积神经网络和 LSTM,并应用注意力的记忆网络来进行话题标签推荐。考虑到微博长度通常很短,存在单词稀疏和单词同义问题,仅仅依靠语言模型(如词嵌入模型)会导致有限的推荐性能。通过利用用户的历史微博作为外部记忆单元来建模用户的兴趣,提升了提示推荐的准确性。具体地,利用两个记忆网络分别从用户历史微博和目标用户历史微博中发现用户和目标用户的兴趣,最后联合微博的内容、用户的兴趣和目标用户的兴趣实现微博用户提示推荐。

6.1.4　基于深度信念网络的方法

推荐系统是一个用传统方法比较难做好，但是用深度置信网络可以极大地减少计算量，达到比较好的效果的案例。

DBN 由多个 RBM 堆叠而成，训练过程由预训练和微调构成。

（1）预训练：分别单独无监督地训练每一层 RBM 网络，确保特征向量映射到不同特征空间，都尽可能地保留特征信息；它通过一个非监督贪婪逐层方法预训练获得权重（即不要类标，不断拟合输入，依次逐层）。在这个过程中，数据输入到可见层，生成一个向量 V，再通过权重 w 传给隐含层，得到 h，由于隐含层之间是无连接的，所以可以并行得到隐含层所有节点值。将隐含层激活单元和可见层输入之间的相关性差别作为权重更新的主要依据。

（2）微调：RBM 网络训练模型的过程可以看作对一个深层反向传播网络权重参数的初始化，使 DBN 克服了反向传播网络因随机初始化权重参数而容易陷入局部最优和训练时间长的缺点。

DBN 常用于音乐推荐。传统的基于内容的音乐推荐将音乐内容特征提取与音乐推荐分为两个独立过程，这可能导致推荐性能的不足，通过深度信念网络和概率矩阵分解（probabilistic matrix factorization，PMF）将两个过程组合到一个统一框架中，提升了音乐推荐的性能。具体地，首先学习两种用户和项目的隐表示，第一种是利用概率矩阵分解学习到用户和项目表示，第二种是采用 DBN 从音乐中提取的音乐特征表示以及由用户偏好得到的用户表示，然后利用两种隐表示分别做内积，并组合两种内积通过拟合用户-项目评分矩阵进行模型训练，最后基于学习到的两种表示对未知评分进行预测。总的来说，深度学习能够有效缓解用户和项目特征提取困难，以及新项目的冷启动问题，同时能够将用户和项目特征提取与推荐过程融合到统一的框架中，但是并不能够解决基于内容的推荐算法自身存在的新用户问题，也不能为用户发现新的感兴趣的资源，只能发现与用户已有兴趣相似的资源[5]。

■ 6.2　深度学习在协同过滤中的应用

协同过滤，如矩阵因子分解，通过学习用户和向量的低维向量表示来实现推荐，通常面临可扩展性不足的问题[105]。深度学习由于能够适应于大规模数据处理，目前被广泛应用于协同过滤推荐问题中。基于深度学习的协同过滤算法利用用户对项目的显式反馈或隐式反馈数据，采用深度学习训练一个推荐模型，是一类基于模型的协同过滤推荐算法。其主要思路是将用户的评分向量或项目的被评分向量作为输入，利用深度学习模型学习用户或项目的隐表示，然后利用逐点损失（point-wise loss）和成对损失（pair-wise loss）等类型的损失函数构建目标优化函数对深度学习模型的参数进行优化，最后利用学习到的隐表示进行项目推荐。根据深度学习模型的不同，本书将深度学习应用到协同过滤中的研究分为五类：

（1）基于自编码器的协同过滤算法；

（2）基于受限玻尔兹曼机的协同过滤算法；

（3）基于循环神经网络的协同过滤算法；

（4）基于生成对抗网络的协同过滤算法；

（5）基于其他深度学习模型的协同过滤算法。

6.2.1 基于自编码器的协同过滤算法

最近，许多推荐算法将自编码器应用于协同过滤中，其通过对用户或项目的显式反馈或隐式反馈数据进行重构，能够学习用户或项目的隐表示，并基于这种隐表示预测用户对项目的偏好。图 6.1 给出了一个基本的模型结构，给定一个用户的评分向量 R_i，其中包含评分数据和未评分数据，通过最小化自编码器的重构误差 (R_i, R_i') 训练得到模型的参数，最后对未知评分进行预测：

$$\hat{R}_i = g(W_i' f(W_i R_i + \mu) + b) \tag{6.7}$$

式中，g 和 f 为激活函数；W_i 和 W_i' 为权重矩阵；μ 和 b 为偏置向量。下面介绍几个基于自编码器的协同过滤算法。

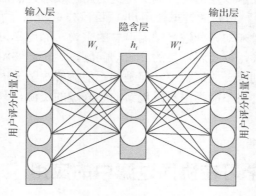

图 6.1   基于自编码器的协同过滤算法的模型架构

1. 自编码器在协同过滤中的应用

Sedhain 等[153]提出了一种基于自编码器的协同过滤算法（AutoRec），该算法的输入为评分矩阵 R 中的一行（基于用户）或者一列（基于项目），利用一个编码过程和一个解码过程产生输出，通过最小化重构误差进行模型参数优化。Strub

等[154]采用两个栈式降噪自编码器（stacked denoising autoencoder，SDAE），将用户和项目的评分向量作为输入，分别学习用户和项目的隐表示，然后通过隐表示对缺失评分进行预测。该方法与 AutoRec 略微不同，其针对评分矩阵的数据稀疏性问题，在训练过程中通过将评分矩阵中的缺失值直接归零减少了网络的连接数量，但同时这种方式也导致未评分数据的信息被忽略。

2. 协同降噪自编码模型

Wu 等[155]利用降噪自编码器来解决 top-N 推荐问题，提出了一种协同降噪自编码器（collaborative denoising auto encoder，CDAE）模型。CDAE 与 AutoRec 的结构类似，通过将用户的评分向量作为输入，学习用户的低维向量表示来进行推荐。但是与 AutoRec 相比也存在一些差异：一是该方法不是评分预测，而是 top-N 推荐；二是该方法通过在评分向量中加入噪声数据，提升了模型的鲁棒性；三是考虑不同用户的个性化因素，为每个用户引入一个用户因子提升了推荐的准确性。

3. 基于自编码的表示学习

Wu 等在文献[155]中指出，自编码器在最小重构误差时既能采用逐点损失也能采用成对损失，但具体选择需要针对特定的任务来决定，可是他们并没有给出选择的依据。Zhuang 等[156]在后来的研究中指出，推荐问题中每个用户的评分标准存在差异，例如，有的用户对自己不是特别满意的项目可能给出高分，而一些标准苛刻的用户可能对满足自己要求的项目给出低分，因此，推荐系统的评分预测不仅仅需要使预测的评分数据与真实评分数据一致，而且还需要使预测的评分数据之间的相对排序与真实评分数据排序一致。针对这个问题，Zhuang 等提出在推荐问题中融入成对排序损失（pair-wise ranking loss）来确保预测数据与真实数据的排序保持一致。模型利用自编码器分别学习用户和项目的隐表示，再通过组合逐点损失和成对排序损失构建目标函数，采用梯度下降法进行参数优化，最后基于学习到的用户和项目隐表示，通过内积方式进行评分预测。基于自编码器的协同过滤算法通常来说简单有效，尤其是利用栈式降噪自编码器，通过提高模型的深度和增加噪声，推荐的有效性和鲁棒性都得到了提升。

6.2.2　基于受限玻尔兹曼机的协同过滤算法

2007 年，Salakhutdinov 等[105]首次将深度学习应用于解决推荐问题，提出了一种基于受限玻尔兹曼机的协同过滤算法。假设有 m 部电影，则使用 m 个 softmax 单元来作为可见单元构造 RBM。每个用户都有一个单独的 RBM，对于不同的 RBM 仅仅是可见单元不同，因为不同的用户会对相同的电影打分，因此所有的这些 RBM 的可见单元共享相同的偏置以及可见单元与隐含层单元的连接权重 W。Salakhutdinov 等[105]对传统的 RBM 模型进行了改进，一是在可见层，评分数据通过一个固定长度的 0-1 向量进行表示；二是考虑到用户只对很少的项目进行了评分，使用一种不与任何隐含层单元连接的缺失（Missing）单元表示未评分的项目。为了考虑用户未评分的电影的信息，Salakhutdinov 等采用一个 0-1 向量 r 表示电影是否被评分过，通过融入这种辅助信息提出了一种条件 RBM。模型的结构如图 6.2 所示。

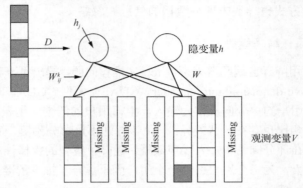

图 6.2　基于 RBM 的协同过滤算法的模型结构

根据 RBM 模型可见层单元之间和隐含层单元之间条件独立的性质，当给定可见单元状态时，可见单元 V 与隐含层单元 h 的条件概率可以表示为

$$p(v_i^k = 1 \mid h) = \frac{\exp\left(b_i^k + \sum_{j=1}^{F} h_j w_{ij}^k\right)}{\sum_{l=1}^{K} \exp\left(b_i^l + \sum_{j=1}^{F} h_j w_{ij}'\right)} \tag{6.8}$$

$$p(h_j = 1 \mid v, r) = \sigma\left(b_j + \sum_{i=1}^{m} \sum_{k=1}^{K} v_i^k w_{ij}^k + \sum_{i=1}^{m} r_i D_{ij}\right) \tag{6.9}$$

式中，K 和 F 分别表示用户和隐变量的数量；模型需要训练的参数包括权重 w_{ij}^k、隐含层节点偏置 $\{b_j\}$ 和可见节点偏置 $\{b_i^k\}$。参数训练采用 2002 年 Hinton 提出的对比散度算法[112]。

Phung 等[157]通过将 Salakhutdinov 等的工作进行扩展，用于建模用户评分的序数特征，采用一种统一的方式同时抓住了相似性和共现性。此外，考虑到 RBM 模型仅仅利用了项目之间的关联，Georgiev 等[158]通过增加用户之间的关联，对 RBM 模型进行了扩展，并且对模型的训练和预测过程进行了简化，同时还使得模型能够直接处理实值评分数据。何洁月等[159]将 RBM 模型进行扩展，提出了一种基于实值状态的玻尔兹曼机，该模型从三个方面对 RBM 进行改进：一是能够直接将评分数据作为可见单元的状态，不再需要转化为 K 维的 0-1 向量表示；二是在训练数据中增加使用了未评分信息；三是将好友信任关系融入到该模型之中，能够有效缓解模型的稀疏性。基于受限玻尔兹曼机的协同过滤算法的最大问题是连接隐含层和可见层的权重参数规模过大，同时由于受限玻尔兹曼机的训练过程往往依靠变分推理和蒙特卡罗采样等近似优化方法，训练的时间过长，导致基于受限玻尔兹曼机的协同过滤算法在实际应用中受到很大限制。

6.2.3　基于循环神经网络的协同过滤算法

循环神经网络模型的提出正是被用于建模序列数据，因此很快被引入到用户行为序列模式建模的研究中。基于循环神经网络的协同过滤与基于分布式表示技术的协同过滤相似，都能用来建模用户行为的序列模式，但区别在于分布式表示技术仅仅抓住了用户行为的局部情境信息，而循环神经网络能够建模用户行为之间的相互依赖关系。基于循环神经网络的协同过滤的主要思路是通过循环神经网络建模用户历史序列行为对下一时刻用户行为的影响，从而实现用户的项目推荐和行为预测。图 6.3 是一个基本的基于循环神经网络的协同过滤算法的框架。已知一个用户的行为序列 $S = [x_1, x_2, \cdots, x_t]$，首先将其进行嵌入式表示并作为循环神经网络在每一时刻的输入，计算 t 时刻的隐向量 $h_t = f(Vx_i + Wh_{t-1})$，其中 f 为激活函数。t 时刻的输出 o_t 为选择特定项目的概率，通常能够基于 t 时刻的隐向量采用 softmax 等方法进行计算。根据应用场景不同，基于循环神经网络的协同过滤算法主要被用于基于会话的推荐、融入时间序列的协同过滤等应用中。

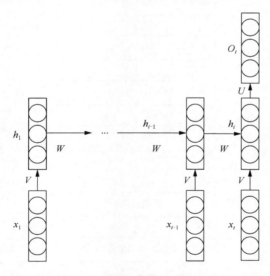

图 6.3　基于循环神经网络的协同过滤算法框架

1. 基于会话的推荐

基于会话的推荐系统主要利用当前会话中的历史行为记录来预测下一步点击每个项目的概率，最大的特点是只考虑了一个会话期间的行为数据。Hidasi 等[160] 采用 GRU 抓住会话中行为之间的依赖关系，基本架构如图 6.4 所示，在每一个时间点上，模型的输入是当前点击的项目的 one-hot 编码，然后通过一个嵌入层压缩为低维连续向量，中间是多个基本 GRU 层，最后是一个前向层，输出层利用 softmax 等方法计算每个项目的点击概率。为了实现并行计算，该研究采用了 mini-batch 处理，即把不同的会话拼接起来。此外，在输出阶段，考虑到项目数量太多会导致计算量过大，通过对所有项目进行抽样，仅仅预测部分项目被点击的概率。研究人员对文献[160]的工作提出了一系列改进，一是数据增强（data augmentation），首先通过将每一个长度的序列都作为一个训练样本来增加训练样本的数量，然后采用嵌入式 Dropout 随机去除一些序列中的节点，帮助缓解噪声数据导致的过拟合；二是预训练，考虑到用户偏好会随时间变化，通过利用所有历史数据对模型进行预训练，然后仅仅利用最近的数据进行更精细粒度的训练，这样同时抓住了用户的长时偏好和短时偏好；三是利用特权信息（privileged information）进行训练，在模型训练过程中，通过融入用户行为序列中预测时间点之后的数据，提升了模型的预测精度。

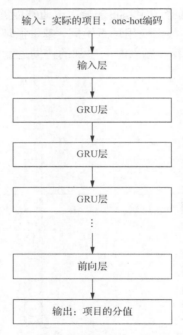

图 6.4　Hidasi 等提出方法的模型结构

2. 融入时间序列的协同过滤

传统的协同过滤算法并没有考虑用户行为的时间信息，但是时间信息反映了用户行为的时间序列模式，有效地利用时间信息有利于提升推荐系统的性能。Song 等[161]通过融入时间信息并在多种粒度上建模用户的兴趣偏好，提出了一种多等级时间深度语义结构化模型（mutli-rate TDSSM）。Liu 等[162]考虑到推荐系统中的用户行为往往存在多种类型，采用循环神经网络模型和对数双线性（log-bilinear，LBL）模型[163]分别建模用户行为之间的长程依赖关系和短时情境信息，从而提出了一种循环对数双线性（recurrent log-bilinear，RLBL）模型，实现用户在下一时刻的行为类型预测。Wu 等[164]将循环神经网络用于建模用户的时间序列行为，该研究区分了不同类型的显式反馈和隐式反馈数据，提出的模型分为两个部分，一个是循环部分，是一个循环神经网络结构，通过区分不同的行为类型抓住所有历史反馈对当前用户行为的影响；另一个是非循环部分，是一个全连接神经网络结构，主要建模了用户基本的偏好，最后通过组合两个部分对用户进行推荐。以上研究实际上仅仅利用了用户的序列行为建模用户偏好的演化，同时假设项目的特征保持不变。但是在实际的推荐系统中，项目的特征也会发生变化，例如，一部电影的受欢迎程度或者受众群体会随着时间发生改变。Dai 等[165]考虑到用户偏好和项目特征会根据用户交互随时间演化的特点，基于循环神经网络和多维时间点过程模型，提出了一种循环共演化特征嵌入过程（recurrent coevolutionary feature embedding processes）模型实现用户偏好和项目特征的演化跟踪，并学习到用户和项目在每一时刻的隐表示，最后通过对用户和项目的隐表示进行内积来产生项目推荐。Wu 等[166]采用循环神经网络建模用户偏好和项目特征的演化，提出了一种循环推荐网络（recurrent recommender network，RRN），能够预测用户未来的行为轨迹。具体地，RRN 首先利用低维矩阵因子分解学习用户和项目的静态隐表示，同时将用户的历史评分数据作为输入采用 LSTM 学习用户和项目在每一时刻的动态隐表示，单一时间的评分预测是利用两类隐表示分别做内积然后进行聚合。

基于循环神经网络的协同过滤算法，由于其能够有效建模用户行为中的序列模式，同时通过改变循环神经网络的输入[164]和定义不同的权重矩阵，还能够融入时间等情境信息，以及各种类型的辅助数据来提升推荐的质量，模型具有高的适用性，在当前的推荐系统中得到了广泛应用。

6.2.4　基于生成对抗网络的协同过滤算法

Wang 等[167]提出的信息检索生成对抗网络（information retrieval generative adversarial network，IRGAN）首次将生成对抗网络引入信息检索领域，文章提供了信息检索建模中两种思维流派的统一描述：生成检索模型和判别检索模型。生成检索模型给定一个查询 q，生成相关的文档 d，判别检索模型聚焦于预测二者之间的相关性。IRGAN 的目的是借鉴生成对抗网络中生成器和判别器相互对抗的思想，采用博弈理论式中的极小化极大算法来将生成检索模型和判别检索模型集成到一个统一的模型中。形式上讲，假设 $p_{\text{true}}(d\,|\,q_n,r)$ 是用户真实的偏好分布，生成检索模型尽力去接近用户真实的偏好分布 $p_\theta(d\,|\,q_n,r)$，判别检索模型 $f_\phi(q,d)$ 尽

力去区分相关文档和不相关文档。类似于生成对抗网络，可以定义 IRGAN 的目标函数：

$$J^{G^*,D^*} = \min_q \max_f \sum_N^{n=1} \left\{ E_{d \sim p_{\text{true}}(d|q_n,r)}[\log D(d \mid q_n)] + E_{d \sim p_\theta(d|q_n,r)}[\log(1-D(d \mid q_n))] \right\}$$

（6.10）

式中，$D(d \mid q_n) = \sigma(f(d,q_n))$，$\sigma$ 是一个 sigmoid 函数，θ 和 ϕ 分别是生成检索模型和判别检索模型的参数，能够通过采用梯度下降法进行迭代学习而获取到。以上目标函数是通过采用成对排序损失来构建的，假设 $p_\theta(d|q_n,r)$ 能够通过一个 softmax 函数进行定义：

$$p_\theta(d_i \mid q,r) = \frac{\exp(g_\theta(q,d_i))}{\sum_{d_i} \exp(g_\theta(q,d_i))}$$

（6.11）

式中，$g_\theta(q,d_i)$ 是给定查询 q、生成文档 d_i 的概率。$g_\theta(q,d)$ 和 $f_\phi(q,d)$ 通常根据具体的任务进行定义，可以是相同的形式或不同的形式。在文献[167]中将其定义为相同的形式：$g_\theta(q,d) = s(q,d)$ 和 $f_\phi(q,d) = s(q,d)$。在项目推荐任务中，文献[167]采用了矩阵因子分解方法来定义 $s(q,d)$：

$$s(u,i) = b_i + U_u^T V_i$$

（6.12）

式中，b_i 是项 i 的偏置；U_u 和 V_i 分别为用户 u 和项目 i 的隐向量。$s(u,i)$ 也可以通过因子机或者神经网络进行定义。生成对抗网络由于引入了对抗机制，在推荐系统中能够取得不错的效果，但目前在推荐系统中的应用还处于探索阶段，还有待更深入的研究。

6.2.5 基于其他深度学习模型的协同过滤算法

除了 RBM、AE、RNN 和对抗神经网络之外，目前被用于协同过滤的深度学习模型还包括卷积神经网络、神经自回归分布估计（NADE）[168]。Geng 等[169]针对社交内容网络中用户与图像之间的连接稀疏以及图像内容多样的问题，提出了一种神经网络模型来学习社交内容网络中用户和图像的统一表示。该模型利用用户和图像之间由历史交互形成的二部图网络结构，采用卷积神经网络模型通过最大化模块度[170]的方法学习用户与图像的深层次统一表示，从而在同一空间中通过计算用户和图像的相似度为用户进行图像推荐。Wu 等[155]考虑到基于 RBM 的协同过滤算法存在优化困难的问题，使用 NADE 替代 RBM 来进行协同过滤推荐，NADE 不需要融入任何隐变量，因此避免了复杂的隐变量推理过程，从而减少了模型复杂度。总的来说，基于深度学习的协同过滤能够当作传统隐因子模型的一种非线性泛化[155]，其最大的优点是在学习用户和项目隐表示的过程中引入了非线性的特征变换，相比传统的协同过滤算法（如矩阵因子分解）具有更好的性能[156]。但同时这类方法仍然无法改变传统协同过滤算法存在的数据稀疏性问题，以及新用户和新项目的冷启动问题。

■ 6.3 基于图神经网络的推荐系统的应用

随着网络信息的爆炸式增长，推荐系统在缓解信息过载方面发挥了关键作用。由于推荐系统的重要应用价值，这方面的研究一直在不断涌现。近年来，图神经网络技术由于能够自然地将节点信息和拓扑结构结合起来而获得了广泛关注。由于图神经网络在图数据学习方面的优异性能，图神经网络方法在许多领域得到了广泛应用。在推荐系统中，主要的挑战是从用户与项目的交互数据和边信息（如果有的话）中学习有效的用户和项目嵌入。由于大多数信息本质上都具有图结构，且图神经网络在表示学习方面具有优势，因此将图神经网络应用于推荐系统的研究正蓬勃发展。例如，用户之间的社交关系和与项目相关的知识图谱自然是图形数据。此外，用户与物品之间的交互可以看作二部图，物品序列的转移也可以构造为图。因此，图学习方法被用来获取用户、项目嵌入。在图学习方法中，图神经网络目前被广泛应用。在本节中，我们将基于图神经网络的推荐模型进行分类，对主要的研究进展进行阐述，并对该领域的发展提出了新的构想。

6.3.1 推荐系统概述

推荐系统从用户的属性或用户-项目交互中推断出用户的首选项和项目属性，并进一步推荐用户可能感兴趣的项目[4]。几十年来，推荐一直是一个热门的研究领域，因为它具有很大的应用价值，但该领域的挑战仍然没有得到很好的解决。根据是否考虑条目的顺序，推荐系统可以分为一般推荐任务和序列推荐任务。

一般推荐假设用户具有静态首选项，并基于隐式（点击）或显式（评分）反馈建模用户和项目之间的兼容性。它预测用户对目标项的评分，即评分预测或推荐用户可能感兴趣的 top-N 项，即 top-N 推荐。多数研究将用户-项目交互以矩阵的形式考虑，并将推荐作为矩阵完成任务[171]。矩阵分解是传统的协同过滤算法之一，通过学习用户-项目潜在向量来重构交互矩阵。由于深度学习技术的成功，最近的研究使用神经成分[172]，如多层感知来替代传统的矩阵分解[173]。从图的角度来看，用户与项目的交互可以看作二部图，其中节点为系统中涉及的用户和项目，用户节点与被点击的项目节点相连接。文献[169]给出了用户-项目二部图，利用

GNN 技术可以捕获用户-项目关系的交互，并学习有效的用户-项目嵌入。除了用户反馈之外，还利用了诸如社交关系和知识图等边信息来提高推荐性能，特别是对于数据稀疏场景。合并边信息的常用策略，要么是添加正则化术语，要么是融合从边信息学习到的表示。

序列推荐捕获连续项目之间的顺序模式，并推荐用户下一步可能单击的内容，即下一个项目推荐。一些作品采用马尔可夫链（Markov chain，MC）[174]来捕捉物品到物品的转换，这种方法假设最近点击的商品反映了用户的动态偏好，即用户当前的选择受到他们最近行为的影响。由于 RNN 在序列建模中的优势，一些工作使用 RNN 单元来捕获序列模式[175]。为了增强会话表示，注意力机制被用来整合除了最近的项目之外的整个序列[176]。受 Transformer 在 NLP 任务中的优异性能的启发，SASRec 利用自我注意技术对物品交互进行建模，从而允许更灵活地进行物品到物品的转换[177]。随着图神经网络的出现，一些作品将一系列项目转化为图形数据，并利用图神经网络捕获转换模式。

6.3.2   图神经网络技术

图神经网络技术可以通过图节点之间的消息传递来捕捉图的依赖性[83]。图神经网络的主要思想是如何迭代地聚合邻居的特征信息，并将聚合的信息与当前的中心节点表示相集成。最近，基于图神经网络变体的系统在许多与图数据相关的任务上表现出了突破性的性能，如物理系统、蛋白质结构、知识图等领域。从是否使用谱卷积运算来看，现有的图神经网络方法可以分为谱方法和非谱方法。对于谱方法，通过计算图的拉普拉斯[5]的特征分解，在傅里叶域中定义了卷积运算。由于特征分解的运算需要较高的计算资源，研究者采用切比雪夫（Chebyshev）多项式作为近似[178]。例如，图卷积网络使用一阶局部卷积运算，从邻居迭代传播信息。所有的谱模型都使用原始的图结构来表示节点之间的关系。非谱方法分别设计了聚合器和更新器。聚合器负责收集和聚合邻居的消息，而更新器的目标是合并中心节点和它的邻居的消息。在聚合步骤中，作品要么采用平均池化操作平等对待每个邻居[179]，要么采用注意力机制来区分邻居的重要性。在更新步骤中，有多种方法来集成这两种表示，如 GRU 机制、连接和求和操作。

在各种图神经网络框架中，被广泛采用的有图卷积网络（GCN）、图注意力网络（GAT）、门控图神经网络（GGNN）、GraphSage 等。

6.3.3   基于图神经网络的社交推荐研究

随着在线社交网络的出现，社会推荐系统被提出利用每个用户的本地邻居偏好来缓解数据稀疏性，从而更好地进行用户嵌入建模。社交网络是一个同构图，每个用户都是一个节点，具有社交关系的用户之间存在边。在此之前，一些作品设计了额外的社会正规化术语来约束具有社交关系的用户具有相似的表征[180]；也有研究者将用户嵌入与他的朋友的平均表示结合起来，作为整体用户表示[181]。

在实践中，社会影响力在社交网络中进行递归的传播和扩散，即用户可能会受到好友的影响。图神经网络的一个主要特征是迭代传播，这与信息在朋友之间的扩散过程是一致的。因此，研究者开始利用图神经网络模拟递归社会扩散过程对用户的影响。

现有研究将社会影响融入推荐系统，利用用户之间的互动行为和关系，提高用户的绩效。社交图有两个特殊的特征：①用户之间的边缘代表着社交关系，有些是强的，有些是弱的。然而，社交关系的力量总是未知的。②对于推荐系统来说，社交图中学到的知识有助于增强用户表示，进而补充了用户-物品的交互。

在社会推荐中，我们主要介绍四种具有代表性的方法，每一种方法都采用不同的策略进行影响建模或偏好整合。

1. GraphRec 模型

GraphRec 模型[182]考虑用户参与到一个社交网络图和用户-项目二部图中，分别学习在这两个图中用户-项目与图注意力网络的嵌入。利用具有连接操作的注意力机制来区分邻居的影响。在社交图中，朋友的影响取决于他们潜在向量之间的相关性。

$$\alpha_{uv}^{*} = v_a^{\mathrm{T}} \mathrm{ReLU}(w_a[h_v^{(l)} \| h_u^{(l)}]) \tag{6.13}$$

在用户-项目二部图中，用户的商品代表性不仅取决于用户和商品嵌入，还取决于关联评分类型。为了获得总体的用户表示，它将项目空间表示和社会空间表示连接起来，并应用多层 MLP。注意力机制通过区分朋友的影响和道具的重要性来提升整体表现。

$$f_1 = h_i \oplus z_j \tag{6.14}$$
$$f_2 = \sigma(w_2 \cdot f_1 + b_2) \tag{6.15}$$
$$f_l = \sigma(w_l \cdot f_{l-1} + b_l) \tag{6.16}$$

2. DANSER 模型

推荐系统中，对偶图注意力网络建模的多面社会效应（dual graph attention networks for modeling multifaceted social effects in recommender systems，DANSER）模型[183]考虑用户对用户的社交关系和物品对物品的关系。与大多数现有作品假设来自朋友的社会影响是静态的不同，DANSER 利用图注意力网络来协作学习双重社会影响的表现形式，其中一个是由用户特定的注意权重建模的，另一个是由动态的上下文感知的注意权重建模的。通过传播固有的用户偏好向量来捕捉朋友的静态影响（社会同质性）。朋友的动态影响（社会影响）是通过传播上下文感知的用户向量来获取的，这依赖于目标条目。上下文感知的用户向量计算如下：

$$m_u^{i^*} = \max{-}\text{pooling}\{y_j \otimes y_{i^*} \mid j \in R_u\} \tag{6.17}$$

式中，R_u 是由用户点击的物品及其嵌入表示 y_j 组成的集合。类似地，每个项目 j 也有两个属性表示，并通过图注意力网络进行迭代更新。此外，文献[183]提出了一种基于策略的融合算法，根据特定的用户-物品对动态分配四个交互特征的权重。总的来说，这项工作整合了静态和动态的用户偏好，在朋友的影响下，它以物品之间的关系为基础，为推荐系统提供了更大的灵活性。

3. DiffNet 模型

DiffNet 模型[184]根据用户的社交关系和历史行为来模拟用户的偏好。采用 GraphSage 框架模拟递归的社会扩散过程对用户的影响。基于朋友的影响力相等的假设，DiffNet 模型使用平均池化函数对朋友的表示进行聚合。受 SVD++框架的启发，DiffNet 模型在历史项目上采用平均池化来获得项目空间中的用户偏好，并使用迭代扩散过程后的用户表示来取代原来的用户嵌入。

$$\hat{r}_{ui} = h_i^{\mathrm{T}}\left(h_u^S + \sum_{j \in R_u} \frac{h_j}{|R_u|}\right) \tag{6.18}$$

式中，$\sum_{j \in R_u} \dfrac{h_j}{|R_u|}$ 表示整个用户偏好；R_u 表示用户 u 的历史项目的集合。请注意，将交互项嵌入的平均表示作为用户在项空间中的偏好，等价于聚合一阶邻居作为用户向量。在两个实验数据集上，最优扩散深度为两层。

与 TrustSVD 相比，DiffNet 通过利用图神经网络机制捕获了更深层次的社会扩散过程。其局限性可能是同等影响的假设与实际情况不符。用户更有可能受到具有强烈社交关系或相似偏好的朋友的影响。此外，项目的表示也可以通过交互用户来增强。

4. DiffNet++模型

DiffNet++模型[185]在统一的框架内对影响扩散过程和利益扩散过程进行建模。对于用户节点，首先利用 GAT 机制分别对二部图和社交网络中的邻居信息进行聚合；注意力机制被用来融合两个隐藏的邻居状态。通过融合向量的方式更新用户节点的表示。对于项目节点，交互用户的信息也通过 GAT 机制传播。为了捕获社交关系的不同深度，DiffNet++模型将不同图神经网络层的隐状态连接起来，作为整体的节点表示。DiffNet++模型的优异性能主要得益于双深度扩散过程和级联操作。整合二部图和社交图的注意力机制优于平均操作。

相关总结如下：

现有的工作大多利用注意力机制来区分朋友的影响。结果表明，与平均池化操作相比，基于注意力机制的方法具有更好的性能。其基本原理是，用户倾向于与不同的朋友建立不同的社交联系。考虑到好友的影响可能因物品而异，DANSER 还针对特定物品建模了动态用户表示。当项目不同时，动态好友表示可能会有很大帮助。

用户参与两种类型的网络，一种是用户-项目二部图，另一种是社交图。现有的工作结合了这两者的信息增强用户偏好表示的网络。一些工作分别从这两个网络中学习用户表示，然后将它们集成到最终的偏好向量中。这种策略的优点是邻居是同质的。一些工作将这两个网络结合成一个统一的网络，并使用图神经网络学习偏好表示。这种策略的优点在于用户表示在每一层都同时受到两种信息的影响和更新。到目前为止，还没有证据表明哪一种策略总是有更好的表现。

6.3.4　基于图神经网络的二部图推荐研究

推荐系统的关键数学问题是矩阵补全。现有算法通过分解交互矩阵来学习用户表示和项目表示，并利用学习到的嵌入来推断用户对目标项的偏好。从图的角度来看，协同过滤中的交互数据可以用用户和项目节点之间的二部图来表示。推荐系统的矩阵补全可以看作对图的链接预测[186]。在用户-项目二部图中，用户的直接邻居是所有的项目，项目的直接邻居是所有的用户。

由于图神经网络在图数据学习方面的优越性，利用图神经网络架构以图的形式捕捉用户和项目之间的高阶交互的推荐系统正在出现。在二部图上应用图神经网络方法，本质上就是利用用户点击的项目来增强用户表示，利用用户与项目交互过的项目来丰富项目表示。注意：使用交互项嵌入增强用户表示并不是一个全新的想法。二部图上的单层图神经网络模型可以看作 SVD++ 的增强版，用户和项目的表示通过它们的交互进行增强。多层图神经网络方法能够更有效地模拟信息扩散过程。下面，我们选取有代表性的模型进行阐述。

1.　GC-MC 模型

图卷积矩阵补全（graph convolutional matrix completion，GC-MC）模型的目的是解决评分预测问题。用户和项目之间的交互数据用一个用户-项目二部图来表示，该图的边标记表示观察到的评分。在没有边信息的情况下，GC-MC 模型仅使用其交互项（用户）建模用户（项目）节点，而忽略了原始用户（项目）表示本身，即用户由交互项的聚合表示，而项由历史用户的聚合表示。采用平均池化的方法对邻居节点进行聚合，假设不同的项目具有相同的代表性，以反映用户的偏好和不同用户对交互项具有同等的影响。传播公式如下：

$$n_u = \sigma(\sum_{r \in R_r} \sum_{i \in N_r(u)} \frac{1}{N_u(r)} W_r h_i), \ h_u^I = \sigma(W n_u) \tag{6.19}$$

式中，n_u 是用户节点 u 聚合邻居节点特征后的结果；$\sigma(\cdot)$ 是激活函数；R_r 是评分类型的集合；$N_r(u)$ 是用户 u 在关系类型 r 下的邻居集合；$N_u(r)$ 的程度是节点 u 对 r 的评分；W_r 是可训练的评分类型 r 的变换矩阵；W 是权重矩阵。

GC-MC 模型只考虑了单跳邻居，没有充分利用通过图结构传递的消息。完全丢弃用户或项目节点的原始信息可能会忽略内部用户首选项或内部项目属性。

2. STAR-GCN 模型

堆叠和重构的图卷积网络（stacked and reconstructed graph convolutional network，STAR-GCN）模型[187]是 GCN 块的堆栈，每个块的结构都是相同的，例如 GC-MC 模型。叠置 GCN 块而不是直接叠置多层 GCN 的动机是叠置太多的卷积层会导致过平滑的问题。为了桥接相邻块，STAR-GCN 模型引入了重构机制，旨在从聚合表示中恢复初始输入节点向量，恢复的表示是下一个块的输入。值得注意的是，STAR-GCN 模型在培训过程中注重标签泄漏问题，提出在训练阶段对部分节点进行掩码，并在被掩码的节点上增加重构损失。总体损失是预测损失和重建损失的结合。

STAR-GCN 模型利用重构策略缓解过平滑问题，并对预测任务和重构任务进行联合优化，性能优于 GC-MC 模型。GC-MC 模型和 STAR-GCN 模型平等对待邻居的影响，邻居传播的消息只依赖于邻居节点。它们都只使用节点表示的最后一层进行评分预测。

3. NGCF 模型

神经图协同过滤（neural graph collaborative filtering，NGCF）模型[188]决定消息在图结构和中心节点之间的亲缘关系上的传播。利用残差网络的优势，利用不同层次的表示来得到最终的节点嵌入。其动机是：①将符合用户利益的物品的嵌入内容更多地传递给用户（物品也是如此）；②不同层获得的表示强调通过不同连接传递的消息。具体来说，NGCF 模型使用元素型产品来增加用户关心的项目特性或用户对该项目具有的特性的首选项。以用户节点为例：

$$n_u^{(l)} = \sum_{i \in N(u)} \frac{1}{\sqrt{|N_u \| N_i|}} (W_1^{(l)} h_i^{(l)} + W_2^{(l)} (h_i^{(l)} \odot h_u^{(l)})) \tag{6.20}$$

通过使用激活函数 LeakyReLU 来汇总节点本身及其邻居的表示，来更新节点嵌入：

$$h_u^{(l+1)} = \text{Leaky ReLU}(h_u^{(l)} + n_u^{(l)}) \tag{6.21}$$

底层的表示更多地反映了个体特征，而高层的表示更多地反映了邻居特征。NGCF 模型采用了连接策略，充分利用了不同层的表示。

NGCF 模型的优异性能得益于整体节点表示的剩余策略和消息传播的关联机制。上述方法在不进行邻域抽样的情况下，在全图上应用神经网络。一方面，保留了原有的图结构；另一方面，它不能应用于节点度较大的大型图，严重依赖于整体图结构，泛化能力较低。

4. IG-MC 模型

基于图的归纳矩阵完成（inductive graph-based matrix completion，IG-MC）模型[189]重点介绍不使用侧信息的归纳矩阵补全法，同时实现与最先进的转导方法类似或更好的性能。它首先基于用户-项目对构造单跳子图，而不是对全图进行操作。具体地说，给定目标用户和目标项，项集是目标项和目标用户曾经交互过的项目的组合，用户集是目标用户和曾经与目标项交互过的用户的组合。用户和项集中的实体是子图中的节点。外围子图提取设计减少了对原始图结构的依赖，缓解了稀疏情况下性能的下降，增强了其泛化模型到另一个数据集的能力。它和使用类似传播策略的 GC-MC 模型不同之处在于，它维护中央节点的一些信息嵌入，即

$$h_u^{(l+1)} = W_0^{(l)}h_i^{(l)} + \sum_{r \in R(r)}\sum_{i \in N_u(r)} \frac{1}{|N_r(u)|}W_r^{(l)}h_i^{(l)}$$。IG-MC 模型还使用连接操作来聚合不同

层的信息作为最终的用户-项目表示。IG-MC 模型提出了一种新的子图构造策略，使归纳矩阵完备，提高了归纳矩阵的泛化能力。

相关总结如下：

聚合函数可以分为四类：平均池化聚合对邻居不加处理；程度归一化聚合基于图结构为节点赋权；注意池化利用注意力机制来区分邻居的重要性；而中心节点增强则考虑节点之间的关联性，并利用中心节点来过滤邻居的消息。与平均池化或程度归一化相比，区分邻居的影响往往会提高性能，原因可能是交互项在反映用户偏好方面不具有同等的代表性。

在信息更新时，一些工作使用邻居的聚合表示作为新的中心节点表示。大多数工作结合了中心节点和它的邻居节点的表现形式。集成的常用方法有平均池化、总和池化、连接转换。连接转换允许更多的功能交互。当没有必要进行特性交叉时，平均池化和总和池化就已经足够。

最终节点表示有些工作使用图网神经网络最后一层的节点向量作为最终表示，有些工作则使用加权池或连接操作集成所有层的表示。由于不同层的输出表示不同的连接，利用所有层的表示可能会表现得更好。

6.3.5　基于知识图谱的推荐研究

与无知识图谱推荐算法相比，将知识图谱引入推荐算法具有以下三个优点：①知识图谱具有丰富的语义关联，有助于挖掘条目之间的潜在关联，提高了结

深度学习在推荐系统中的应用

果的精度；②不同类型的关系有助于合理扩展用户的兴趣，增加推荐项目的多样性；③知识图谱将用户历史上喜欢和推荐的项目连接起来，从而为推荐系统带来解释性。

虽然知识图谱中含有丰富的信息，但由于推荐系统中知识图谱的图形结构复杂，即多类型实体和多类型关系，利用起来相当有挑战性。以往的工作通过知识图嵌入方法对 KG 进行预处理，学习实体和关系的嵌入，如文献[190]或设计元路径来聚合邻居信息[191]。受图形数据学习中图神经网络的启发，研究者试图利用图神经网络来捕获项目与项目之间的关系。

1. KCGN 模型

知识感知的耦合图神经网络（knowledge-aware coupled graph neural network，KCGN）模型利用用户特定的关系感知图神经网络来聚合邻近实体的信息。这项工作利用知识图来获得语义感知的项目表示。为了提高计算效率，它对每个实体的邻域进行统一采样，而不是对知识图结构进行任何简化。用户偏好被假定为静态的，由一组潜在向量表示，这些潜在向量也被用来衡量用户在关系中的兴趣。邻居通过依赖于连接关系和特定用户的得分进行加权，既表征了知识图谱的语义信息，也表征了用户在关系中的个性化兴趣。其动机是不同的用户会对不同的关系有不同的重视程度。用户偏好具体可以表示为

$$\tilde{a}^u_{r_{e_i,e_j}} = \frac{\exp(a^u_{r_{e_i,e_j}})}{\sum_{k\in N(e_i)} \exp(a^u_{r_{e_i,e_j}})}, \ a^u_{r_{e_i,e_j}} = u^\mathrm{T} r_{e_i,e_j} \tag{6.22}$$

2. KGNN-LS 模型

具有标签平滑正则化的知识感知图神经网络（knowledge-aware graph neural networks with label smoothness regularization，KGNN-LS）模型[192]通过识别给定用户的重要知识图关系来学习特定用户的项目嵌入。该工作的新颖之处在于标签平滑正则化，它假定知识图中相邻的条目可能具有相似的用户相关标签。KGNN-LS 模型得分函数使用一个特定于用户的关系 r 给用户 u。给定用户特定关系评分函数，知识图中的多个关系可以用用户特定的邻接矩阵表示。相邻矩阵的构造将复杂的知识图结构转化为传统的图，使图卷积网络适用。知识图中的多个关系具体可以表示为

$$A^{ij}_u = s_u(r_{e_i,e_j}) = g(u, r_{e_i,e_j}) \tag{6.23}$$

式中，$g(\cdot)$ 是一个可微函数内积。除此之外，KGNN-LS 提出了一种标签平滑正则

化，以帮助更有效地推广到未观察到的交互。这种标签平滑正则化的具体公式如下：

$$E(l_u, A_u) = \frac{1}{2} \sum_{e_i \in \varepsilon, e_j \in \varepsilon} A_u^{ij} (l_u(e_i) - l_u(e_j))^2 \qquad (6.24)$$

式中，$l_u(\cdot)$ 是实体的标签功能。与特征在节点间的传播类似，标签平滑性等价于图上的标签传播方案。

相关总结如下：

知识图包含多个实体和关系，这增加了将图神经网络应用到图上进行表示学习的难度。为了解决这个问题，一些工作在第一阶段简化了图的结构。例如，注意力知识图嵌入（attentive knowledge graph embedding，AKGE）模型基于最短路径算法重构子图，IntentGC 只保留只有一个节点的用户-用户关系和商品-商品关系。图化简可以提高计算效率，但代价是丢失一些图信息。因此，一个有效的简化策略值得进一步研究。

多关系特征传播的一个特征是多关系。为了区分不同关系的重要性，广泛采用注意力机制来聚合邻居信息。注意：功能在很大程度上影响了方法的性能，因为它决定了信息的传播。为了区分邻居的影响，有些作品（如 KCGN、KGNN-LS）考虑了用户和节点之间的关系，有些作品（如 KGAT、AKGE）考虑了被连接的节点及其关系。

用户集成知识图是用户-项目二部图之外的一种边信息。然而，知识图谱的尺度总是大于二部图的尺度。一些作品采用图神经网络学习项目的表示，并假设用户具有静态表示，用于度量用户在关系中的兴趣。有些作品将两个图集成到一个统一的图中，并将用户视为知识图谱中的一类实体。

6.3.6　基于图神经网络的序列推荐研究

序列推荐基于用户最近的活动预测用户下一步的偏好，寻求在连续的项目中建立顺序模式，并为用户生成合适的推荐[43]。现有的大部分作品只关注从序列推断时间偏好。具体来说，第一阶段是将序列数据转化为序列图，并通过图神经网络方法获取序列知识。边信息也可以用来增强序列信息，但这方面的研究很少。

1. A-PGNN 模型

带有注意力机制的个性化图神经网络（personalized graph neural networks with attention mechanism，A-PGNN）模型[193]关注用户在序列中的作用，通过注意力机制明确模拟历史会话对当前会话的影响。大多数基于会话的推荐都是针对未知用户的情况。因此，很多基于会话的推荐算法只将用户的所有会话视为单个序列，忽略了会话之间的关系。A-PGNN 模型用它所有的会话行为构建用户行为图，丰富了项目到项目的连接。为了集成用户的影响，每个条目嵌入都与用户嵌入连接在一起。消融研究表明，合并用户向量在性能上几乎没有改善。原因可能是顺序行为足以反映用户的时间偏好。边缘权重与项目及其下一个被点击项目的出现次数呈线性关系，而不是对邻居同等对待。A-PGNN 模型也采用 GGNN 来捕捉项目之间的信息转换。其新颖之处在于，当前的会话表示被包含在历史会话中的综合信息所增强。历史会话对当前会话的影响可通过将当前会话嵌入查询的注意力机制加以利用。消融研究证明了增加当前会话和嵌入历史会话来代表用户的偏好的效果。

2. FGNN 模型

全图神经网络（full graph neural network，FGNN）模型[194]利用图注意力网络（GAT）捕获序列图中的项目转换。具体来说，FGNN 模型给不同的邻居分配不同的权重，它依赖于连接的边和节点，而不是仅仅依赖于相邻矩阵，并使用加权求和来更新中心节点，而不是复杂的门控机制。没有证据表明 GAT 是否优于 GGNN，它们的性能取决于具体的任务。

基于一个会话图的所有节点嵌入，FGNN 模型学习一个查询向量，该向量表示一个具有 GRU 和注意力机制的会话图从内存中读取的顺序。本设计强调项目的顺序，消融研究证明其有效性。

3. DGRec 模型

动态图推荐（dynamic graph recommendation，DGRec）模型[195]只考虑社交网络作为图形数据。使用 LSTM 机制从每个用户最近的会话行为中提取他们的动态兴趣。在社交网络中，用户表示是动态的。DGRec 模型考虑到社会影响可能会随着情境的不同而不同，因此使用 GAT 来区分朋友的影响。消融研究表明，与有社交网络的一般推荐和无辅助信息模型的序列推荐相比，DGRec 模型具有显著的性能。

相关总结如下：

信息传播研究中，有采用平均池化的方法来聚合邻居，也有利用注意力机制来区分邻居的影响。由于 GRU 在序列建模中已经被证明是有效的，所以大部分的工作都采用 GRU 来更新中心节点表示，整合邻居和中心节点的信息。

顺序优先级图神经网络组件的输出是节点表示。一个节点序列的表示需要被整合成顺序表示。A-PGNN 采用注意力机制，FGNN 采用 GRU 和注意力相结合的方式。使用注意力机制的动机是，顺序中的项目在反映顺序偏好方面并不同等重要。FGNN 使用 GRU 通过信息传播阶段的注意力机制来增强项目之间的顺序关系。

将图神经网络应用于推荐系统已引起学术界和工业界越来越多的关注。在本节中，我们对基于图神经网络的推荐系统的工作进行了阐述，并按照类别进行了详细说明。对于每一类模型，我们简要阐明了主要问题，总结了核心思想与对主要问题所采取的策略。

■ 6.4 深度学习在混合推荐系统中的应用

传统的协同过滤算法仅仅利用用户的显式反馈或隐式反馈数据，使得传统的协同过滤总是面临着数据稀疏性的问题。因此，通过融入用户画像数据、项目内容数据、社会化标注、评论等辅助数据的混合推荐算法，能够有效缓解数据稀疏性问题，但是这种方法面临的最大难题是辅助数据的表示问题，经典的方法如协同主题回归（collaborative topic regression，CTR）[196]，并不能够获取有效的辅助数据表示[197]。深度学习通过自动特征提取，能够被用于从辅助数据中学习到有效的用户和项目的隐表示。基于深度学习的混合推荐算法利用用户对项目的显式反馈或隐式反馈数据，以及用户画像数据、项目内容数据、社会化标注、评论等辅助数据，构建一个基于深度学习的推荐模型进行项目推荐。基于深度学习的推荐算法的主要思路是融合基于内容的推荐算法与协同过滤，将用户或项目的特征学习与项目推荐过程集成到一个统一的框架中，首先利用各类深度学习模型学习用户或项目的隐特征，并结合传统的协同过滤算法构建统一的优化函数进行参数训练，然后利用训练出来的模型获取用户和项目最终的隐向量，进而实现用户的项目推荐。根据深度学习模型的不同，本书将基于深度学习的推荐算法分为以下两类。

（1）基于自编码器的混合推荐算法。

（2）基于二部图的混合推荐算法。

当前，自编码器在基于深度学习的混合推荐算法中应用最为广泛。基于自编码器的混合推荐算法的基本架构如图 6.5 所示。

自编码器由于具有强的表示学习能力，很自然地用来从用户特征 X 或项目特征 Y 中学习用户隐表示 U 或项目隐表示 V，然后将隐表示融入到隐因子模型中拟合用户-项目交互矩阵 R（如评分矩阵），联合自编码器的重构误差(X,U)和(Y,V)，以及拟合交互矩阵的误差(R,U,V)构建统一的损失函数，通过梯度下降等方法学习到最终的用户和项目隐表示，从而对用户进行推荐。在不同研究中，可能同时利用了项目特征信息和用户特征信息，也可能只利用了其中一种。下面我们介绍一些基于自编码器的混合推荐算法。

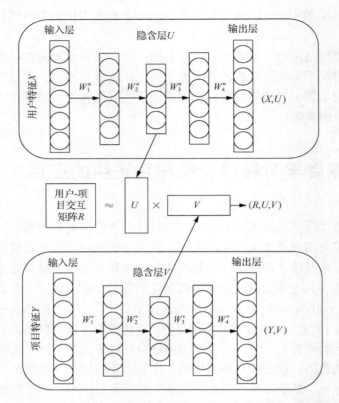

图 6.5   基于自编码器的混合推荐算法的模型框架

1. 协同深度学习模型

Wang 等[197]在 2015 年提出了一种贝叶斯版本的降噪自编码器模型,即贝叶斯栈式降噪自编码器模型(Bayesian SDAE),然后组合 Bayesian SDAE 和概率矩阵分解,提出了一种协同深度学习(collaborative deep learning,CDL)混合推荐算法。该方法利用 Bayesian SDAE 学习项目的隐表示,主要利用项目的文本类辅助数据。假设系统有 I 个用户和 J 个项目,对应一个评分矩阵 $R = [r_{ij}]_{I \times J}$,文本数据用词袋模型表示,所有项目的文本数据对应一个特征矩阵 X_c(每一行代表一个项目的词频向量)。通过在 X_c 中加入噪声得到自编码器的输入 X_0,自编码器第 l 层的输出为 X,权重矩阵和偏置分别为 W_i 和 b_i。CDL 的生成过程如下:

(1)对 SDAE 网络的每一层 l,对权重矩阵 W_l 的每一列 n,提取 $W_{l,*n} \sim N(0, \lambda_w^{-1} I_{K_l})$;提取偏置向量 $b_l \sim N(0, \lambda_w^{-1} I_{K_l})$;对 X_l 的每一行 j,提取 $X_{l,j*} \sim N(\sigma(X_{l-1,j*} W_l + b_l), \lambda_s^{-1} I_{K_l})$。

(2)对每个项目 j,提取一个干净的输入 $X_{c,j*} \sim N(X_{L,j*}, \lambda_n^{-1} I_J)$;提取一个隐

项目偏移向量 $\varepsilon_j \sim N(0, \lambda_v^{-1} I_K)$，然后设置隐项目向量为

$$v_j = \varepsilon_j + x_{L/2,j^*}^{\mathrm{T}} \qquad (6.25)$$

（3）对每个用户 i，提取一个隐用户向量：

$$u_i \sim N(0, \lambda_u^{-1} I_K) \qquad (6.26)$$

（4）对每对用户和项目 (i, j)，提取一个评分 R_{ij}：

$$R_{ij} \sim N(u_i^{\mathrm{T}} v_j, C_{ij}^{-1}) \qquad (6.27)$$

式中，λ_w、λ_n、λ_u、λ_s 和 λ_v 是超参数；C_{ij} 是一个置信度参数。之后，有研究者对 CDL 模型进行了一系列扩展。在文献[198]中，Wang 等将 CDL 模型扩展应用到标签推荐问题中，提出了一种关系栈式降噪自编码器（relational stacked denoising autoencoder，RSDAE）模型。采用 SDAE 从项目的内容信息中学习项目的隐表示，利用概率矩阵分解建模标签与项目之间的共现信息，同时融入了标签系统中可能存在的各类关系数据。CDL 模型中，项目的文本辅助信息由词袋模型表示，这种方式忽略了文本内容中词语序列所包含的信息。针对这个问题，Wang 等[199]提出了一种协同循环自编码器（denoising recurrent autoencoder，CRAE）模型，用来代替 SDAE 模型进行项目推荐。CRAE 拥有一种自编码器结构，在编码器和解码器中，分别利用一个循环神经网络建模文本序列的生成，从而抓住文本中词语的序列信息。另外一个 CDL 模型的扩展是协同变分自编码器（collaborative variational autoencoder，CVAE）模型[200]，CVAE 模型使用变分自编码器模型代替 SDAE 模型从项目的内容中学习项目的隐表示。相比 CDL 模型，CVAE 模型推理的过程更加简单，且不需要在输入中加入噪声，能够从图像、文本等项目内容中提取特征。此外，Ying 等[201]将 CDL 模型进行扩展，提出了一种协同深度排序（collaborative deep ranking，CDR）模型，与 CDL 模型的区别在于，CDR 模型利用了成对损失函数代替 CDL 模型使用的逐点损失函数进行模型优化。

2. 协同知识嵌入模型

Zhang 等[202]利用与 CDL 模型相似的模型架构，融入项目之间的结构化信息（项目之间的各类关系）和非结构化信息（文本数据和图像数据）到推荐系统中，通过组合深度学习方法和概率矩阵分解模型，提出了一种协同知识库嵌入（collaborative knowledge base embedding，CKE）模型。CKE 模型利用了三种非监督表示学习方法从项目相关的结构化和非结构化信息学习项目的隐表示，具体来说，利用项目相关的结构化信息通过采用一种知识库嵌入式方法 TransR 将项目嵌入到隐空间学习项目的结构化向量，利用项目相关的文本信息通过 SDAE 模型提

取文本的分布式表示来得到项目的文本向量，利用项目相关的图像信息提出一种栈式卷积自编码器（stacked convolutional autoencoder，SCAE）模型提取视觉图像的分布式表示来得到项目的视觉向量，并通过融合项目的三类向量得到项目的隐表示，最后结合概率矩阵分解学习到用户和项目最终的隐表示。与 CDL 模型相比，CKE 模型集成了更多的辅助信息来学习项目的隐表示，另外，CKE 模型中的协同过滤利用了成对排序损失函数。

3. 基于栈式降噪自编码器（SDAE）的方法

Wei 等[203]通过组合协同过滤算法 TimeSVD++模型[204]和栈式降噪自编码器（SDAE）模型，提出了一种混合推荐算法。该研究利用 SDAE 模型从项目的辅助信息中学习项目的隐表示，利用 TimeSVD++模型拟合用户和项目之间的评分矩阵。与 CDL 模型相比，该模型利用的 TimeSVD++模型是一类融合了时间因素的隐因子模型，因此建模了用户偏好和项目特征随时间的变化，有利于提升推荐系统的性能。

4. 基于边缘降噪自编码器（mDA）的方法

Li 等[205]将边缘降噪自编码器（marginalized denoising autoencoder，mDA）和概率矩阵分解方法进行组合，提出了一种混合推荐算法。mDA 是降噪自编码器的一类扩展，通过对降噪自编码器的输入噪声进行边缘化避免了训练降噪自编码器所需要的大的计算开销，提升了模型的可扩展性。与 CDL 模型和 CRAE 模型的不同之处在于，该模型不仅考虑了项目相关的辅助信息来学习项目的隐表示，还融入了用户相关的辅助数据来学习用户的隐表示，此外该模型并没有像 CDL 模型和 CRAE 模型一样采用贝叶斯形式，而是利用边缘降噪自编码器，具有更少的模型参数，具有更高的可扩展性。

5. 基于附加栈式降噪自编码器（aSDAE）的方法

Dong 等[206]提出了一种基于附加栈式降噪自编码器（additional stacked denoising autoencoder，aSDAE）的混合推荐算法，aSDAE 是 SDAE 的扩展，其输入是用户或者项目的评分向量，只是在 SDAE 的每个隐含层都加入用户或者项目的辅助信息，在输出端同时重构输入数据和辅助数据。该研究利用 aSDAE 学习用户和项目的隐表示，然后结合矩阵因子分解和 aSDAE 构建联合目标优化函数，采用梯度下降法进行参数优化，进而对未知评分进行预测。相比 CDL 模型，该模型能够融入更加精细的辅助数据，且具有更少的模型参数[5]。

■ 6.5　基于深度强化学习的推荐系统

现实社交信息的数量正在以惊人的速度增加，人们对个性化服务的要求越来越迫切，个性化推荐在个性化服务中发挥着越来越重要的作用，如何有效地利用信息进行个性化推荐也成为目前研究的热点。个性化推荐技术通过研究不同用户的兴趣，主动为用户推荐其最需要的资源。传统的信息过滤搜索方法在面对海量数据时，不仅表现出低效率、低准确率的缺点，给用户带来差的体验，还仅仅局限在用户的搜索内容上，无法引导用户完善自己的个性化需求。因此，单纯的信息搜索不再适用于当下"信息爆炸"的时代。推荐系统应运而生，作为一种高效的信息过滤系统，它能够自动地在冗杂数据中获取用户感兴趣的或者可能需要的内容。这不仅给用户的学习、生活带来便利，也加速了各企业的发展，例如，在电子商务、音乐、电影等各类领域中，推荐系统都起到了极大作用。如今，关于推荐系统的研究层出不穷，已经成为非常受瞩目的研究热点之一。

最早的推荐系统是诞生于 20 世纪末的 MovieLens 电影推荐系统。该电影推荐系统利用用户-电影之间的交互历史行为（即用户对电影的评分，评分范围在 1 到 5 之间），经过一定的分析之后，得到符合用户喜好的电影并将这些电影推荐给用户。后来 Amazon 在电子商务领域设计了推荐系统，其做法是利用用户过去有过交互行为的内容（如浏览、点击、购买过的内容）来更好地挖掘用户的潜在喜好，从而预测用户会对什么样的商品感兴趣，达到提高销售额的目的。因此，推荐系统的目的是通过分析用户的历史行为数据来发现能够吸引用户的内容，并将这些内容推荐给用户。推荐系统面临的两个主要问题是：①如何发现用户感兴趣的内容；②如何将用户感兴趣的内容呈现给用户。对于第一个问题，即从百万及以上的数据中缩小到数千乃至数百个用户可能感兴趣的内容，主要依赖于各种推荐算法来实现。对于第二个问题，主要依赖排序和人机交互界面的设计。本书的研究内容仅涉及解决问题①，即挖掘用户潜在喜好。

根据推荐系统中使用工具的不同，目前存在的推荐系统主要分为基于内容的推荐系统和基于协同过滤的推荐系统。其中，基于内容的推荐系统主要是通过分析单个用户或资源的原始信息来进行推荐；而基于协同过滤的推荐系统则是基于历史上多个用户的访问信息对用户群体的喜好进行分析，最后推荐使用者可能感兴趣的资源。基于内容的推荐系统只能发现与已有兴趣相似的资源，难以挖掘新的感兴趣资源，并且难以区分资源内容的风格；而基于协同过滤的推荐系统可以有效地挖掘出新的感兴趣资源，且无须考虑资源的表示形式。在目前的个性化推荐实际应用中，采用协同过滤算法的系统占据了主流。传统的协同过滤推荐算法主要建立在对历史用户访问数据的分析上，如 Breese 等[10]所提出的算法中，首先将系统用户表示成多维资源向量，其向量的每维取值对应用户对该项资源的喜好；然后计算待预测用户向量与系统其他用户向量的相似度，根据与其最相似的若干系统用户的喜好来进行推荐。Sarwar 等[13]分析了基于资源的协同过滤算法，首先建立资源对用户的向量，其向量的每维取值对应用户对该项资源的喜好；然后在实际预测用户 A 对资源 b 的评价分数时，计算资源 b 与用户 A 历史访问资源的相似度，并将计算结果与用户 A 对这些历史资源的评价分数相结合来预测评价分数。在用户历史访问数据较丰富的情况下，上述方法可以取得较好的效果，但当用户历史访问数据较少时，用户或资源向量变得非常稀疏，导致向量间的相似度无法有效计算，系统性能大幅下降。

6.5.1　静态场景下的强化推荐算法

在静态场景之下，用户的行为特征在与系统的交互过程中保持稳定不变。对于这一场景，一类有代表性的工作是基于上下文多臂老虎机（contextual multi-armed bandit）的推荐系统，它的发展为克服推荐场景中的冷启动问题提供了行之有效的解决方案。

在许多现实应用中，用户的历史行为往往服从特定的长尾分布，即大多数用户仅仅产生规模有限的历史数据，而极少的用户则会生成较为充足的历史数据。这一现象所带来的数据稀疏性问题使得传统模型在很多时候难以得到令人满意的实际效果。为此，一个直接的应对方法是对用户行为进行主动式的探索，即通过对用户发起大量尝试性的推荐，以充分获得其行为数据，从而保障推荐系统的可用性。然而不幸的是，这一简单的做法势必引发极大的探索开销，使得它在现实中并不具备可行性。

为使主动式探索具备可行的效用开销，人们尝试借助多臂老虎机问题所带来的启发。多臂老虎机问题旨在于"探索-利用"间做出最优的权衡，为此诸多经典算法被相继提出。尽管不同的算法有着不同的实施机制，它们的设计都本着一个共同的原则。具体来说，系统在做出推荐的时候会综合考虑物品的推荐效用以及累积尝试。较高的推荐效用预示着较低的探索开销，而较低的累积尝试则表明较高的不确定性。为此，不同的算法都会设计特定的整合机制，使得同时具备较高推荐效用与不确定性物品可以得到优先尝试。

1.　多臂老虎机方法

多臂老虎机是一种非常典型的决策方法，被广泛应用于推荐系统中。一般情况下，当多臂老虎机方法观察到系统当中的状态（state）时，会从候选的多个动作（action）当中选择一个在环境当中执行，之后得到环境的反馈回报（reward）。

方法的目标是最大化累计回报，在推荐系统当中，状态一般对应用户上下文，如用户特征等，动作对应可供推荐的项目，如广告、商品等。回报一般为用户在得到推荐结果之后的反馈，通常情况下会使用点击率等。多臂老虎机作为一种决策方法，其最重要的就是提供探索（exploration）-开发（exploitation）功能。开发是指策略采用当前预估出的最佳推荐，探索则是选择更多非最佳策略，从而为深入挖掘用户喜好提供了可能性。

但是，推荐行为会在系统中产生资源消耗，该资源消耗会影响策略的表现。比如对于一个成熟的电商网站，一般情况下其每天的流量可以被看作一个定值，如果将流量看作一种资源，那么广告展示的行为就可以看作一种资源消耗。并且这种消耗是单元消耗，即一次推荐产生的资源消耗为 1。资源限制不仅会限制推荐的次数，并且会对探索开发功能产生很大的影响。

目前有很多贪心策略用于资源限制下的上下文多臂老虎机问题，即在训练的时候完全不考虑资源的分配，而采用"有即分配"的方法。该方法会产生比较大的问题，假设系统每天有一个资源预算总量，并且该资源总量比一天总共的推荐次数少得多，那么这种方法就会在算法执行的早期花掉所有的资源，从而忽视后来的高质量用户的请求。贪心策略可以被看作"短视"的策略，因为其分配策略不会考虑剩余的资源以及用户信息这种较为高级的信息。但是同时考虑资源分配和用户推荐实际上是一个比较复杂的问题，因为这两种策略在执行过程中会相互影响，从而很难直接得到比较好的策略结果。

2. 基于多臂老虎机方法的推荐模型

为了资源分配的长期规划，解决贪心策略的短视问题，可以利用多臂老虎机方法来解决。该方法能够使用层级结构同时优化资源分配策略与用户个性化推荐策略。该方法分别设置了两层策略，上层策略为资源分配，下层策略为个性化推荐。个性化推荐层采用线性方程估计该方法当中基于用户特征的每个推荐项目 action 的预估回报，并采用探索策略进行推荐探索，其策略选择方法遵循下式：

$$a_t^* = \arg\max_{a \in A} x_t^\mathrm{T} \theta_{t,j,a} + (\sqrt{\lambda} + \alpha)\|x_t\|_{A^{-1}} \tag{6.28}$$

式中，第一项为期望回报预估，第二项为置信度，作为一种探索策略。这种探索策略可以使得较少被执行过的 action 有比仅使用第一项估计产生的被选择概率更大的概率被选择。

在该用户被分配了资源之后，将以该个性化推荐结果进行推荐，并得到用户反馈。得到用户反馈之后，采用下式更新个性化推荐层的参数：

$$\theta_{t,j,a} = A_{t,j,a}^{-1} X_{t,j,a} Y_{t,j,a} \tag{6.29}$$

6.5.2　动态场景下的强化推荐算法

在多臂老虎机的设定场景下，用户的实时特征被假设为固定不变的，因此算法并未涉及用户行为发生动态迁移的情况。然而对于诸多现实中的推荐场景，用户行为往往会在交互过程中不断变化。这就要求推荐系统依照用户反馈精确估计其状态发展，并为之制定优化的推荐策略。

具体来讲，一个理想的推荐系统应满足如下两方面的属性：一方面，推荐决策需要充分基于用户过往的反馈数据；另一方面，推荐系统需要优化整个交互过程之中的全局收益。强化学习为实现上述目标提供了有力的技术支持。

在强化学习的框架之下，推荐系统被视作一个智能体，用户当前的行为特征被抽象成为状态，待推荐的对象（如候选新闻）则被当作动作。在每次推荐交互中，系统依据用户的状态，选择合适的动作，以最大化特定的长效目标（如点击总数或停留时长）。推荐系统与用户交互过程中所产生的行为数据被组织成为经验（experience），用以记录相应动作产生的奖励以及状态转移（state-transition）。基于不断积累的经验，强化学习算法得出策略，用以指导特定状态下最优的动作选取。下文以强化学习在新闻推荐中的应用为例，讲解动态场景下的强化推荐算法。

1.　深度强化学习推荐的背景

自动态场景下的强化学习推荐算法使用以来，深度强化学习成功在"必应"个性化新闻推荐[207]中取得成效，这得益于算法的序列化决策能力及其对长效目标的优化，强化学习必将服务于更为广泛的现实场景，从而极大地改善推荐系统的用户感知与个性化能力。

在线个性化新闻推荐已经成为一个富有挑战性的问题，尽管一些传统的在线推荐模型可初步解决新闻推荐中的动态变化性问题。这种动态变化性体现在：首先新闻具有很强的时效性，其次是用户对新闻阅读的兴趣是不断变化的。但是这些模型还是有如下三个缺陷。

第一，难以处理新闻推荐的动态变化，因此模型不仅要考虑用户对当前推荐的反馈，还要考虑推荐对用户长期的影响。就好比买股票，不能只考虑眼前的收益，而是要考虑未来的预期收益。

第二，通常只考虑用户的点击／未点击或者用户的评分作为反馈，然而，用户隔多久会再次使用推荐服务也能在一定程度上反映用户对推荐结果的满意度。

第三，倾向于推荐用户重复或相似内容的东西，这也许会降低用户在同一个主题上的兴趣度。因此，模型需要进行探索。传统方法 e-greedy 策略或者置信上限（upper confidence bound，UCB）都会在短期对推荐系统的效果造成一定的影响，需要更有效的探索策略。

2. 基于深度 Q 网络的推荐系统

基于深度 Q 网络的推荐框架，可明确地对用户未来的预期奖赏进行建模。使用深度 Q 网络来有效建模新闻推荐的动态变化属性，深度 Q 网络可以将短期回报和长期回报进行有效模拟；将用户活跃度作为一种新的反馈信息，不简单依赖于用户的点击频率；进行有效的动作探索，同时保证推荐结果的多样性和精准性。

具体表示为：用户和新闻池作为环境，推荐算法作为代理，状态定义为用户的特征表示，动作定义为推荐新闻列表的特征表示。每当用户请求新闻时，一个状态表示被传递给代理。代理会选择当前策略下最好的动作并且将用户的反馈当作回报。所有的推荐和反馈日志都会被存储到记忆库中，每隔一个小时，代理都会使用记忆库中的日志去更新推荐算法。深度 Q 网络回报方程为

$$y_{s,a} = Q(s,a) = r_{\text{immediate}} + \gamma r_{\text{future}} \tag{6.30}$$

式中，状态 s 由上下文特性和用户特性表示；动作 a 由新闻特性和用户与新闻的交互特性表示；$r_{\text{immediate}}$ 为当前情况下提供的即时奖励；r_{future} 为代理模型预测的未来奖励；γ 为一个折现因子，来平衡当前奖励和未来奖励的相对重要性。具体地说，给定 s 为当前状态，通过在时间戳 t 采取动作 a 来预测总奖励：

$$y_{s,a,t} = r_{a,t+1} + \gamma Q(s_{a,t+1}, \arg\max_{a'} Q(s_{a,t+1}, a'; W_t); W_t') \tag{6.31}$$

式中，$r_{a,t+1}$ 通过动作 a 表示即时奖励；W_t 和 W_t' 表示深度 Q 网络的两组不同的参数。在式（6.32）中，我们的代理将推测下一个状态 $s_{a,t+1}$，假设动作 a 被选择，在此基础上，给定一个候选动作集 $\{a'\}$，根据参数 W_t 选择给出最大未来奖励的动作 a'，之后根据 W_t' 计算出状态 $s_{a,t+1}$ 的未来估计奖励，每隔几次，将 W_t 和 W_t' 交换。该策略已被证明可以消除 Q 的过拟合。通过这个公式，深度 Q 网络将能够同时考虑当前和未来的情况做出决策。

■ 6.6　基于深度学习的推荐研究发展趋势

随着大数据时代的不断深入[208]、网络信息数量的不断增加、复杂性和动态性的不断提高，推荐系统已经成为克服此类信息过载的一个有效的关键解决方案。

过去几年，深度学习在许多领域取得了巨大成功，首当其冲就是计算机视觉和语音识别。深度学习在处理复杂任务时能够取得最佳效果，应用在推荐系统上也是毋庸置疑的，毕竟与传统的推荐模型相比，深度学习可以更好地理解用户的需求、项目的特点以及它们之间的历史互动。最近几年，深度学习在推荐系统中的应用已经受到学术界和工业界越来越多的重视，基于深度学习的推荐系统研究已经成为当前的研究热点。但是基于上面的讨论可以看到，目前深度学习在推荐系统中的应用仍处于初步阶段，在未来必将会有更多、更广泛的尝试。以下总结了五个可能的研究方向。

1. 深度学习与现有推荐算法的结合

传统的推荐算法虽然难以深入学习特征表示，但胜在结构简单，可解释性强。将深度学习与传统推荐技术相结合[209]，可以扬长避短。深度学习技术的非线性特征对于隐式特征的提取带来了极大的改善，但数据稀疏和冷启动问题仍然存在改善的空间。因此，这个方向仍然值得更多的研究者付诸努力和行动。任何一种模型都不是万能的，因此深度学习模型怎么跟传统的机器学习模型更好地融合来提供更好的推荐服务，也是非常值得研究的一个方向。传统的推荐算法，包括基于内容的算法和协同过滤算法，都采用浅层模型进行预测，依赖于人工特征提取，很难有效学习到深层次的用户和项目隐表示。通过利用深度学习模型融合更多的多源异构数据，包括社会化关系、用户或项目属性，以及用户的评论和标签信息等，能够学习到更加抽象、更加稠密的用户和项目的深层次表示，同时采用深层神经网络结构构建预测模型也能够更好地抓住用户和项目之间交互的非线性结构特征。同时，传统的推荐算法具有简单、可解释性强等优势。因此，将深度学习与现有推荐算法结合，能够融合两种算法的优势，目前已经有相关研究开始出现，这个方向值得更多的研究者加以关注。当前深度学习技术一般适合回归、预测等监督学习任务，需要依赖大量的标注数据进行训练，这限制了深度学习的应用场景，怎么改造、进化深度学习模型，让它可以处理少量标注数据，也是一个有前景、有需求的方向。强化学习、半监督学习在处理无监督学习上有天然优势，或许深度学习跟这些技术的结合是一个好的方向。

2. 基于深度学习的跨领域信息融合的推荐

随着大规模数据获取能力的提升，用户在不同领域的历史记录或项目在不同领域的信息能够被获取。例如，一个用户可能在多个社交媒体平台上注册账号，融合用户在不同平台上的数据能够进行跨领域信息融合的推荐，帮助克服单一领域信息的不足，从而有效缓解传统推荐系统中的数据稀疏和冷启动问题，同时利用多个领域数据能够更好地发现用户的个性化偏好。目前的深度学习推荐模型还主要是使用单一的数据源（用户行为数据、用户标的物元数据）来构建深度学习模型。未来随着 5G 技术的发展、各类传感器的普及，我们会更容易收集到多源的数据，怎么充分有效地利用这些异构信息网络（heterogeneous information network，HIN）的数据，构建一个融合多类别数据的深度学习推荐模型，是一个必须面对的有意思的并且极有挑战的研究方向。在新的未开发的应用场景中，一定也会产生非常多种类的新数据类型（如嗅觉的数据）需要深度学习来处理。针对跨领域推荐问题的研究，当前主要的研究方法包括基于协同过滤的方法[210]、基于迁移学习的方法[130]和基于张量分解的方法等。但是，这些方法都针对不同领域中特定类型的信息进行融合，适应性非常有限。当前，利用深度学习技术，通过将各类数据通过嵌入式表示等方法作为统一输入，构建深层预测模型能够有效融合各种不同类型的、跨平台的异构数据进行推荐，已经在 Google 和微软[211]等互联网公司的实际系统中被应用。未来，通过构建深度学习模型来实现跨领域信息融合的推荐将是学术界和工业界研究的重点方向。

3. 注意力机制与基于深度学习的推荐系统的结合

推荐系统是深度学习技术在商业社会的一项成功应用。通过从海量的数据中筛选出对用户最有价值的数据，提高整个商业流程的效率。大多数推荐模型都要涉及对成段文本信息的处理，比如电商平台中用户的评论内容、新闻推荐中的新闻内容等。而注意力机制可以高效地提取文本中的重点，近几年在 NLP 领域任务中取得了令人侧目的效果，并涌现出了一大批利用注意力机制提高推荐系统性能的研究工作。将注意力机制运用在推荐系统中，大多数是从文本数据的处理出发，利用注意力机制提取文本中的重点进行下游任务，如阿里巴巴的深度兴趣网络（deep interest network，DIN）[1]；少数是利用了注意力机制能够自动地发现输入特征的重点的这一特性，来优化传统的推荐模型，典型的工作如注意力分解机[2]。基于注意力机制的深度学习是人类视觉中的选择注意力机制与深度神经网络的结合，目前在计算机视觉、自然语言处理等领域取得了巨大成功。当前，注意力机制已经被应用于 MLP、RNN、卷积神经网络和其他深度学习模型，其中最为引人关注的是基于注意力的 RNN 和基于注意力的卷积神经网络。基于注意力的 RNN 能够更好地建模序列数据中的长期记忆，基于注意力的卷积神经网络能够从输入中识别与问题最具有信息量的部分。将注意力机制应用到推荐系统中，能够帮助推荐系统抓住项目中最具有信息量的特征，推荐最具有代表性的项目，同时增强模型的可解释性。当前，注意力机制已经在话题标签推荐、文章推荐、多媒体推荐、引用推荐等问题中得到了应用。但是总的来说，目前的研究还比较少，未来还需要更深入和更广泛的研究。

4. 新的深度学习推荐系统架构

目前的深度学习应用于推荐还只是包含 2~3 层隐含层的较浅层的深度学习模型，跟卷积神经网络等动辄上百层的模型还不在一个量级，应用于推荐的深度学习模型为什么没有朝深层发展，还需要有更多这方面的研究与实践。另外，目前应用于推荐的深度学习模型五花八门，基本是参考照搬在其他领域非常成功的模型，还没有一个为推荐系统量身定制的非常适合推荐业务的网络结构出现（如计算机视觉中的卷积神经网络结构、语音识别中的 RNN 结构）。对于推荐系统来说，涉及不同的推荐对象和推荐场景，如电影推荐、音乐推荐、图像推荐、商品推荐、地理位置推荐等。一方面，针对所有任务构建统一的深度学习推荐模型几乎是不可能的，需要根据不同的推荐场景考虑不同的数据构建新的深度学习框架来产生推荐，包括推荐项目的具体内容信息，推荐系统中涉及的辅助数据（评论、标签、用户画像信息、用户的社会化关系等），以及推荐的情景信息（时间、位置等）等，因此，面对新的推荐场景需要设计新的深度学习推荐系统架构。另一方面，当前的推荐系统需要建模的要素众多，不仅仅包括用户与项目之间的交互数据，还涉及用户行为的时空序列模式、社会化关系影响、用户偏好的动态演化和项目特征的动态变化等，建模更多的要素能够提升推荐系统的性能，因此，研究能够表达融合多种要素的、新的深度学习架构也是未来的研究方向之一。未来的产品形态一定是朝着实时化方向发展，通过信息流推荐的方式更好地满足用户的需求变化。这要求我们可以非常方便地将用户的实时兴趣整合到模型中，如果能够对已有的深度学习推荐模型进行增量优化调整，反映用户兴趣变化，就可以更好更快地服务于用户。可以进行增量学习的深度学习模型是未来有商业价值的研究课题。同时，随身携带的智能产品（手机、智能手表、智能眼镜等）会越来越多，如果要在这些跟随身体运动的智能产品上做推荐的话，一定需要结合当前的场景实时感知用户的位置、状态等的变化做到实时调整、动态变化。而强化学习是解决这类跟外界环境实时交互的一种有效机器学习范式，结合深度强化学习技术，这方面可以提供用户体验非常好的推荐解决方案。

5. 基于深度学习的推荐系统的可解释性

所谓推荐解释，就是在为用户提供推荐的同时，给出推荐的理由。人类非常好奇，不满足于只知道结论，还会对引起结论的原因感兴趣，往往特别想知道个中的理由。在现实生活中，我们经常会为朋友做推荐或者让别人帮我们推荐，比如推荐旅游地、推荐电影、推荐书籍、推荐餐厅等。现实生活中的推荐，大家都会给出推荐的原因，比如推荐餐厅，我们会说这家环境好、好吃、干净等。对于互联网上的推荐产品，例如，在 Amazon 上买书时，系统会给你推荐书；在看新闻时，系统会为我们推荐其他的新闻。随着移动互联网的发展和成熟，个性化推荐无处不在，变成了任何一个互联网公司的标配技术。但是，不论是推荐系统的工程实践还是学术研究，在推荐解释上的研究和投入较少，在真实的推荐产品落地上也不太关注推荐解释。之所以出现这种情况，主要是大家都将精力放到提升推荐系统的精准性上，比较少地站在用户的角度来思考问题。对用户来说，他不光希望给出推荐，还要说明为什么给他推荐，只有这样用户才更加认可和信赖推荐系统。有很多机器学习算法可以用于推荐系统，有些算法模型解释性好，有些模型是很难做解释的。推荐系统是一个非常复杂的工程体系，包含非常多的功能模块，因此设计一个可解释的推荐系统不是一件简单的事情。而深度学习模型基本是一个黑盒模型，通过数据灌入，学习输入与输出之间的内在联系，具体输入是怎么决定输出的，我们一无所知，导致很难解释清楚深度学习推荐系统为什么给用户推荐这个。推荐系统除了直接展示推荐结果之外，往往还要展示恰当的推荐理由来告诉用户为什么系统认为这样的推荐是合理的。给用户提供有价值的推荐解释往往是很重要的，提升推荐系统的可解释性可以提高用户对推荐结果的接受度，能够加深用户对产品的理解和信赖，提升用户体验同时也可以提高用户在系统透明度、可信度、可辨性、有效性和满意度等方面的体验。现在部分基于注意力机制的深度学习模型具备一定的可解释性，这也是未来一个值得研究和探索的方向。已有的推荐算法使用主题模型学习到的话题[196]以及显式的物品特征[212]来加强可解释性。但是，基于深度学习推荐系统采用端到端的模型直接将多源异构数据作为输入预测用户对项目的偏好，模型训练的结果是给出深度神经网络的结构和神经元之间的连接权重，很难对推荐结果直接给出合理的解释。因此，有必要从数据、模型和经济意义等层面上进行研究，提升基于深度学习的推荐系统的可解释性。近年来，以知识图谱作为边信息生成推荐引起了人们的极大兴趣。知识图谱是一个异构图，其中节点作为实体，边表示实体之间的关系。可以将项目及其属性映射到知识图谱中，以了解项目之间的相互关系。此外，还可以将用户和用户端信息集成到知识图谱中，从而更准确地捕捉用户与物品之间的关系以及用户偏好。

第 7 章

辅助学习的推荐系统

■ 7.1　辅助学习简介

本章讲述的是教育领域相关的推荐系统。早在 2011 年，Manouselis 等[213]首次发表了一篇相关的综述。如今，教育领域相关的推荐系统日趋成熟，相关领域的研究项目、期刊专辑、会议等的持续增加，都体现着该领域研究的重要性。

现代信息技术的发展推动了学习方式的变革，传统的学习方式已经无法满足学习者终身学习的需求，随着全民学习、终身学习等观念的普及，非正式学习得到了越来越多的关注。有研究表明，成人学习者获得的新的经验、知识和技能中有 70%～80%来自非正式学习，只有 20%左右来自正式的继续教育或者企业培训。学习的"长尾效应"也更加说明了非正式学习的重要性。移动通信技术的发展使得非正式学习的方式由数字学习（electronic learning，E-learning）发展到移动学习（mobile learning，M-learning），再到现在的泛在学习（ubiquitous learning，U-learning），非正式学习方式也变得更加灵活、便捷和个性化。根据北京师范大学陈敏等[214]的观点，泛在学习是指任何人在任何时间、任何地点利用任何设备获取任何学习资源以此享受无处不在的学习服务的学习过程。学习过程的情境性、按需学习、学习环境存在的无意识、普遍可及的学习内容、自然的交互与学习方式、学习是共享和构建个体认知网络和社会认知网络的过程是泛在学习的主要特点。

随着网络技术的发展，网络上的信息资源正以爆炸式的速度增长，与此相矛盾的是学习者想要找到自己需要的学习资源却越来越困难，用户为了找到适合自己的信息需要耗费大量的时间和精力。在网络教育中也存在此问题，学习者不知道学习资源放在哪里，所有学习者的界面都是一样的，在寻找自己需要的资源的过程中，学习者很容易"迷航"和产生迷茫不知所措的感觉[215]。因而学习资源建设及管理成为泛在学习研究的一个重要内容，而适合泛在学习的学习资源的设计与开发成为泛在学习资源建设的重要支撑。传统的学习资源信息模型，如学习对象元数据（learning object meta-data，LOM）模型、共享内容对象参考模型（shareable content object reference model，SCORM）、IMS 学习设计信息模型（IMS learning design information model，IMS-LD）、IMS 通用盒（IMS common cartridge，IMS-CC）模型等已无法适应泛在学习的需求。近年来，信息技术的发展，尤其是 Web 2.0 的发展为泛在学习提供了一个良好的环境，学习者可以随时随地得到学习资源，并且通过博客、微博、维基百科等，每个人都可以成为学习资源的创造者、传播者、分享者，这充分体现了泛在学习资源的"以人为本，群建共享"的特点。北京师范大学余胜泉等[214]对泛在学习中学习资源建设做了大量的研究，提出了"学习元"（learning cell）的概念。台湾交通大学 Tseng 等[216]近年来在泛在学习资源分享机制及泛在学习的学习模型方面也做了大量的研究，华东师范大学的祝智庭[217]近年来也对教学资源供需模式及动力机制方面做了相关研究。

在泛在学习环境中，学习者往往以自学为主，然而随着网络资源爆炸式的增长，使用传统的搜索引擎等方式获取到的资源存在冗余信息多且准确率低的问题，并且已经无法满足学习者对学习资源个性化的需求。如何让学习者在大量的网络资源中快速准确地得到自己需要的学习资源，提高学习效率，成为学习者在泛在学习过程中遇到的一个难题，也成为学者关注的焦点。而近年来，推荐系统在商业领域的兴起与成功应用给这个问题提供了一个新的思路：将推荐系统引入教育领域[218]。

推荐系统正是解决此问题的有效方法，它针对用户的兴趣特点和历史行为，向用户推荐其感兴趣的信息和商品，已广泛应用于商业领域，并取得了显著效果。虽然推荐系统在教育领域方面的应用还远不及商业领域，但也对教育领域的发展起到了至关重要的作用。推荐系统逐渐应用于网络教学资源网中，为用户提供了个性化服务，不仅能提高学习效率和用户体验，并且它能够发现并挖掘用户潜在的兴趣点，从而使学习资源也能得到充分的利用，增加用户与资源的关联度。个性化推荐技术主要是通过用户之间、物品之间、用户和物品之间的相关性，向用户提供资源推荐服务，由于相似的用户之间具有相似爱好或者学习需求，因此通过记录每一个用户的行为信息，当目标用户需要推荐时，根据目标用户的信息，从中找到与之相似的用户，并把相似度比较高的用户所感兴趣的学习资源向其推荐。个性化推荐是主动地向学习者进行推荐，可以根据学习者的偏爱提供资源推荐服务，本质上是一种资源匹配和资源过滤机制，也是解决信息过载的一种重要方法[219]。

本章将简要介绍目前推荐系统在辅助学习方面的一些技术和成就，包括基于协同过滤的学习资源个性化推荐、课程推荐系统，最后评估推荐系统对教育产生的影响，以方便读者对推荐系统有进一步的了解和认知。

■ 7.2 国内个性化推荐主要成就

国内关于个性化推荐技术的研究从 2000 年后才正式开始,对于个性化推荐的研究也在不断发展,但与国外相比,发展起步还比较滞后。个性化推荐技术广泛应用于各个领域,如电子商务、新闻资讯、电影视频等,其中应用最为成功的是电子商务领域,比较常见使用过推荐技术的电子商务网站有天猫、京东、苏宁、唯品会等。这些平台都利用个性化推荐技术来向用户推荐商品,解决"信息过载"的问题,同时也提高用户的购买欲望,间接地提高了商品的销售量。国内也出现了一批个性化推荐系统的研究机构,如百度公司研究如何在百度新首页上提供个性化推荐服务,智能向用户推荐感兴趣的网站和 APP。

相较于商业领域,个性化推荐技术也引入到了网络学习平台中,但是经调查发现数量非常少,技术推广得不是很迅速,学习者的用户体验不高。相对而言,个性化推荐技术引入教育领域的时间比较晚,而且缺乏推动力,在教育领域的研究主要有以下一些成绩。丁琳等[220]早期将个性化推荐技术引入网络远程教育领域,他们的研究介绍了数据挖掘技术的概念、功能及其运作流程,并使用数据挖掘技术建立了一个远程教育中的个性化服务模型。2008 年以后,我国有关网络学习中个性化推荐的研究开始迅速丰富。王艳芳[221]的研究中构建了一个支持个性化学习的 E-learning 系统。何玲等[222]的研究中提出了基于 Web 学习者学习进度确定近邻学习者的方法,为当前 Web 学习者进行实时、有针对性的推荐,有利于及时跟踪 Web 学习者的进度变化和兴趣转移。杨丽娜等[223]的研究中构建了基于多角色案例推理 Agent 之间的合作框架,通过多角色 Agent 之间的合作,并结合案例推理的思想,试图解决网络环境下学习资源个性化推荐中的相关问题[223]。荆永君等[224]进行了在基础教育网内实现个性化推荐的研究内容,提出了利用资源推荐服务模型来解决用户兴趣漂移的问题。赵蔚等[225]的研究着眼于面向 Web 学习者终身学习的数字化学习模式,对国内外网络学习个性化推荐系统现状进行了比较分析,并提出了个性化 E-learning 系统面临的四大挑战[225],即学习者间兼容性、智能挖掘性、资源充足性和推荐技术整合性。陈敏等[214]对使用者所进行泛在学习内容的风格化的推荐模型进行设计及探索,提出了泛在学习的风格化推荐模型,在该模型内包含使用者和资源模型,利用泛在学习内容推荐模型对使用者进行综合推荐。杨丽娜等的研究将个性化推荐应用到了虚拟学习社区中,在阐明个性化推荐基本原理的基础上,阐述了虚拟社区的动态形成原理,设计了建立虚拟社区的基本架构和技术流程。赵学孔等[226]对交替最小二乘(alterative least squares,ALS)法个性化推荐进行研究,通过在自适应学习系统中构建推荐模型,向用户提供个性化推荐服务。刘静[227]研究在教育领域中应用个性化推荐，并提出了构建推荐服务模式。

　　总体而言，国内对于个性化推荐的研究相对比较滞后，与国外还存在一定的差距。例如，国内的个性化推荐系统中推荐策略比较单一，对大数据、数据挖掘、机器学习等领域研究不足，缺乏智能化处理。

■ 7.3　基于协同过滤的学习资源个性化推荐

　　当今在网络教育领域，面临着互联网的迅速发展及各种各样的学习平台，资源的爆炸式增长也使得学习资源推荐变得越来越重要，逐渐成为学术界的研究热点。协同过滤仅仅根据用户的历史行为数据就可以预测其可能喜欢的产品，并且在实际应用中也获得了比较不错的推荐效果，可以说是目前最为成功、应用最广泛的推荐算法。协同过滤推荐算法是个性化推荐领域的一类重要算法，已被学术界和产业界进行了深入的研究，有着重要的学术研究和应用研究意义。协同过滤推荐算法的核心思想是：根据用户历史行为数据找到与目标用户兴趣最相似的邻居用户集，综合这些邻居对某一项目的兴趣，对目标用户对该项目的喜好进行预测，系统再根据这些喜好程度进行相应的推荐。

　　由于协同过滤推荐技术不需要分析资源本身的内容和属性，所以它可以处理像图书、电影和其他复杂的资源类型。因此，不论是大纲化的学习资源还是非大纲化的学习资源，协同过滤推荐算法能够普遍适用于网络教育中的学习资源推荐[228]。

7.3.1　相关概念

1. 学习资源

　　从教育理论、教育技术学思维和资源建设方式的角度来讲，AECT（美国教育与传播学会）对学习资源做出的定义，被大众视为标准。随着社会的进步，AECT对学习资源的定义也在发生着变化。AECT77 的定义中，学习资源被分为"设计的资源"和"利用的资源"。AECT94 的定义中，学习资源是支持学习的资源，包括教学材料、支持系统、学习环境，甚至可以包括能帮助个人有效学习和操作的任何因素。学习资源是构建教学的核心要素[229]。

2. 协同过滤推荐

　　协同过滤推荐（collaborative filtering recommendation）是目前使用最为广泛、

最为成功的一种个性化推荐技术。与传统的基于内容过滤直接分析内容进行推荐不同，协同过滤推荐通过分析用户兴趣，在用户群中找到指定用户的相似用户群（邻居），参考这些相似用户对某一项目（资源）的评分，来预测指定用户对该项目（资源）的评分，从而可以为用户推荐其兴趣度最高（即评分最高）的资源集[230]。具体的内容可以查阅第 3 章协同过滤部分了解相关知识体系。

3. 学习资源个性化推荐

学习资源个性化推荐的概念目前在学术界并没有给出统一的解释和定义，文献[231]提出，个性化在线教育推荐系统能够自适应用户的学习风格、知识水平，而且能够智能向用户推荐其感兴趣或可使其提高知识水平的学习资源或策略。而文献[232]则根据应用环境的不同，将学习资源的个性化推荐主要分为四种：基础资源库的推荐、虚拟学习社区中的资源推荐、虚拟学习环境的资源推荐和学习系统中的资源推荐。且文献[232]认为前三种类型只是从用户兴趣出发进行推荐，并没有针对具体的学习过程，而在学习系统中的资源推荐主要从用户学习的角度，如学习风格、认知水平、学习偏好模式等方面考虑，向用户推荐与某具体学习过程有关的资源。

7.3.2　实现步骤

针对远程教育在线平台的学习资源，适合采用基于用户和资源的协同过滤技术。用户没有在线学习记录或学习记录较少时，采用基于用户之间相似度计算；用户登录系统并有了一定数量的学习记录或浏览记录后，采用基于资源的相似度计算，这样就可以提升系统对用户的响应速度。基于协同过滤推荐算法的个性推荐系统实现过程主要包括三个步骤，首先是原始数据的采集，包括用户已有的学习经历、在线的学习记录及浏览记录，其次是研究设计计算用户或学习资源相似度的计算方法，最后是根据计算结果，为用户推荐其可能感兴趣的资源或对用户学习有帮助的资源。推荐流程：建立用户的兴趣模型、学习资源模型，使用相应的推荐算法进行计算，找到用户可能感兴趣的学习资源，推荐学习资源给用户。基于协同过滤技术的在线学习资源个性化推荐的算法流程如图 7.1 所示[233]。

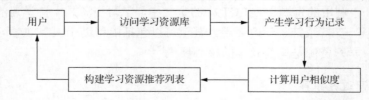

图 7.1　基于协同过滤技术的在线学习资源个性化推荐的算法流程

1．用户信息数据收集

学习资源的内容包括视频、音频、动画、文档等，涉及课程章节的精讲、章节辅导资料、知识点案例、课程习题等。在线学习平台存有用户基础数据，如用户的学历、年龄、爱好、工作或学习经历等，还存有用户的学习记录或浏览记录、用户对学习资源的评分。对于不能评分的学习资源，可以通过用户对资源的访问时长或下载记录进行转换。

2．产生用户资源评分矩阵表

相似度的计算是协同过滤推荐技术的核心，计算学习资源之间的相似度，可以通过用户对学习资源的评分来计算，也可以通过计算用户在资源的访问时长来计算，即通过用户的行为记录计算学习资源相似度，获得用户-资源评分矩阵表，如表 7.1 所示。然后利用余弦相似度公式计算学习资源之间的相似度。

表 7.1　用户-资源评分矩阵表

用户	资源				
	计算机文化基础	宣纸技艺	徽派建筑	古法造纸	宏村建筑特点
98026	1	1	0	1	0
98027	0	1	0	1	0
98036	1	1	1	0	1
98015	0	0	1	0	1

通过表 7.1 采用基于用户的协同过滤推荐算法来计算，将表中用户的兴趣特征转化为特征向量[6]。

3．计算相似用户集

表 7.1 中的各项记录对应的向量，用户 98026 为 vec1<1,1,0,1,0>；用户 98027 为 vec2<0,1,0,1,0>；用户 98036 为 vec3<1,1,1,0,1>；用户 98015 为 vec4<0,0,1,0,1>。

设向量 $A=(A_1,A_2,\cdots,A_n)$，$B=(B_1,B_2,\cdots,B_n)$，通过公式 $\cos\theta=\dfrac{\sum\limits_{i=1}^{n}(A_i\times B_i)}{\sqrt{\sum\limits_{i=1}^{n}A_i^2}\times\sqrt{\sum\limits_{i=1}^{n}B_i^2}}$ 计算

向量之间的余弦相似度，结果如下：

$$\mathrm{sim}_{1,2}=0.78,\mathrm{sim}_{1,3}=0.68,\mathrm{sim}_{1,4}=0.01,\mathrm{sim}_{2,3}=0.67,\mathrm{sim}_{2,4}=0.02,\mathrm{sim}_{3,4}=0.79$$

4. 计算相似学习资源集

在基于学习资源的协同过滤算法中，通过用户在学习平台的学习历史记录计算资源的相似度。

表 7.2 是根据用户在学习平台的学习记录生成的资源-用户倒排表，表中将以资源划分的项目转化为向量，如计算机文化基础为 V1<1,0,1,0>，宣纸技艺为 V2<1,1,1,0>，徽派建筑为 V3<0,0,1,1>，古法造纸为 V4<1,1,0,0>，宏村建筑特点为 V5<0,0,1,1>，通过余弦相似度公式可以计算出各资源之间的相似度。学习资源之间的相似度为

$$\text{sim}_{1,2} = 0.81, \text{sim}_{1,3} = 0.41, \text{sim}_{1,4} = 0.5, \text{sim}_{1,5} = 0.6$$
$$\text{sim}_{2,3} = 0.3, \text{sim}_{2,4} = 0.83, \text{sim}_{2,5} = 0.6$$

表 7.2   资源-用户倒排表

资源	用户			
	98026	98027	98036	98015
计算机文化基础	1	0	1	0
宣纸技艺	1	1	1	0
徽派建筑	0	0	1	1
古法造纸	1	1	0	0
宏村建筑特点	0	0	1	1

5. 产生推荐结果集

在得到用户的兴趣相似度和学习资源的相似度之后，协同过滤的推荐算法会给用户推荐和他兴趣最相似的 N 个学习资源。基于用户的协同过滤推荐算法采用公式 $P(u,i) = \sum_{v \in S(u,k) \cap N(i)} W_{uv} R_{vi}$ 可以计算出用户对资源的兴趣度，如 P(98026,徽派建筑)=0.64，P(98026,宏村古建筑特点)=0.73。基于学习资源的协同过滤推荐算法采用公式 $P(u,i) = \sum_{i \in N(u) \cap S(i,k)} W_{ji} R_{ui}$ 计算用户对资源的兴趣度，如系统给用户 98036 推荐"古法造纸"，是因为通过计算得到用户对该资源的兴趣度为 0.86。

7.3.3   个性化推荐特点

一般来说，个性化推荐过程主要包含四个部分：①对信息进行收集；②信息类别区分和构建信息的一个模型；③对获取的信息进行分析；④对分析后可以推荐

的资源进行推荐。第一步包含了收集用户信息和收集网络资源信息两个部分。分析收集信息的方法有基于规则的过滤、基于内容的过滤和协同过滤以及 Web 数据挖掘。将个性化实体解析推荐网和传统的非个性化推荐技术相互比对之后，总结出它具有下面的一些特点。

（1）让学生可以更加便捷地获取到他们想要得到的资源信息。

已经有明确学习目标的学生也许可以借助一些检索系统来找到符合自己要求的学习资源，但是对于许多只是随便看看网站上有什么资源的学生，他们也许还没有确定的需要，要在海量的信息资源中找到满意的、符合自己兴趣的资源是非常困难和需要有耐心的。引入推荐技术后，系统根据历史数据分析用户的行为模式，主动向其推荐，可以将被动的浏览者变为主动的学习者。

（2）使学生具有去访问网站获取知识资源的动力。

当学生能便捷地获取到符合自己要求的资源的时候，便会更有兴趣接着去访问这个网站，去获取更多的资源，推荐系统主动向学生进行推荐，让他们马上看到自己感兴趣或者是应该学习的内容，使他们能够更多地访问学习网站并更有目标性，学习的欲望会更强烈。这样网站积累的用户历史记录信息也越来越多，以后的推荐准确度也会越来越高。

（3）让学生在某个时间段能更多次地访问教育资源网。

学生获取的资源信息准确、便捷、迅速，以后便会更加积极主动地访问网站，而且一旦他们需要资源，便会立即访问该网站，这样提高了在单位时间内学生访问网站的次数和频率，最终也为更好地积累历史数据提供了便捷[219]。

7.4　课程推荐系统

信息迷航是指用户在复杂的网络信息空间中迷失了方向，无法判断自己当前所处的信息空间的位置，从而无法进入原定的目标节点，甚至遗忘原有目标的现象。导致信息迷航的主要原因是信息过载，信息过载是指因为网络上提供的信息具有广泛性和复杂性的特点，同时用户由于自身的认知能力和知识结构等条件的限制，导致用户无法正确理解信息和使用信息。在课程推荐系统使用过程中，由于课程众多，用户面对众多的高质量的课程难以选择，很容易导致信息过载和信息迷航的问题。

为了提高系统的易用性，使系统更加人性化，贴近用户，我们需要针对用户进行课程推荐。首先需要对课程和学生信息数据进行收集，然后利用算法挖掘数据，最后根据算法结果来为学生进行课程推荐。

7.4.1 实现步骤

课程推荐的实现方式多种多样，如文献[234]基于协同过滤技术对相关课程的评分进行聚类，以此为基础根据学生对相似课程的评分高低预测学生的兴趣课程。这种方法的缺点在于只根据课程评分单方面的数据推断学生兴趣度过于片面，而且很多用户对自己的兴趣课程也不一定很明确，特别是当课程领域较复杂时，即使用户愿意提供评分，也不一定是准确的。文献[235]提出了一种隐式的用户兴趣度获取方法。该方法用多元线性回归模型来计算用户对某网页的兴趣度，以用户浏览时间和拉动滚动条次数作为主要影响因素较准确地计算了用户对网页的兴趣度。推荐系统发展至今，课程推荐的方式远远不止这两种方式。在这里我们采取另一种方式来对用户进行课程推荐，即文献[236]的基于学生行为分析的个性化课程推荐系统。

基于学生行为分析的个性化课程推荐系统分为三个步骤。

（1）数据收集与预处理。

当学习者注册成为用户时，系统会从已有教务系统中获取与该学习者相关的信息，并存入学生行为信息库。这些信息包括选课记录、出勤率、考试成绩，以及系统自身提供的静态信息。对于注册过程中可能出现的数据项空缺、数据类型不一致等问题，需要进行有效的数据预处理，预处理包括转换整合、抽样、随机化、缺失值处理等。

（2）数据挖掘建模。

为了确定向目标学习者推荐哪些课程，首先要确定学生对选修课程的兴趣度模型，兴趣度模型通过分析前面处理后的学生动态信息和静态信息，利用多元线性回归方程建立。其次需要建立学生分群模型，分群模型是通过上一步计算得到的不同课程的兴趣度，结合 k-means 聚类算法，确定学生分群模型。

（3）个性化推荐服务。

两个学生属于同一个簇（学生分群）表明他们感兴趣的课程是相似的，但某学生选修了某门课程并通过学习后，对该课程的评价也可能会非常低，而另一个学生可能恰恰相反。因此，还需要将评价信息进行反馈更新，预测目标学习者对候选课程集合中每门课程的评价，将评价值高、兴趣度高的课程推荐给学生[236]。

7.4.2 课程推荐的特点

课程推荐系统不同于如今流行的商品推荐，本节将课程推荐与商品推荐进行比较，可以发现课程推荐具有其独特的地方。

1. 推荐目标不同

商品推荐的目的是尽可能地推广商品，只要能获取利润，不用考虑商品资源平衡、商品类型等因素。而课程推荐从宏观上讲，其目的是促进优质教育资源普及共享、提高教育质量、促进教育公平、构建学习型社会和人力资源强国；从学校角度，推荐的目的是使更多的课程被学生知晓，甚至面向社会，发挥教育资源的最大作用，为学生提供更大的便利；从学生角度，推荐的目的是使学生全面了解学校资源，更好地统筹规划自己的培养计划，更多地体验自己感兴趣的课程，最终成为全面人才。综合来讲，课程推荐的目的是使每位学生都明确适合自己的培养方案，并选择自己感兴趣、有价值的课程，使学校的教学资源得到更合理的利用。

（1）"马太效应"。

选课系统在消除"马太效应"上的要求比电子商务中的商品推荐更高，研究表明推荐系统是具有一定"马太效应"的。在电子商务中的商品推荐系统中，一定的"马太效应"对推荐效果并不一定完全有害，比如在某个时段流行的商品或者歌曲在很大程度上大部分人都会喜欢，这时把这件商品或者歌曲推荐给每个用户不会有很大的问题，这种情况下"马太效应"反而会给电子商务网站带来很大的收益。但是选课系统的要求则完全不同，选课系统要求完全消除"马太效应"，某门课的选课人数是有上限的，不可能给每个人都推荐同一门课程。如果选课人数达到上限，推荐引擎应该马上停止推荐这门课程。

（2）总量控制。

电子商务中的推荐系统是没有总量控制的，推荐的出发点是尽可能让用户"购买"产品或者服务，越多越好。而课程推荐系统则完全不同，学生选课的学分是有总量控制的，不是学生选的课越多越好，而是在一定总量控制下，达到最优化选择。

2. 信息准确度不同

这里的信息实际上是指用户行为和属性的全面性和准确性。电子商务网站上，用户的信息仅限于注册信息，内容少且真实性差，电商能够参考的有价值信息一般是用户的行为，包含用户的历史购物、浏览记录、购物车、收藏夹及对商品的评价和评分等信息。而北京大学的选课系统建立在整个学生管理信息系统大平台下，可以轻易而准确地获取学生详细信息，如基本信息、历史选课记录、成绩信息、图书借阅信息、教学评估信息等。还可以获取到课程的详细信息，如历史开设情况、课时学分等课程属性、任课教师、选课学生的成绩列表及学生对课程的历史评价等。这些信息都具有极高的可信度，有利于定制个性化的课程推荐服务。

此外，与传统的商品推荐所获取的用户行为、属性有差别，也导致在进行算法设计时采取不同于传统商品推荐的算法。

3. 实时性要求不同

课程推荐相较于商品推荐实时性要求更高。主要体现在课程推荐是依托在选课系统中实现的，某段时间内同时访问选课系统的学生数量众多，需要系统实时判断每门课程是否达到选课限制人数，判断每位学生所选课程是否与必修课或其他选定课程在上课时间上有冲突。对于不符合条件的课程则进行其他相似的推荐[237]。

7.5 评估推荐系统对教育的影响

虽然我国教育信息化近几十年来取得了很大的进步，但是在理论和实践上我国的教育信息化工作仍然面临很多问题和挑战。这些问题和挑战存在于教育信息化基础设施、教育信息资源分配、信息技术与教育的融合、教育管理信息化发展等方面。主要表现为：教育基础设施覆盖不全面，个别地区发展不平衡，农村教育基础设施与城市差距较大；教育信息资源仍然不足，高质量和合适的资源严重缺乏，资源共享水平和利用率不高，优质教育资源的良性建设模式尚未建立，资源开发体制单一，市场参与力不足，共建体制不完善；教育管理信息化的总体水平不高，尚未形成数据资源集成服务系统和资源共享系统，数据集中程度低，信息孤岛现象较为严重。

自教育信息化被提出以来，我国投入了大量资金建设"国家精品课程""国家视频公开课"等优质教学资源，建设了许多学校、地区层次的"基础教育信息化资源库"，这些措施并没有改善我国教育信息化面临的资源利用低、共享程度低和信息孤岛等问题。推荐系统作为信息过载的有效解决工具已经非常成功应用于互联网各大电子商务平台以及社交网络平台中，在信息化尤其是移动互联网普遍应用的今天，Web 2.0 更是因为它的开放性、去中心化、信息聚合和以用户社群等特点，重新定义了人们的信息组织方式[238]。

在教育教学领域，教学辅助系统开始被广泛使用，教师和学生可以通过教学辅助系统进行交流和资源共享。教师可以把教学资源通过辅助系统共享给学生，学生也可以通过辅助系统获取和共享教学资源。因此，在教学辅助系统中，集成教学资源的推荐系统是非常有必要的。这可以提高教学资源的利用率，特别是在教学辅助系统中有很多分享的教学资源的情况下。推荐系统可以帮助学生发现自己感兴趣的教学资源，这对提高学生的学习兴趣和学习质量是很有帮助的。

我国对网络学习中个性化推荐的研究开始得晚一些。目前，国内外的专家和学者在学习推荐系统上做了大量的研究，在线教育的学习资源推荐系统中常采用的推荐算法主要有如下几种。

1. 协同过滤推荐算法

协同过滤推荐算法是使用最广泛的推荐技术，不仅是研究界的研究热点，也在工业界得到广泛应用。协同过滤推荐算法根据用户历史行为数据为用户兴趣建模，找到相似用户近邻，综合近邻用户对资源的评分及反馈，对该目标用户未曾访问或评分的资源的喜好程度进行预测。由于协同过滤推荐技术不需要分析资源本身的内容和属性，所以它可以处理像图书、电影和其他复杂的资源类型，在教育资源推荐领域得到广泛研究。

2006 年，黄晓斌[239]分析了协同过滤技术的原理及特点，并论述了协同过滤技术在数字图书馆中应用的必要性。孙守义等[240]在 2007 年通过协同推荐技术挖掘图书馆用户的大量借阅记录，来向学习者进行图书资源推荐。2011 年，王永固等[241]将协同过滤推荐技术应用到在线学习中，并在传统协同过滤技术的基础上加入隐式评分机制来改善协同过滤的冷启动问题。协同过滤推荐的好处在于学习者不依赖于资源的内容及其形式，这一特点让该技术有很好的普适性，对音频、视频这类较难抽取出特征信息的资源也能有较好的推荐效果。协同过滤技术是在分享邻居学习者经验的基础上进行推荐，容易发现学习者潜在的新兴趣点。虽然随着时间的推移，学习者评价数量的上升，可以不断提高系统的性能，但同时也会存在算法复杂度大幅上升的问题，也可以看出该算法比较依赖学习者数据，所以会存在评价数据稀疏性问题及新的学习者推荐难的问题。

2. 基于内容的推荐算法

基于内容的推荐算法是根据用户过去的历史浏览记录或喜欢的项目，向用户推荐和他过去喜欢的产品内容特征相似但没有接触过的项目。例如，一个个性化推荐学习资源的系统可以依据某个用户之前选了很多计算机专业方面的课程，而为他推荐计算机专业内容相关的其他课程。该方法的关键在于为每个项目提取一些内容特征来表示该项目，最早被应用于信息检索系统中。

基于内容的推荐技术的优点在于，不依赖学习者行为信息，新的学习者在没有任何评价的情况下，也可以向其推荐资源，同时，一些没有学习者评分或评价的资源也可以在匹配的情况下得到推荐。因此，也可以看出基于内容的推荐算法有着推荐结果直观的特点，容易向学习者解释为什么向其推荐该资源，增强学习体验。但该推荐技术也存在着局限性，因为其对资源特征的建模，是通过对资源进行内容分析、特征词信息抽取等来完成，不容易推荐新颖的资源。同时，其推荐文本资源比较容易，但音频、视频等这类多媒体资源就很难抽取特征信息，较难产生精确的推荐[242]。

3. 基于知识的推荐算法

基于知识的推荐在一定程度上可以当成一种推理方法，即使用功能知识进行推理的过程。所谓功能知识，就是某个资源如何满足特定用户需要的知识。基于知识的推荐是通过任意能够支持推理的知识来进行分析推荐，这些知识并不一定是用户的偏好信息，也可以是用户规范化的查询，或者是详细的用户需求等。2005 年，郝兴伟等[243]通过知识点图来管理教育资源，并由此构建推荐模型。2006 年，卢修元等[244]通过概念图映射网络课件与学习资源库的基础上，利用智能体实现基于知识的学习资源推荐。刘先锋等[245]在 2009 年提出了基于贝叶斯知识推理网的学习资源推荐，通过贝叶斯网推荐给学习者最合适的学习资源和教学方法。

基于知识的推荐能够把学习者对资源的需求映射在资源上，能够同时考虑一些非资源属性，从而更好地对资源进行筛选，得到更精准的推荐。但知识容易存在领域的局限性，且这些知识并不容易挖掘。随着时间的变化，学习者的需求可能会发生一些变化，但知识结构是静态的，从而会导致推荐也是静态的。

4. 基于关联规则的推荐算法

关联规则是数据挖掘领域重要的经典算法之一，是描述两个或者多个属性之间某种潜在的特征关系规则，可以发现大量资源中不同资源之间的相关性。如果挖掘出喜欢资源 A 的用户中有多大比例同时喜欢资源 B，那么其直观的意义就是挖掘出用户喜欢某个资源的时候有多大倾向会喜欢另外一些资源，这样的结果是寻找到有意义的关联组合，通过这些组合为用户产生推荐，著名的"啤酒与尿布"的故事就是关联规则应用的典型例子。

早在 1996 年，Agrawal 等[246]首次提出了挖掘顾客交易数据中项集间的关联规则问题，目的是要挖掘出用户的行为规则，即顾客购买某种商品的同时会倾向购买另外一种商品。关联规则的推荐大致分为两个步骤：第一步是挖掘及制定一系列的规则，然后利用规则来分析计算资源间的关联性；第二步是通过分析用户的行为及偏好，然后根据事先制定的规则向学习者进行推荐。2007 年，王燕等[247]利用 Apriori 算法在数字图书馆中构建推荐系统，通过关联规则的方式挖掘频繁项集进行学习资源的推荐。陈祖琴[248]在传统关联规则挖掘算法的基础上，提出了加权形式的关联规则挖掘技术，来得出一种适用于推荐相关文献的算法。

关联规则推荐技术的优点在于，不需要领域的相关知识，也可以挖掘出学习者新的或者潜在的兴趣点。但该技术也存在着一些问题，例如，当资源名存在同义性的时候，规则就很难区分判断；随着时间推移，关联规则会变得越来越多，也就会变得越来越难以维护；关联规则是通过大量地挖掘数据中的共同行为，然后设置学习者所能接受的最低阈值来制定规则，这在一定程度上也降低了个性化的程度。

5. 基于效用的推荐算法

基于效用的推荐是建立在用户使用资源的效用情况下进行的，因此，用户信息模型及资源模型很大程度上是由所使用的效用函数来决定的，其核心问题是如何为每一位用户创建一个效用函数。该方式在电子商务网站应用较多，在教育领域应用相对较少，究其原因可能是因为商品拥有较多的内在属性及外在属性，能够更好地创建效用函数。

基于效用的推荐技术优点在于，把资源的非自身属性，如资源上传者的可靠性、审核者的可靠性等也纳入到效用函数的参数中，使系统在做决策时考虑更多的因素，提高效用计算能力，从而提高推荐的质量，使推荐更具个性化。也正是效用函数的设计要考虑用户、资源的特征属性及非资源自身的属性导致效用函数并不具有通用性，所以基于效用的推荐通常只适合某个特定的环境。

6. 混合推荐算法

前面提到的各种推荐技术在实际应用中都会在不同程度上存在着一定的不足，为了弥补这些缺陷，研究人员渐渐开始使用混合推荐技术。所谓混合推荐也称组合推荐，指的是为了获得较好的推荐结果，根据实际情况将不同的推荐技术组合起来使用。结合的方式通常有三类：针对不同的学习者使用不同的推荐策略；针对不同的学习资源使用不同的推荐策略；针对所有学习者和所有学习资源，使用混合的推荐策略来进行推荐。最典型的就是将协同过滤推荐技术与内容推荐技术进行组合，利用内容推荐来改善协同过滤技术的冷启动问题，如杨丽娜等[223]以协同过滤推荐为主、内容推荐为辅来构建虚拟学习社区的资源推荐，来提高社区资源的使用效果和效率；在后继的提升数字学习资源推荐效果研究中，对个体学习者和群体学习者使用不同的推荐策略，并引入意见领袖概念，向社区学习者推送资源。2013 年，刘旭东等[249]为了能从多角度向学习者推荐学习资源，在协同过滤技术的基础上配合使用周排行、众数法推荐策略，来提高学习资源个性化推荐的精度和效率。2014 年，孙众等[250]在探索数字化教材推送策略中，通过教师引导推荐、系统自动推荐和学习者定制资源三个方式相结合，来设计资源推荐模型。

7. 其他推荐算法

其他的学习资源个性化推荐的相关研究还有使用基于本体的推荐算法、社会化过滤推荐算法等。目前有很多研究人员将本体及语义推理技术应用到教育资源推荐中，在构建一个领域本体的基础上结合其他推荐算法实现推荐。社会化过滤推荐是利用用户两两之间的社交关系进行推荐，是近几年推荐领域比较热门的研究问题，但是学习资源推荐方面的研究很少。不同于传统的协同过滤的利用用户历史评分或其他行为反馈数据计算用户相似度、寻找最近邻，进而向用户推荐的推荐算法，社会化过滤推荐是利用用户在社交网络中关联用户的兴趣对目标用户进行资源推荐。

比较资源个性化推荐技术中各个算法的优劣如表 7.3 所示[228]。

表 7.3　推荐算法比较

算法	优势	劣势
基于内容的推荐	对用户兴趣进行特征建模，通过资源属性维度的增加，可提高推荐效果	资源属性有限； 资源相似度的计算只考虑资源本身特征； 冷启动问题
协同过滤推荐	具有领域无关性，不要求资源的属性描述被机器所理解； 方法的普遍适用性，不论被推荐的项目是什么，只要有用户历史行为数据，就可较好地发现相似用户	新用户或新项目的推荐冷启动问题； 历史数据的稀疏性问题； 特殊偏好用户的推荐问题
基于关联规则的推荐	可发现有意义的关联组合； 有良好的可解释性	缺乏推荐多样性； 耗时，计算代价大
基于本体的推荐	知识推理； 可由知识关系进行推荐	本体构建不成熟； 缺乏有效的维护和评价机制
基于社会化过滤的推荐	可利用好友关系进行推荐	具有好友关系的用户兴趣可能并不相似； 学习系统中的社交关系数据获取困难

当然，也有很多研究人员不满足现有的一些推荐技术，不断探索研究并提出更好的推荐技术。例如，袁静等[251]通过学习者情景信息和学习资源情景信息，来改善学习者体验，提高推荐精确性。杨超[252]提出了基于粒子群优化算法的学习资源推荐策略，帮助学生从海量的学习资源中挑选合适自己的学习资源。

■ 7.6　辅助学习推荐系统面临的挑战

教育资源是教育活动的重要组成部分，其质量的高低直接影响了教育的成功与否。随着数字化教育的兴起和大数据时代的到来，数字教育资源的数量也在呈爆炸式增长。面对海量的资源，如何找到"好的教育资源"已成为当前一个研究难题。所谓"好的教育资源"应该包含两个方面：一方面，其内容上必须是优质和正确的，能促进人的知识增长；另一方面，它还得适合学习者的特征和需求。通常的推荐机制往往会忽略这样一个客观事实：学习者存在着个体差异性，表现在知识基础不同、学习风格和偏好不同等方面。

由此可见，目前学习资源领域面临的最大挑战是学习系统多样化，资源异构化"因地制宜，因人制宜"的推荐算法大多是需要结合具体的实践，很难找到普遍适用的推荐算法。考虑到协同过滤的普适性强、推荐精确度高、共享性好的优势，基于协同过滤的学习资源个性化推荐算法不受学习资源的组织异构性及多样性的限制，同时结合个性化推荐技术中协同过滤算法普适性的特点，不仅使用传统的协同过滤推荐算法采用的用户对项目的评分或正反馈信息，而且通过挖掘与之相关的时序行为信息和用户关系信息，基于用户之间影响关系的协同过滤算法进行推荐，可以有效地提高推荐准确度。

传统的协同过滤推荐算法主要采用的是用户对资源的评分或正反馈信息，而与之相关的用户或项目关系信息则被忽略，许多学者以此为出发点提出了基于用户或项目关系信息的推荐算法，也通过实验说明有效利用这些信息可以进一步提升推荐算法的效果。基于用户或项目关系信息的协同过滤推荐算法的核心步骤之一是获取用户或项目关系，目前，获取用户或项目关系信息的方式主要分为显式和隐式两类。显式方式是指利用显式的社交网络关系，隐式方式是通过隐式的标签信息来计算用户或项目之间的相似度，从而得到用户或项目关系。

然而，目前的在线教育学习系统中，一方面，直接获取社交网络关系是困难的，很多网络教育平台并没有社交关系网络，也就没有好友关系可以用来帮助推荐；另一方面，在实际系统中，获取足够的社交关系或用户标签信息都是比较困难的，最重要的是，即使有了社交网络关系，互为好友关系的两个用户也可能并没有相似的兴趣[228]。

参 考 文 献

[1] 刘士琛. 面向推荐系统的关键问题研究及应用[D]. 合肥: 中国科学技术大学, 2014.

[2] 朱郁筱, 吕琳媛. 推荐系统评价指标综述[J]. 电子科技大学学报, 2012, 41(2): 163-175.

[3] Resnick P, Varian H R. Recommender systems[J]. Communications of the ACM, 1997, 40(3): 56-58.

[4] Adomavicius G, Tuzhilin A. Toward the next generation of recommender systems: a survey of the state-of-the-art and possible extensions[J]. IEEE Transactions on Knowledge and Data Engineering, 2005, 17(6): 734-749.

[5] 黄立威, 江碧涛, 吕守业, 等. 基于深度学习的推荐系统研究综述[J]. 计算机学报, 2018, 41(7): 1619-1647.

[6] Goldberg D, Nichols D, Oki B M, et al. Using collaborative filtering to weave an information tapestry[J]. Communications of the ACM, 1992, 35(12): 61-70.

[7] Linden G, Smith B, York J. Amazon.com recommendations: item-to-item collaborative filtering[J]. IEEE Internet Computing, 2003, 7(1): 76-80.

[8] 朱扬勇, 孙婧. 推荐系统研究进展[J]. 计算机科学与探索, 2015, 9(5): 513-525.

[9] 杨杰. 个性化推荐系统应用及研究[D]. 合肥: 中国科学技术大学, 2009.

[10] Breese J S, Heckerman D, Kadie C M. Empirical analysis of predictive algorithms for collaborative filtering[C]. Proceedings of the Fourteenth Conference on Uncertainty in Artificial Intelligence, Madison, 1998: 43-52.

[11] Getoor L, Sahami M. Using probabilistic relational models for collaborative filtering[C]. Workshop on Web Usage Analysis and User Profiling(WEBKDD'99), San Diego, 1999: 1-6.

[12] Pavlov D Y, Pennock D M. A maximum entropy approach to collaborative filtering in dynamic, sparse, high-dimensional domains[C]. Proceedings of the 15th International Conference on Neural Information Processing Systems, Cambridge, 2002: 1441-1448.

[13] Sarwar B, Karypis G, Konstan J, et al. Item-based collaborative filtering recommendation algorithms[C]. Proceedings of ACM World Wide Web Conference, Hong Kong, 2001: 285-295.

[14] Ungar L H, Foster D P. Clustering methods for collaborative filtering[C]. AAAI Workshop on Recommendation Systems, Menlo Park, 1998: 84-88.

[15] Chen Y H, George E I. A bayesian model for collaborative filtering[C]. Proceedings of the Seventh International Workshop on Artificial Intelligence and Statistics, AISTATS 1999, Lauderdale, 1999: 1-6.

[16] Pazzani M J. A framework for collaborative, content-based and demographic filtering[J]. Artificial Intelligence Review, 1999, 13(5-6): 393-408.

[17] 张腾季. 个性化混合推荐算法的研究[D]. 杭州: 浙江大学, 2013.

[18] Claypool M, Gokhale A, Mir T, et al. Combining content-based and collaborative filters in an online newspaper[C]. Proceedings of the ACM SIGIR'99 Workshop on Recommender Systems: Algorithms and Evaluation, Berkeley, 1999: 1-8.

[19] Ansari A, Essegaier S, Kohli R. Internet recommendation systems[J]. Journal of Marketing Research, 2000, 37(3): 363-375.

[20] 许海玲, 吴潇, 李晓东, 等. 互联网推荐系统比较研究[J]. 软件学报, 2009, 20(2): 350-362.

[21] 宋瑞平. 混合推荐算法的研究[D]. 兰州: 兰州大学, 2014.

[22] 刘鲁, 任晓丽. 推荐系统研究进展及展望[J]. 信息系统学报, 2008, 2(1): 82-90.

[23] 任磊. 推荐系统关键技术研究[D]. 上海: 华东师范大学, 2012.

[24] Park S T, Pennock D, Madani O, et al. Naïve filterbots for robust cold-start recommendations[C]. ACM SIGKDD International Conference on Knowledge Discovery and Data Mining(KDD'06), Philadelphia, 2006: 699-705.

[25] Good N, Schafer B, Konstan J A, et al. Combining collaborative filtering with personal agents for better recommendations[C]. American Association for Artificial Intelligence, Orlando, 1999: 439-446.

[26] Yu K, Schwaighofer A, Tresp V, et al. Probabilistic memory-based collaborative filtering[J]. IEEE Transactions on Knowledge & Data Engineering, 2004, 16(1): 56-69.

[27] Mcnee S M, Riedl J, Konstan J A. Being accurate is not enough: how accuracy metrics have hurt recommender systems[C]. Extended Abstracts Proceedings of the 2006 Conference on Human Factors in Computing Systems, Montréal, 2006: 1097-1101.

[28] Ding Y, Li X. Time weight collaborative filtering[C]. Proceedings of the 2005 ACM CIKM International Conference on Information and Knowledge Management, Bremen, 2005: 485-492.

[29] Widmer G, Kubat M. Learning in the presence of concept drift and hidden contexts[J]. Machine Learning, 1996, 23(1): 69-101.

[30] 王珏巍. 基于语义的推荐系统研究[D]. 武汉: 武汉科技大学, 2012.

[31] 缪学梅, 王红香. 基于 OWL 本体论语言的"工匠精神"知识本体与课程体系构建[J]. 当代职业教育, 2019, 102(6): 74-81.

[32] 李金海, 何有世, 马云蕾, 等. 基于多层领域本体的知识表示通用模型研究[J]. 计算机工程与应用, 2020, 56(11): 149-155.

[33] Wang Y, Wang P Y, Liu Z, et al. A new item similarity based on α-divergence for collaborative filtering in sparse data[J]. Expert Systems with Applications, 2021, 166(1): 114-174.

[34] 周磊. 基于在线快速学习隐语义模型的个性化新闻推荐[D]. 南京: 南京邮电大学, 2015.

[35] 王尔昕. 基于隐语义模型和聚类算法的电子商务个性化推荐系统的研究与实现[D]. 北京: 北京邮电大学, 2017.

[36] Guo C, Kang J, Johnson T D. A spatial Bayesian latent factor model for image-on-image regression[J]. Biometrics, 2022, 78(1): 72-84.

[37] 翁海瑞, 林穗, 何立健. 基于内容推荐与时间函数结合的新闻推荐算法[J]. 计算机与数字工程, 2020, 48(12): 2973-2977.

[38] 苏启琛, 苏洋. 一种基于内容的生鲜产品推荐算法[J]. 电脑知识与技术, 2020, 16(28): 189-191.

[39] 李俊海. 自然最近邻密度聚类算法的改进方法[J]. 新乡学院学报, 2020, 37(12): 38-42.

[40] Zhou H F, Zhang J W, Zhou Y Q, et al. A feature selection algorithm of decision tree based on feature weight[J]. Expert Systems with Applications, 2021, 164(4): 113842.

[41] 汪敏, 武禹伯, 闵帆. 基于多种聚类算法和多元线性回归的多分类主动学习算法[J]. 计算机应用, 2020, 40(12): 3437-3444.

[42] 彭子豪, 谭欣. 并行化改进的朴素贝叶斯算法在中文文本分类上的应用[J]. 科学技术创新, 2020(26): 176-178.

[43] 李英. 基于约束校对的协同过滤推荐算法[J]. 内江科技, 2020, 41(3): 49-51.

[44] Ricci F, Rokach L, Shapira B, et al. Recommender systems handbook[M]. Boston: Springer, 2011.

[45] 吴兵, 叶春明. 基于效用的个性化推荐方法[J]. 计算机工程, 2012, 38(4): 49-51.

[46] 尹祎, 冯丹, 施展. 一种基于效用的个性化文章推荐方法[J]. 计算机学报, 2017, 40(12): 2797-2811.

[47] 宋美娜, 赵雪君, 鄂海红. 基于分类的多属性实体推荐[J]. 系统仿真学报, 2018, 30(2): 405-413.

[48] 王语诗. 对消费者决策关联关系及个体网络的分析[J]. 今日财富, 2017(13): 58.

[49] Kendall E L, Sproles G B. Learning styles among secondary vocational home economics students: a factor analytic test of experiential learning theory[J]. Journal of Vocational Education Research, 1986, 11(3): 1-15.

[50] 姜义兵, 陈光慧. 基于模糊综合评价——改进 TOPSIS 模型在设备综合效益分析中的研究与评价[J]. 中国医疗设备, 2021, 36(1): 127-132.

[51] 冷亚军, 陆青, 梁昌勇. 协同过滤推荐技术综述[J]. 模式识别与人工智能, 2014, 27(8): 720-734.

[52] 陈碧毅, 黄玲, 王昌栋, 等. 融合显式反馈与隐式反馈的协同过滤推荐算法[J]. 软件学报, 2020(3): 794-805.

[53] 余力, 刘鲁. 电子商务个性化推荐研究[J]. 计算机集成制造系统, 2004, 10(10): 1306-1313.

[54] 董跃华, 朱纯煜. 基于改进用户属性评分的协同过滤算法[J]. 计算机工程与设计, 2020, 41(2): 425-431.

[55] 王鹏, 王晶晶, 俞能海. 基于核方法的 User-Based 协同过滤推荐算法[J]. 计算机研究与发展, 2013, 50(7): 1444-1451.

[56] 李昆仑, 戎静月, 苏华仃. 一种改进的协同过滤推荐算法[J]. 河北大学学报(自然科学版), 2020, 40(1): 77-86.

[57] 孔维梁. 协同过滤推荐系统关键问题研究[D]. 武汉: 华中师范大学, 2013.

[58] 谢荻帆, 杜子芳. 中国电影线上评分系统的改进[J]. 计算机应用, 2018, 38(4): 1218-1222.

[59] 赵娜. 移动终端个性化应用服务推送系统的研究与实现[D]. 青岛: 中国海洋大学, 2013.

[60] 邢春晓, 高凤荣, 战思南, 等. 适应用户兴趣变化的协同过滤推荐算法[J]. 计算机研究与发展, 2007, 44(2): 296-301.

[61] Givens G H, Hoeting J A. Computational statistics[M]. 2nd ed. Hoboken: Wiley, 2013.

[62] Jiang K, Wang P, Yu N H. ContextRank: personalized tourism recommendation by exploiting context information of geotagged web photos[C]. Sixth International Conference on Image and Graphics, Hefei, 2011: 931-937.

[63] 叶锡君, 龚玥. 基于项目类别的协同过滤推荐算法多样性研究[J]. 计算机工程, 2015, 41(10): 42-46.

[64] 邓爱林, 朱扬勇, 施伯乐. 基于项目评分预测的协同过滤推荐算法[J]. 软件学报, 2003(9): 1621-1628.

[65] 傅鹤岗, 王竹伟. 对基于项目的协同过滤推荐系统的改进[J]. 重庆理工大学学报(自然科学版), 2010, 24(9): 69-74.

[66] 谌彦妮. 基于用户-项目的混合协同过滤技术的应用研究[D]. 南昌: 江西师范大学, 2011.

[67] Agrawal R, Imielinski T, Swami A. Mining association rules between sets of items in large datebases[C]. ACM SIGMOD International Conference on Management of Data, 1993: 207-216.

[68] 李学明, 刘勇国, 彭军, 等. 扩展型关联规则和原关联规则及其若干性质[J]. 计算机研究与发展, 2002, 39(12): 1740-1750.

[69] 魏全彬. 基于协同过滤和属性关联规则混合推荐算法研究[D]. 成都: 西南交通大学, 2018.

[70] 陈平华, 陈传瑜, 洪英汉. 一种结合关联规则的协同过滤推荐算法[J]. 小型微型计算机系统, 2016, 37(2): 287-292.

[71] Koren Y. Factorization meets the neighborhood: a multifaceted collaborative filtering model[C]. Proceedings of the 14th ACM SIGKDD International Conference on Knowledge Discovery and Data Mining, Las Vegas, 2008: 426-434.

[72] 冷亚军. 协同过滤技术及其在推荐系统中的应用研究[D]. 合肥: 合肥工业大学, 2013.

[73] Lee D D, Seung H S. Learning the parts of objects by non-negative matrix factorization[J]. Nature, 1999, 401: 788-791.

[74] Yang B, Lei Y, Liu D Y, et al. Social collaborative filtering by trust[C]. Proceedings of the Twenty-Third International Joint Conference on Artificial Intelligence, Beijing, 2013: 2747-2753.

[75] Ebesu T, Fang Y. Neural citation network for context-aware citation recommendation[C]. Proceedings of the 40th International ACM SIGIR Conference on Research and Development in Information Retrieval, Tokyo, 2017: 1093-1096.

[76] Mao M S, Lu J, Zhang G Q, et al. Multirelational social recommendations via multigraph ranking[J]. IEEE Transactions on Cybernetics, 2017, 47(12): 4049-4061.

[77] Braunhofer M, Ricci F, Lamche B. A context-aware model for proactive recommender systems in tourism domain[C]. Proceedings of the 17th International Conference on Human-Computer Interaction with Mobile Devices and Services Adjunct, New York, 2015: 1070-1075.

[78] Oliveira T, Thomas M, Espadanal M. Assessing the determinants of cloud computing adoption: an analysis of the manufacturing and services sectors[J]. Information Management, 2014, 51(5): 497-510.

[79] Abdrabbah S B, Ayachi R, Amor N B. Social activities recommendation system for students in smart campus[C]. International Conference on Intelligent Interactive Multimedia Systems and Services, Vilamoura, 2017: 461-470.

[80] Yao C B. Constructing a user-friendly and smart ubiquitous personalized learning environment by using a context-aware mechanism[J]. IEEE Translation on Learning Technologies, 2017, 10(1): 104-114.

[81] 陈氢, 冯进杰. 融合社交行为和社会化标签的移动情境感知服务研究[J]. 情报理论与实践, 2019, 42(2): 114-119, 133.

[82] 刘红. 基于情境感知的高校数字图书馆个性化信息推荐服务研究[J]. 图书馆学刊, 2016(8): 105-108.

[83] 田雪筠. 基于情境感知的移动电子资源推荐技术研究[J]. 情报理论与实践, 2015, 38(5): 86-89.

[84] 刘海鸥, 孙晶晶, 苏妍嫄, 等. 面向图书馆大数据知识服务的多情境兴趣推荐方法[J]. 现代情报, 2018, 38(6): 62-67, 156.

[85] 房小可, 严承希. 融合情境关系的社会化媒体用户兴趣推荐[J]. 图书情报工作, 2017, 61(21): 99-105.

[86] 曾子明, 陈贝贝. 移动环境下基于情境感知的个性化阅读推荐研究[J]. 情报理论与实践, 2015, 38(12): 31-36.

[87] Leong K, Li J, Chan C F, et al. An application of the dynamic pattern analysis framework to the analysis of spatial-temporal crime relationships[J]. Journal of Universal Computer Science, 2009, 15(9): 1852-1870.

[88] Rosswog J, Ghose K. Efficiently detecting clusters of mobile objects in the presence of dense noise[C]. Annual ACM Symposium on Applied Computing, Sierre, 2010: 1095-1102.

[89] Lecun Y, Bengio Y, Hinton G E. Deep learning[J]. Nature, 2015, 521(7553): 436-444.

[90] Rumelhart D, Hinton G E, Williams R J. Learning representations by back propagating errors[J]. Nature, 1986, 323(6088): 533-536.

[91] Hinton G E, Salakhutdinov R R. Reducing the dimensionality of data with neural networks[J]. Science, 2006, 313(5786): 504-507.

[92] McCulloch W S, Pitts W. A logical calculus of the ideas immanent in nervous activity[J]. The Bulletin of Mathematical Biophysics, 1943, 5(4): 113-115.

[93] Rosenblatt F. The perceptron: a probabilistic model for information storage and organization in the brain[J]. Psychological Review, 1958, 65(6): 386-408.

[94] Marvin M, Seymour P. Perceptrons: an introduction to computational geometry[M]. Massachusetts: MIT Press, 1969.

[95] Hinton G E, Sejnowski T. Learning and relearning in Boltzmann machines[M]. Massachusetts: MIT Press, 1986: 282-317.

[96] 陈恩华. 基于神经网络的会话型推荐算法研究[D]. 合肥: 合肥工业大学, 2020.

[97] 俞骋超. 基于深度神经网络的用户会话推荐算法研究[D]. 杭州: 浙江大学, 2016.

[98] 李光. 基于循环神经网络的推荐算法研究[D]. 哈尔滨: 哈尔滨工程大学, 2017.

[99] Kingma D P, Ba J L. Adam: a method for stochastic optimization[C]. 3rd International Conference on Learning Representations, San Diego, 2015: 1-15.

[100] Glorot X, Bordes A, Bengio Y. Deep sparse rectifier neural networks[C]. Proceedings of the 14th International Conference on Artificial Intelligence and Statistics(AISTATS), Fort Lauderdale, 2011: 315-323.

[101] He K M, Zhang X Y, Ren S Q, et al. Delving deep into rectifiers: surpassing human-level performance on ImageNet classification[C]. IEEE International Conference on Computer Vision, 2015: 1026-1034.

[102] 陈艳, 俞文强. 基于稀疏自编码器的金融市场指数预测模型[J]. 数理统计与管理, 2021, 40(1): 93-104.

[103] Vincent P, Larochelle H, Bengio Y, et al. Extracting and composing robust features with denoising autoencoders[C]. Proceedings of the 25th International Conference on Machine Learning, Helsinki Finland, 2008: 1096-1103.

[104] Hinton G E, Sejnowski T J. Optimal perceptual inference[C]. IEEE Conference on Computer Vision and Pattern Recognition, Washington, 1983: 448-453.

[105] Salakhutdinov R, Mnih A, Hinton G E. Restricted Boltzmann machines for collaborative filtering[C]. Proceedings of the Twenty-Fourth International Conference on Machine Learning(ICML 2007), Corvallis, 2007: 791-798.

[106] Hinton G E. Training products of experts by minimizing contrastive divergence[J]. Neural Computation, 2002, 14(8): 1771-1800.

[107] Hinton G E, Osindero S, Teh Y W. A fast learning algoritm for deep belief nets[J]. Neural Computation, 2006, 18(7): 1527-1554.

[108] Goodfellow I, Pouget-Abadie J, Mirza M, et al. Generative adversarial networks[J]. Advances in Neural Information Processing Systems, 2014, 3(11): 2672-2680.

[109] Salakhutdinov R. Learning deep generative models[J]. Annual Review of Statistics & Its Application, 2015, 2(1): 361-385.

[110] 张营营. 生成对抗网络模型综述[J]. 电子设计工程, 2018, 26(5): 34-37, 43.

[111] Lecun Y, Bottou L, Bengio Y, et al. Gradient-based learning applied to document recognition[J]. Proceedings of the IEEE, 1998, 86(11): 2278-2324.

[112] Krizhevsky A, Sutskever I, Hinton G E. ImageNet classification with deep convolutional neural networks[J]. Communications of the ACM, 2017, 60(6): 84-90.

[113] Szegedy C, Liu W, Jia Y Q, et al. Going deeper with convolutions[C]. IEEE Conference on Computer Vision and Pattern Recognition, Boston, 2015: 1-9.

[114] He K M, Zhang X Y, Ren S Q, et al. Deep residual learning for image recognition[C]. IEEE Conference on Computer Vision and Pattern Recognition, Las Vegas, 2016: 770-778.

[115] Bengio Y. Learning long-term dependencies with gradient descent is difficult[J]. IEEE Transactions on Neural Networks, 2002, 5(2): 157-166.

[116] Hochreiter S, Schmidhuber J. Long short-term memory[J]. Neural Computation, 1997, 9(8): 1735-1780.

[117] Schuster M, Paliwal K K. Bidirectional recurrent neural networks[J]. IEEE Transactions on Signal Processing, 2002, 45(11): 2673-2681.

[118] Graves A, Schmidhuber J. Framewise phoneme classification with bidirectional LSTM and other neural network architectures[J]. Neural Networks, 2005, 18(5-6): 602-610.

[119] Palangi H, Deng L, Shen Y L, et al. Deep sentence embedding using the long short term memory networks: analysis and application to information retrieval[J]. IEEE/ACM Transactions on Audio, Speech and Language Processing, 2016, 24(4): 694-707.

[120] Niepert M, Ahmed M, Kutzkov K. Learning convolutional neural networks for graphs[C]. Proceedings of the 33rd International Conference on Machine Learning, New York, 2016: 1-10.

[121] Kampffmeyer M, Chen Y B, Liang X D, et al. Rethinking knowledge graph propagation for zero-shot learning[C]. IEEE/CVF Conference on Computer Vision and Pattern Recognition, Long Beach, 2019: 11479-11488.

[122] Duan D S, Li Y H, Jin Y N, et al. Community mining on dynamic weighted directed graphs[C]. ACM International Workshop on Complex Networks in Information and Knowledge Management, Hong Kong, 2009: 11-18.

[123] Scarselli F, Gori M, Tsoi A C, et al. The graph neural network model[J]. IEEE Transactions on Neural Networks, 2009, 20(1): 61-80.

[124] Atwood J, Pal S, Towsley D, et al. Diffusion-convolutional neural networks[C]. 31st Conference on Neural Information Processing Systems(NIPS 2017), Barcelona, 2015: 1-7.

[125] Zhuang C Y, Ma Q. Dual graph convolutional networks for graph-based semi-supervised classification[C]. Proceedings of the 2018 World Wide Web Conference, Lyon, 2018: 499-508.

[126] Kipf T N, Welling M. Semi-supervised classification with graph convolutional networks[C]. 5th International Conference on Learning Representations, Toulon, 2016: 1-14.

[127] Zhang J N, Shi X J, Xie J Y, et al. GaAN: gated attention networks for learning on large and spatiotemporal graphs[C]. Proceedings of the Thirty-Fourth Conference on Uncertainty in Artificial Intelligence, Monterey, 2018: 339-349.

[128] Lee J B, Rossi R, Kong X. Graph classification using structural attention[C]. Proceedings of the 24th ACM SIGKDD International Conference on Knowledge Discovery, London, 2018: 1666-1674.

[129] Abu-El-Haija S, Perozzi B, Kapoor A, et al. MixHop: higher-order graph convolution architectures via sparsified neighborhood mixing[C]. Proceedings of the 36th International Conference on Machine Learning, Long Beach, 2019: 21-29.

[130] Tian F, Gao B, Cui Q, et al. Learning deep representations for graph clustering[C]. Proceedings of the Twenty-Eighth Conference on Artificial Intelligence, Québec, 2014: 1293-1299.

[131] Wang D X, Cui P, Zhu W W. Structural deep network embedding[C]. Proceedings of the 22nd International Conference on Knowledge Discovery and Data Mining, San Francisco, 2016: 1225-1234.

[132] Zhu D Y, Cui P, Wang D X, et al. Deep variational network embedding in wasserstein space[C]. Proceedings of the 24th International Conference on Knowledge Discovery, London, 2018: 2827-2836.

[133] Li Y J, Tarlow D, Brockschmidt M, et al. Gated graph sequence neural networks[C]. 4th International Conference on Learning Representations, San Juan, 2015: 1-20.

[134] Tai K S, Socher R, Manning C D. Improved semantic representations from tree-structured long short-term memory networks[C]. Proceedings of the 53rd Annual Meeting of the Association for Computational Linguistics and the 7th International Joint Conference on Natural Language Processing of the Asian Federation of Natural Language Processing, Beijing, 2015: 1556-1566.

[135] You J X, Ying R, Ren X, et al. GraphRNN: generating realistic graphs with deep auto-regressive models[C]. Proceedings of the 35th International Conference on Machine Learning, Stockholmsmässan, 2018: 5694-5703.

[136] Peng N Y, Poon H, Quirk C, et al. Cross-sentence n-ary relation extraction with graph LSTMs[J]. Transactions of the Association for Computational Linguistics, 2017, 5: 101-115.

[137] Ma Y, Guo Z Y, Ren Z C, et al. Streaming graph neural networks[C]. Proceedings of ACM Woodstock Conference, New York, 1997: 1-11.

[138] Veit A, Wilber M, Belongie S. Residual networks behave like ensembles of relatively shallow networks[C]. Annual Conference on Neural Information Processing Systems, Barcelona, 2016: 550-558.

[139] Noh Y K, Zhang B T, Lee D D. Generative local metric learning for nearest neighbor classification[J]. IEEE Transactions on Pattern Analysis and Machine Intelligence, 2018, 40(1): 106-118.

[140] Huang G, Liu Z, van der Maaten L, et al. Densely connected convolutional networks[C]. IEEE Conference on Computer Vision and Pattern Recognition, Honolulu, 2017: 4700-4708.

[141] Szegedy C, Ioffe S, Vanhoucke V, et al. Inception-v4, inception-resnet and the impact of residual connections on learning[C]. Proceedings of the Thirty-First Conference on Artificial Intelligence, San Francisco, 2017: 4278-4284.

[142] Sutton R, Barto A. Reinforcement learning: an introduction[J]. Robotica, 1998, 17(2): 229-235.

[143] Tesauro G. Temporal difference learning and TD-Gammon[J]. Communications of the ACM, 1995, 38(3): 58-68.

[144] Silver D, Sutton R, Müller M. Reinforcement learning of local shape in the game of Go[C]. Proceedings of the 20th International Joint Conferences on Artificial Intelligence, San Francisco, 2007: 1053-1058.

[145] Bellman R. Dynamic programming[J]. Princeton: Princeton University Press, 1957.

[146] Wiering M, Otterlo M V. Reinforcement learning: state of the art[M]. New York: Springer, 2012.

[147] Singh S P, Jaakkola T S, Littman M L, et al. Convergence results for single-step on-policy reinforcement-learning algorithms[J]. Machine Learning, 2000, 38(3): 287-308.

[148] Watkins C J. Learning from delayed rewards[D]. Cambridge: University of Cambridge, 1989.

[149] Peng J, Williams R J. Incremental multi-step Q-learning[J]. Machine Learning, 1996, 22(1-3): 283-290.

[150] Schulman J, Levine S, Moritz P, et al. Trust region policy optimization[C]. Proceedings of the 31st International Conference on Machine Learning, Lille, 2015: 1889-1897.

[151] 康翌冰. 深度学习在推荐系统中的研究与应用[D]. 北京: 中国地质大学, 2020.

[152] 纪强. 基于循环神经网络的深度推荐模型研究[D]. 合肥: 安徽大学, 2020.

[153] Sedhain S, Menon A K, Sanner S, et al. AutoRec: autoencoders meet collaborative filtering[C]. Proceedings of the 24th International Conference on World Wide Web, Florence, 2015: 111-112.

[154] Strub F, Mary J. Collaborative filtering with stacked denoising autoencoders and sparse inputs[C]. NIPS Workshop on Machine Learning for eCommerce, Montreal, 2015: 1-5.

[155] Wu Y, DuBois C, Zheng A X, et al. Collaborative denoising auto-encoders for top-N recommender systems[C]. Proceedings of the Ninth ACM International Conference on Web Search and Data Mining, San Francisco, 2016: 153-162.

[156] Zhuang F Z, Luo D, Yuan N J, et al. Representation learning with pair-wise constraints for collaborative ranking[C]. Proceedings of the Tenth International Conference on Web Search and Data Mining, Cambridge, 2017: 567-575.

[157] Phung D Q, Truyen T T, Venkatesh S. Ordinal Boltzmann machines for collaborative filtering[C]. Proceedings of the Twenty-Fifth Conference on Uncertainty in Artificial Intelligence, Montreal, 2009: 548-556.

[158] Georgiev K, Nakov P. A non-IID framework for collaborative filtering with restricted Boltzmann machines[C]. Proceedings of the 30th International Conference on Machine Learning, Atlanta, 2013: 1148-1156.

[159] 何洁月, 马贝. 利用社交关系的实值条件受限玻尔兹曼机协同过滤推荐算法[J]. 计算机学报, 2016, 39(1): 183-195.

[160] Hidasi B, Karatzoglou A, Baltrunas L. Session-based recommendations with recurrent neural networks[C]. 4th International Conference on Learning Representations, San Juan, 2015: 1-10.

[161] Song Y, Elkahky A M, He X. Multi-rate deep learning for temporal recommendation[C]. Proceedings of the 39th International Conference on Research and Development in Information Retrieval, Pisa, 2016: 909-912.

[162] Liu Q, Wu S, Wang L. Multi-behavioral sequential prediction with recurrent log-bilinear model[J]. IEEE Transactions on Knowledge and Data Engineering, 2016, 29(6): 1254-1267.

[163] Mnih A, Hinton G E. Three new graphical models for statistical language modelling[C]. Proceedings of the Twenty-Fourth International Conference on Machine Learning, Corvallis, 2007: 641-648.

[164] Wu C H, Wang J W, Liu J T, et al. Recurrent neural network based recommendation for time heterogeneous feedback[J]. Knowledge-Based Systems, 2016, 109(1): 90-103.

[165] Dai H J, Wang Y C, Trivedi R, et al. Recurrent coevolutionary feature embedding processes for recommendation[C]. International Conference on Learning Representations, Toulon, 2017: 1-13.

[166] Wu C Y, Ahmed A, Beutel A, et al. Joint training of ratings and reviews with recurrent recommender networks[C]. International Conference on Learning Representations, Toulon, 2017: 495-503.

[167] Wang J, Yu L T, Zhang W N, et al. IRGAN: a minimax game for unifying generative and discriminative information retrieval models[C]. 40th International ACM SIGIR Conference on Research and Development in Information Retrieval, Shinjuku, 2017: 515-524.

[168] Larochelle H, Murray I. The neural autoregressive distribution estimator[J]. Journal of Machine Learning Research, 2011, 15: 29-37.

[169] Geng X, Zhang H W, Bian J W, et al. Learning image and user features for recommendation in social networks[C]. IEEE International Conference on Computer Vision, Santiago, 2015: 4274-4282.

[170] Clauset A, Newman M E J, Moore C. Finding community structure in very large networks[J]. Physical Review E, 2004, 70(2): 66-111.

[171] Koren Y, Bell R, Volinsky C. Matrix factorization techniques for recommender systems[J]. Computer, 2009, 42(8): 30-37.

[172] Kabbur S, Ning X, Karypis G. FISM: factored item similarity models for top-N recommender systems[C]. Proceedings of the 19th ACM SIGKDD International Conference on Knowledge Discovery and Data Mining, Chicago, 2013: 659-667.

[173] He X N, Liao L Z, Zhang H W, et al. Neural collaborative filtering[C]. Proceedings of the 26th International Conference on World Wide Web, Perth, 2017: 173-182.

[174] Rendle S, Freudenthaler C, Schmidt-Thieme L. Factorizing personalized Markov chains for next-basket recommendation[C]. Proceedings of the 19th International Conference on World Wide Web, Raleigh, 2010: 811-820.

[175] Hidasi B, Karatzoglou A. Recurrent neural networks with top-k gains for session-based recommendations[C]. Proceedings of the 27th International Conference on Information and Knowledge Management, Torino, 2018: 843-852.

[176] Li J, Ren P J, Chen Z M, et al. Neural attentive session-based recommendation[C]. Proceedings of the 2017 on Conference on Information and Knowledge Management, Singapore, 2017: 1419-1428.

[177] Kang W C, Mcauley J. Self-attentive sequential recommendation[C]. International Conference on Data Mining, Singapore, 2018: 197-206.

[178] Hammond D K, Vandergheynst P, Gribonval R. Wavelets on graphs via spectral graph theory[J]. Applied Computational Harmonic Analysis, 2011, 30(2): 129-150.

[179] Xu D, Ruan C W, Korpeoglu E, et al. Inductive representation learning on temporal graphs[C]. 8th International Conference on Learning Representations, Addis Ababa, 2020: 1-19.

[180] Ma H, Yang H X, Lyu M R, et al. SoRec: social recommendation using probabilistic matrix factorization[C]. Proceedings of the 17th ACM Conference on Information and Knowledge Management, Napa Valley, California, USA, 2008: 931-940.

[181] Guo G B, Zhang J, Yorke-Smith N. TrustSVD: collaborative filtering with both the explicit and implicit influence of user trust and of item ratings[C]. Proceedings of the Twenty-Ninth AAAI Conference on Artificial Intelligence, Austin, 2015: 123-129.

[182] Fan W Q, Ma Y, Li Q, et al. Graph neural networks for social recommendation[C]. The World Wide Web Conference, San Francisco, 2019: 417-426.

[183] Wu Q T, Zhang H R, Gao X F, et al. Dual graph attention networks for deep latent representation of multifaceted social effects in recommender systems[C]. The World Wide Web Conference, San Francisco, 2019: 2091-2102.

[184] Wu L, Sun P J, Fu Y J, et al. A neural influence diffusion model for social recommendation[C]. Proceedings of the 42nd International Conference on Research and Development in Information Retrieval, Paris, 2019: 235-244.

[185] Wu L, Li J W, Sun P J, et al. DiffNet++: a neural influence and interest diffusion network for social recommendation[J]. IEEE Transactions on Knowledge and Data Engineering, 2020, 34(10): 4753-4766.

[186] Li X, Chen H. Recommendation as link prediction in bipartite graphs: a graph kernel-based machine learning approach[J]. Decision Support Systems, 2013, 54(2): 880-890.

[187] Zhang J N, Shi X J, Zhao S L, et al. STAR-GCN: stacked and reconstructed graph convolutional networks for recommender systems[C]. Proceedings of the Twenty-Eighth International Joint Conference on Artificial Intelligence, Macao, 2019: 4264-4270.

[188] Wang X, He X N, Wang M, et al. Neural graph collaborative filtering[C]. Proceedings of the 42nd International Conference on Research and Development in Information Retrieval, Paris, 2019: 165-174.

[189] Zhang M H, Chen Y X. Inductive matrix completion based on graph neural networks[C]. 8th International Conference on Learning Representations, Addis Ababa, 2020: 1-14.

[190] Dadoun A, Troncy R, Ratier O, et al. Location embeddings for next trip recommendation[C]. The World Wide Web Conference, San Francisco, 2019: 896-903.

[191] Shi C, Hu B B, Zhao W X, et al. Heterogeneous information network embedding for recommendation[J]. IEEE Transactions on Knowledge Data Engineering, 2019, 31(2): 357-370.

[192] Wang H W, Zhang F Z, Zhang M D, et al. Knowledge-aware graph neural networks with label smoothness regularization for recommender systems[C]. Proceedings of the 25th International Conference on Knowledge Discovery and Data Mining, Anchorage, 2019: 968-977.

[193] Wu S, Zhang M Q, Jiang X, et al. Personalizing graph neural networks with attention mechanism for session-based recommendation[J]. IEEE Transactions on Knowledge and Data Engineering, 2019, 31(9): 1-12.

[194] Qiu R H, Li J J, Huang Z, et al. Rethinking the item order in session-based recommendation with graph neural networks[C]. Proceedings of the 28th International Conference on Information and Knowledge Management, Beijing, 2019: 579-588.

[195] Song W P, Xiao Z P, Wang Y F, et al. Session-based social recommendation via dynamic graph attention networks[C]. Proceedings of the Twelfth International Conference on Web Search and Data Mining, Melbourne, 2019: 555-563.

[196] Wang C, Blei D M. Collaborative topic modeling for recommending scientific articles[C]. Proceedings of the 17th ACM SIGKDD International Conference on Knowledge Discovery and Data Mining, San Diego, 2011: 448-456.

[197] Wang H, Wang N Y, Yeung D Y. Collaborative deep learning for recommender systems[C]. Proceedings of the 21th ACM SIGKDD International Conference on Knowledge Discovery and Data Mining, Sydney, 2015: 1235-1244.

[198] Wang H, Shi X J, Yeung D Y. Relational stacked denoising autoencoder for tag recommendation[C]. Proceedings of the AAAI Conference on Artificial Intelligence, Austin, 2015: 3052-3058.

[199] Wang H, Shi X J, Yeung D Y. Collaborative recurrent autoencoder: recommend while learning to fill in the blanks[J]. Advances in Neural Information Processing Systems, 2016, 29: 415-423.

[200] Li X P, She J. Collaborative variational autoencoder for recommender systems[C]. Proceedings of the 23rd ACM SIGKDD International Conference on Knowledge Discovery and Data Mining, Halifax, 2017: 305-314.

[201] Ying H C, Chen L, Xiong Y W, et al. Collaborative deep ranking: a hybrid pair-wise recommendation algorithm with implicit feedback[C]. Advances in Knowledge Discovery and Data Mining, Auckland, 2016: 555-567.

[202] Zhang F Z, Yuan N J, Lian D F, et al. Collaborative knowledge base embedding for recommender systems[C]. Proceedings of the 22nd ACM SIGKDD International Conference on Knowledge Discovery and Data Mining, San Francisco, 2016: 353-362.

[203] Wei J, He J H, Chen K, et al. Collaborative filtering and deep learning based recommendation system for cold start items[J]. Expert Systems with Applications, 2016, 69: 29-39.

[204] Koren Y. Collaborative filtering with temporal dynamic[J]. Communications of the ACM, 2010, 53(4): 447-455.

[205] Li S, Kawale J, Fu Y. Deep collaborative filtering via marginalized denoising auto-encoder[C]. Proceedings of the 24th International Conference on Information and Knowledge Management, Melbourne, 2015: 811-820.

[206] Dong X, Yu L, Wu Z H, et al. A hybrid collaborative filtering model with deep structure for recommender systems[C]. Proceedings of the Thirty-First Conference on Artificial Intelligence, San Francisco, 2017: 1309-1315.

[207] Zheng G J, Zhang F Z, Zheng Z H, et al. DRN: a deep reinforcement learning framework for news recommendation[C]. The World Wide Web Conference, Lyon, 2018: 167-176.

[208] Jannach D, Zanker M, Felfernig A, et al. 推荐系统[M]. 蒋凡, 译. 北京: 人民邮电出版社, 2013.

[209] 王立才, 孟祥武, 张玉洁. 上下文感知推荐系统[J]. 软件学报, 2012, 23(1): 1-20.

[210] Unger M, Bar A, Shapira B, et al. Towards latent context-aware recommendation systems[J]. Knowledge-Based Systems, 2016, 104: 165-178.

[211] Elkahky A M, Song Y, He X D. A multi-view deep learning approach for cross domain user modeling in recommendation systems[C]. Proceedings of the 24th International Conference on World Wide Web, Florence, 2015: 278-288.

[212] Zhao W X, Wang J P, He Y L, et al. Mining product adopter information from online reviews for improving product recommendation[J]. ACM Transactions on Knowledge Discovery from Data, 2016, 10(3): 1-23.

[213] Manouselis N, Drachsler H, Vuorikari R, et al. Recommender systems in technology enhanced learning[M]. Boston: Springer, 2011.

[214] 陈敏, 余胜泉, 杨现民, 等. 泛在学习的内容个性化推荐模型设计——以"学习元"平台为例[J]. 现代教育技术, 2011, 21(6): 13-18.

[215] 潘伟. 基于协同过滤技术的个性化课程推荐系统研究[J]. 现代情报, 2009, 29(5): 193-196.

[216] Tseng S S, Chen H C, Hu L L, et al. CBR-based negotiation RBAC model for enhancing ubiquitous resources management[J]. International Journal of Information Management, 2017, 37(1): 1539-1550.

[217] 祝智庭. 智慧教育新发展: 从翻转课堂到智慧课堂及智慧学习空间[J]. 国内高等教育教学研究动态, 2016 (19): 11.

[218] 冯婧禹. 泛在学习环境下学习资源推荐系统的研究与设计[D]. 北京: 北京交通大学, 2015.

[219] 李俊薇. 基于协同过滤的校园教育资源网个性化推荐研究[D]. 武汉: 华中师范大学, 2009.

[220] 丁琳, 吴长永. 数据挖掘在远程教育个性化服务中的应用[J]. 电化教育研究, 2002(9): 43-46.

[221] 王艳芳. 支持个性化学习的 e-Learning 系统研究[J]. 中国电化教育, 2008(3): 102-107.

[222] 何玲, 高琳琦. 网络环境中学习资料的个性化推荐方法[J]. 中国远程教育, 2009(2): 67-69.

[223] 杨丽娜, 肖克曦, 刘淑霞. 面向泛在学习环境的个性化资源服务框架[J]. 中国电化教育, 2012(7): 84-88.

[224] 荆永君, 李兆君, 李昕. 基础教育资源网中个性化资源推荐服务研究[J]. 中国电化教育, 2009(8): 102-105.

[225] 赵蔚, 余延冬, 张赛男. 开放式 e-Learning 解决方案个性化推荐服务——一种面向终身学习的数字化学习服务模式的探索思路[J]. 中国电化教育, 2010(11): 110-116.

[226] 赵学孔, 徐晓东, 龙世荣. 3IS 模式下自适应学习系统个性化推荐服务研究[J]. 中国远程教育, 2015(10): 71-78.

[227] 刘静. 教育信息资源主动推送服务匹配模型设计与验证[D]. 武汉: 华中师范大学, 2016.

[228] 牛文娟. 基于协同过滤的学习资源个性化推荐研究[D]. 北京: 北京理工大学, 2015.

[229] 章伟. 基于协同过渡算法的学习资源个性化推荐系统设计与实现[D]. 天津: 天津师范大学, 2017.

[230] 赵建龙. 基于协同过滤推荐技术的学习资源个性化推荐系统研究[D]. 杭州: 浙江工业大学, 2012.

[231] Klašnja-Milićević A, Vesin B, Ivanović M, et al. E-learning personalization based on hybrid recommendation strategy and learning style identification[J]. Computers & Education, 2010, 56(3): 885-899.

[232] Chen Y J, Chu H C, Chen Y M, et al. Adapting domain ontology for personalized knowledge search and recommendation[J]. Information and Management, 2013, 50(6): 285-303.

[233] 刘克礼, 王荣华. 基于协同过滤的学习资源个性化推荐应用[J]. 安徽广播电视大学学报, 2017(4): 125-128.

[234] 周丽娟, 徐明升, 张研研, 等. 基于协同过滤的课程推荐模型[J]. 计算机应用研究, 2010, 27(04): 1315-1318.

[235] 付关友, 朱征宇. 个性化服务中基于行为分析的用户兴趣建模[J]. 计算机工程与科学, 2005(12): 80-82.

[236] 袁文翠, 于文娟, 赵建民. 基于学生行为分析的兴趣课程推荐系统的研究[J]. 微型电脑应用, 2014, 30(9): 20-22.

[237] 沈苗, 来天平, 王素美, 等. 北京大学课程推荐引擎的设计和实现[J]. 智能系统学报, 2015, 10(3): 369-375.

[238] 程高伟. 基于标签的学习资源推荐系统[D]. 西安: 陕西师范大学, 2015.

[239] 黄晓斌. 基于协同过滤的数字图书馆推荐系统研究[J]. 大学图书馆学报, 2006(1): 55-59.

[240] 孙守义, 王蔚. 一种基于用户聚类的协同过滤个性化图书推荐系统[J]. 现代情报, 2007, 27(11): 139-142.

[241] 王永固, 邱飞岳, 赵建龙, 等. 基于协同过滤技术的学习资源个性化推荐研究[J]. 远程教育杂志, 2011(3): 66-71.

[242] 潘澄, 陈宏. 我国学习资源个性化推荐研究进展[J]. 现代教育科学, 2015(4): 31-34, 37.

[243] 郝兴伟, 苏雪. E-learning 中的个性化服务研究[J]. 山东大学学报, 2005, 40(2): 67-71.

[244] 卢修元, 周竹荣, 奚晓霞. 基于 WC-C-R 学习资源推荐的研究[J]. 计算机工程与设计, 2006, 27(23): 77-80.

[245] 刘先锋, 丁继红, 朱清华. Bayesian 网知识推理在 ITS 学习推荐中的应用研究[J]. 计算机工程与应用, 2009, 45(1): 220-223.

[246] Agrawal R, Mannila H, Srikant R, et al. Fast discovery of association rules[M]. Massachusetts: AAAI/MIT Press, 1996: 307-328.

[247] 王燕, 温有奎. 基于关联规则的推荐系统在数字图书馆中的应用[J]. 情报科学, 2007, 25(6): 877-880.

[248] 陈祖琴. 基于数据挖掘的引文分析[D]. 重庆: 西南大学, 2008.

[249] 刘旭东, 张明亮. 个性化 E-learning 学习资料推荐系统设计与实现[J]. 中国成人教育, 2013(10): 108-109.

[250] 孙众, 骆力明, 綦欣. 数字教材中个性化学习资源的推送策略与技术实现[J]. 电化教育研究, 2014, 35(9): 64-70.

[251] 袁静, 焦玉英. 基于情景信息的学习资源个性化推荐[J]. 情报理论与实践, 2009, 32(7): 116-119.

[252] 杨超. 基于粒子群优化算法的学习资源推荐方法[J]. 计算机应用, 2014(5): 1350-1353.